高等职业教育园林园艺类专业系列教材

植物组织培养技术

主　编　刘　弘
副主编　梁小敏　王宏国
参　编　王秋竹　韩亚超　张　静
主　审　宋　明　汤清林

机 械 工 业 出 版 社

本书内容体系构建上根据植物组织培养完整工作过程和工厂化育苗生产、管理、经营等环节，以项目及其典型工作任务导向组织教学，突出高职教材的科学性、针对性、实践性、应用性及创新性。本书主要介绍植物组织培养实验室设计及常用设备的使用与维护、植物组织培养基本操作、植物脱毒、植物种质资源离体保存、植物组培苗工厂化生产与管理，常见植物组织培养。

本书可作为高职院校园林、园艺、农学、植物保护、生物技术等相关专业的教材，也可作为成人职业培训以及从事植物组织培养脱毒与快繁工作人员的参考用书。

图书在版编目（CIP）数据

植物组织培养技术/刘弘主编. —北京：机械工业出版社，2012.3（2025.1重印）
高等职业教育园林园艺类专业系列教材
ISBN 978-7-111-36784-0

Ⅰ.①植… Ⅱ.①刘… Ⅲ.①植物组织-组织培养-高等职业教育-教材 Ⅳ.①Q943.1

中国版本图书馆CIP数据核字（2011）第280083号

机械工业出版社（北京市百万庄大街22号 邮政编码100037）
策划编辑：王靖辉 责任编辑：王靖辉
版式设计：张世琴 责任校对：吴美英
封面设计：马精明 责任印制：常天培
北京中科印刷有限公司印刷
2025年1月第1版第8次印刷
184mm×260mm · 15.75印张 · 387千字
标准书号：ISBN 978-7-111-36784-0
定价：45.00元

电话服务
客服电话：010-88361066
010-88379833
010-68326294

网络服务
机 工 官 网：www.cmpbook.com
机 工 官 博：weibo.com/cmp1952
金 书 网：www.golden-book.com
机工教育服务网：www.cmpedu.com

前　言

植物组织培养是近代生物科学发展起来的一门新技术，现已渗透到生物科学的各个领域，成为生物工程技术中的一个重要组成部分和基本研究手段之一，为快速繁殖作物优良品种、培育无毒苗木、植物工厂化生产、种质资源保存和基因库建立等方面开辟了新途径，广泛应用于农业、林业、医药业，显示出强大的技术优势，产生了巨大的经济效益和社会效益。随着植物组织培养技术在生产上的广泛运用，社会对掌握植物组织培养技术人才的需求量也在不断增加。因此，近年来在各高职院校的生物技术及应用、园林、园艺、设施农业、农学、植物保护等专业普遍开设了植物组织培养这门操作性很强的实用技术课程。

本书编写力求针对高职教育特色，符合高职院校人才培养目标要求，突出能力培养，强调理论与实践、科学性与实用性有机结合。在教材体系构建上，根据植物组织培养完整工作过程和工厂化育苗生产、管理、经营等环节，以项目及其典型工作任务导向组织教学。在教材内容选择上，围绕高职院校毕业生应职岗位（群）对知识、能力和素质的要求，并参照国家植物组织培养工职业资格标准，以植物组织培养快速繁殖、脱毒苗生产为主线，突出植物组织培养技术应用，素材选择贴近生产实际，并反映植物组织培养技术的发展方向和行业中应用的新技术、新方法、新材料，同时也适合目前高职院校的教学条件和人才培养要求。在教材编写体例上，以项目教学为载体，提出学习目标，组织教学、实训及技能考核，实行教、学、做一体化，突出能力培养，强化技能训练，也有利于教学实施。并且，增加了知识链接，拓展学习空间，丰富学习内容，引导和培养学生继续学习的意识和兴趣。本书内容丰富，图文并茂，技术方法详细具体，实用性强。

本书由重庆三峡职业学院刘弘任主编，由江西农业工程职业学院梁小敏、滨州学院王宏国任副主编，具体编写分工如下：植物组织培养概述、项目1、项目2、附录由刘弘编写；项目3、项目6的工作任务3由梁小敏编写；项目4、项目6的工作任务5由王宏国编写；项目6的工作任务2、工作任务4由吉林农业科技学院王秋竹编写；项目5由阜阳职业技术学院韩亚超编写；项目6的工作任务1由东营职业学院张静编写。全书由刘弘统稿，西南大学宋明、汤清林任主审。

本书在编写过程中得到了各参编院校的大力支持，在此表示诚挚的感谢。

由于编者水平有限，编写时间仓促，本书难免会有疏漏错误、尚存不足之处，恳请广大读者、同行与专家给予批评指正，以便加以修正完善。

编　者

目　　录

植物组织培养概述

学习目标

知识目标：

- 掌握植物组织培养的基本概念，理解细胞全能性理论。
- 了解植物组织培养的类型及特点
- 了解植物组织培养技术的发展及应用。

20世纪初，在植物细胞全能性理论的指导下，特别是植物生长调节剂的应用，使植物离体培养材料的生长和发育得以有效调控，也促使了植物组织培养研究领域的形成和发展。20世纪60年代以后，植物组织培养技术研究发展迅速，并逐渐进入大规模的应用阶段。现在，植物组织培养已成为生物学科研究的重要技术手段，并在农业、林业、工业、医药等行业中被广泛应用，产生了巨大的经济效益和社会效益。

0.1 植物组织培养的基本概念及理论依据

0.1.1 植物组织培养的基本概念

植物组织培养是指在无菌和人工控制的环境条件下，利用适当的培养基，对离体的植物器官、组织、细胞或原生质体等进行培养，使其生长、分化并再生成完整植株的技术。由于植物组织培养中的培养材料脱离了植物母体，所以又称为植物离体培养。凡是用于离体培养的植物器官、组织、细胞或原生质体统称为外植体。

0.1.2 植物组织培养的理论依据

植物组织培养技术是建立于细胞全能性学说的理论基础上，经过科学家们100多年的研究与实践，逐步发展形成一套较为完整的技术体系。植物细胞全能性是指植物体的每一个具有完整细胞核的活细胞，都具有该种植物所特有的全部遗传信息，在适当的条件下具有发育成为完整植株的潜在能力。

在植物有性繁殖过程中，一个受精卵经过一系列的细胞分裂和分化形成各种组织、器官，进而发育成为具有完整形态、结构和机能的植株，表明受精卵具有该物种的全部遗传信息。由合子分裂产生的体细胞同样具备了全能性。在自然状态下，完整植株不同部位的特化细胞只表现出一定的形态和生理功能，构成植物体的组织或器官的一部分，是因为细胞在植物体内所处的部位及生理条件不同，其分化过程中遗传信息的表达受到调控的缘故。但是，植株各部位已经分化的成熟细胞其遗传全能性的潜力并没有丧失，一旦它们脱离原来所在的器官或组织，不再受到原植株的控制，在一定的营养、生长调节物质和外界条件的作用下，就可能恢复其全能性，细胞开始分裂增殖、产生愈伤组织，继而分化出器官，并再生形成完整的植株。

在植物组织培养过程中，离体的组织或器官在能促进细胞增殖的培养基里进行细胞分裂，形成一种高度液泡化的无一定形态、结构的薄壁细胞团，称为愈伤组织。一个已高度分化的成熟细胞转变为分生状态并形成愈伤组织的过程称为脱分化。将脱分化形成的无定形结构的愈伤组织再转移到分化培养基里，又会重新分化出根、茎、叶，从而长成完整的植株，这个过程称为再分化。植物组织培养植株再生过程如图 0-1 所示。

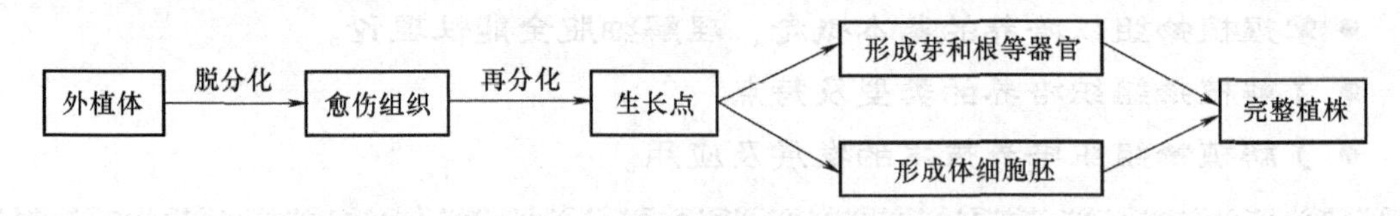

图 0-1　植物组织培养植株再生过程示意图

自然条件下许多植物能表现出再生作用，在植物根、茎、叶等器官上某处组织受到一定损伤后，则在受伤部位往往会产生新的器官，长出不定芽和不定根，进而形成新的完整植株。人们利用植物的这种再生能力进行无性繁殖，并结合应用生根激素，使原来扦插不易成活的植物种类也可以达到成苗的目的。植物之所以能产生不定器官，是由于受伤组织产生了创伤激素，由此促进愈伤组织的形成，并凭借内源激素和贮藏营养的作用又产生出新的器官。植物组织培养技术使植物的再生作用在更大的范围内表现出来。在自然条件下有些植物的营养器官和细胞再生比较困难，主要是由于其内源激素调整缓慢或不完全，以及外界条件不易控制等因素所致。而植物组织培养技术通过对培养基的调整，特别是对其中激素成分的调整，并在人工控制的培养条件下，顺利地再生出新的植株。

0.2　植物组织培养的类型及特点

0.2.1　植物组织培养的类型

根据外植体的来源及培养阶段，可将植物组织培养划分为以下几种类型。

1. 按外植体的来源划分

（1）植株培养　对具有完整植株形态的幼苗进行无菌培养的方法称为植株培养。一般多以种子为材料，以无菌播种诱导种子萌发成苗。

（2）胚胎培养　对植物成熟或未成熟胚以及具胚器官进行离体培养的方法称为胚胎培养。胚胎培养常用的材料有幼胚、成熟胚、胚乳、胚珠、子房等。

（3）器官培养　对植物体各种器官及器官原基进行离体培养的方法称为器官培养。植物器官培养材料有根（根尖、根段）、茎（茎尖、茎段）、叶（叶原基、叶片、叶柄、子

叶)、花(花瓣、雄蕊)、果实、种子等。

(4) 组织培养　对植物体的各部位组织或已诱导的愈伤组织进行离体培养的方法称为组织培养。常用的植物组织培养材料有分生组织、形成层、表皮、皮层、薄壁细胞、髓部、木质部等组织。

(5) 细胞培养　对植物的单个细胞或较小的细胞团进行离体培养的方法称为细胞培养。常用的细胞培养材料有性细胞、叶肉细胞、根尖细胞、韧皮部细胞等。

(6) 原生质体培养　对除去细胞壁的原生质体进行离体培养的方法称为原生质体培养。

2. 按培养阶段划分

(1) 初代培养　初代培养是指将从植物体上所分离的外植体进行最初几代的培养阶段，也称为启动培养。其目的是建立无菌培养物，诱导腋芽或顶芽萌发，或产生不定芽、愈伤组织等。

(2) 继代培养　继代培养是指将初代培养诱导产生的培养物重新分割，转移到新鲜培养基上继续培养的过程。其目的是使培养物得到大量繁殖，也称为增殖培养。

(3) 生根培养　生根培养是指诱导无根组培苗产生根，形成完整植株的过程。其目的是提高组培苗移栽后的成活率。

0.2.2　植物组织培养的特点

植物组织培养技术是采用微生物学的试验手段来操作植物离体的器官、组织、细胞及原生质体。随着其技术研究的发展，尤其是外源激素的应用，使植物组织培养不仅从理论上为相关学科提出了可靠的试验证据，而且一跃成为一种大规模、批量工厂化生产种苗的新方法，并在生产上得到广泛应用。植物组织培养之所以发展迅速、应用广泛，是由于具备以下几个特点：

1. 培养材料经济，来源广泛

由于植物细胞具有全能性，通过组织培养手段能使单个细胞、小块组织、茎尖或茎段等离体材料经培养获得再生植株。在生产实践中，以茎尖、茎段、根、叶、子叶、下胚轴、花瓣等器官及组织作为外植体，只需几毫米或甚至不到1mm大小的材料，在细胞及原生质体培养时，所需材料更小。因此，由于取材少，培养效果好，植物组织培养对于新品种的推广和良种复壮更新，尤其是对于一些繁殖系数低、不能用种子繁殖的“名、优、特、新、奇”作物品种的保存、利用与开发都有很高的应用价值和重大的实践意义。

2. 培养条件可人为控制，便于周年生产

植物组织培养中的培养材料完全是在人为提供的培养基质和小气候环境条件下生长的，不受大自然中四季、昼夜气候变化及灾害性气候等外界不利因素的影响，且条件均一，对植物生长极为有利，便于稳定地进行周年生产。

3. 生长周期短，繁殖速度快

植物组织培养由于人为控制培养条件，可根据不同植物、不同部位材料的不同要求而提供不同的培养条件，满足其快速生长的要求，缩短培养周期。一般20~30d即可完成一个繁殖周期，每一繁殖周期可增殖几倍到几十倍，甚至上百倍，培养材料能以几何级数增加。因此，植物组织培养在良种苗木及优质脱毒种苗的快速繁殖方面是其他方法无可比拟的。一些濒危植物及珍稀材料，依靠常规的无性繁殖方法，需要几年或几十年才能繁殖出为数不多的苗木，而用植物组织培养方法可在1~2年内生产上百万株整齐一致的优质种苗。如取非洲紫罗兰的1枚叶片培养，经3个月培养就可得到5千多株苗。

4. 管理方便，可实现工厂化生产

植物组织培养过程是在人为的提供一定温度、光照、湿度、营养和植物生长调节剂等条件下进行的，极利于高度集约化的工厂化生产，便于标准化管理和自动化控制。与田间栽培、盆栽等相比，省去了中耕除草、浇水施肥、病虫防治等一系列繁杂劳动，节省人力、物力，有效地提高了生产率。

0.3 植物组织培养的发展

植物细胞组织培养的研究开始于1902年德国植物生理学家Haberlandt，至今已有100多年的历史。其发展过程大致可分为以下三个阶段：

0.3.1 探索阶段（20世纪初至30年代中期）

在Schwann和Schleiden创立的细胞学说基础上，1902年德国植物生理学家Haberlandt提出了细胞全能性理论，认为高等植物的器官和组织可以不断分割，直至单个细胞，这种单个细胞是具有潜在全能性的功能单位，即植物细胞具有全能性。为了证实这一观点，他在加入了蔗糖的Knop培养液中培养小野芝麻和凤眼兰的栅栏组织以及虎眼万年青等植物叶片的表皮细胞。由于选择的试验材料高度分化和培养基过于简单，他只观察到细胞的生长、细胞壁的加厚，而未观察到细胞的分裂。然而，作为植物细胞组织培养的开创者，Haberlandt的贡献不仅在于首次进行了离体细胞培养的试验，而且在1902年发表的“植物离体细胞培养试验”报告中还提出了胚囊液在细胞培养中的作用和看护培养法等科学预见。

1904年Hanning在无机盐和蔗糖溶液中对萝卜和辣根菜的胚进行培养，结果发现离体胚可以充分发育成熟，并萌发形成小苗。1922年，Haberlandt的学生Kotte和美国的Robins分别报道离体培养根尖获得某些成功，这是有关根培养的最早试验。Laibach将由亚麻种间杂交形成的幼胚在人工培养基上培养至成熟，从而证明了胚培养在植物远缘杂交中利用的可能性。

在Haberlandt试验之后的30多年中，人们对植物组织培养的各个方面进行了大量的探索性研究，但由于对影响植物组织和细胞增殖及形态发生能力的因素尚未研究清楚，除了在胚和根的离体培养方面取得了一些结果外，其他方面没有大的进展。

0.3.2 奠基阶段（20世纪30年代末期至50年代中期）

1934年，美国植物生理学家White利用无机盐、蔗糖和酵母提取液组成的培养基进行番茄根离体培养，建立了第一个活跃生长的无性系，使根的离体培养试验获得了真正的成功。1937年，White又以小麦根尖为材料，研究了光照、温度、培养基组成等各种培养条件对生长的影响，发现了B族维生素对离体根生长的作用，并用吡哆醇、硫胺素、烟酸3种B族维生素取代酵母提取液，建立了第一个由已知化合物组成的培养基，该培养基后来被定名为White培养基。在这个人工合成培养基上，他将1934年建立起来的根培养物一直保存到1968年他逝世前不久，共继代培养了1600多代。

与此同时，法国的 Gautherer 在研究山毛柳和黑杨等植物的形成层组织培养试验中，提出了 B 族维生素和生长素对组织培养的重要意义，并于 1939 年连续培养胡萝卜根形成层获得首次成功。同年，Nobecourt 也由胡萝卜建立了与上述类似的连续生长的组织培养物。White 于 1943 年出版了《植物组织培养手册》专著，使植物组织培养开始成为一门新兴的学科。White、Gautheret 和 Nobecourt 三位科学家被誉为植物组织培养学科的奠基人。

1948 年美国学者 Skoog 和我国学者崔澂在烟草茎切段和髓培养以及器官形成的研究中发现，腺嘌呤或腺苷不仅能促进愈伤组织的生长，而且可以解除培养基中生长素（IAA）对芽形成的抑制作用，诱导芽的形成，从而认识到腺嘌呤与生长素的比例是控制芽和根形成的重要条件。

1952 年，Morel 和 Martin 首次通过茎尖分生组织的离体培养，从已受病毒侵染的大丽花中首次获得脱毒植株。1953 年，Muir 将万寿菊和烟草的愈伤组织转移到液体培养基中，放在摇床上振荡，获得由单细胞和细胞团组成的悬浮培养物，并成功进行继代培养。1955 年，Miller 发现了激动素（kinetin），同时发现激动素的活性比腺嘌呤高 3 万倍。1957 年，Skoog 和 Miller 提出通过改变细胞分裂素与生长素的比率，调节植物的器官形成。1958 年，英国学者 Steward 等报道以胡萝卜根韧皮部细胞为材料培养，形成了体细胞胚，并使其发育成完整植株，如图 0-2 所示，也证实了 Haberlandt 的细胞全能性理论。

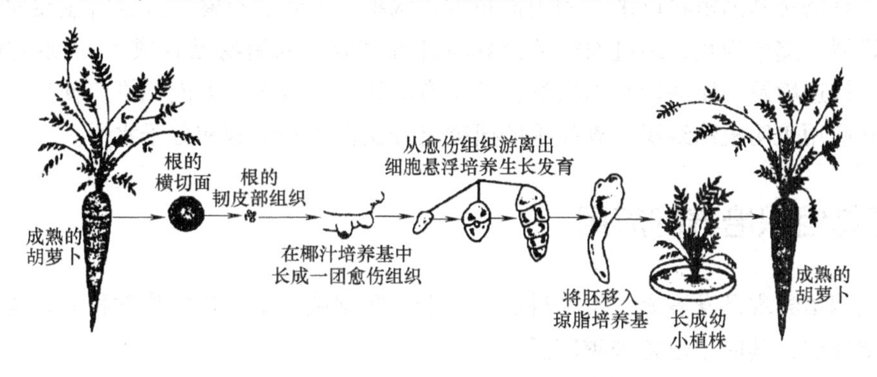

图 0-2　胡萝卜单细胞发育成植株示意图

在这一发展阶段，通过对培养基成分和培养条件的广泛研究，特别是对 B 族维生素、生长素和细胞分裂素作用的研究，确立了植物组织培养的技术体系，并首次用试验证实了细胞全能性，为以后的快速发展奠定了基础。

0.3.3　迅速发展阶段（20 世纪 60 年代至今）

20 世纪 60 年代以后，植物组织培养进入了迅速发展时期，研究工作更加深入，从大量的物种诱导获得再生植株，形成了一套成熟的理论体系和技术方法，并开始大规模的生产应用。

1960 年，Cocking 用真菌纤维素酶分离番茄原生质体获得成功，开创了植物原生质体培养和体细胞杂交的研究工作。1960 年，Kanta 在植物试管受精研究中首次获得成功。同年，Morel 利用茎尖培养方法，脱去兰花病毒，且繁殖系数极高。这一技术导致了欧洲、美洲和东南亚许多国家兰花产业的兴起。

1962 年，Murashibe 和 Skoog 发表了适用于烟草愈伤组织快速生长的改良培养基，即现在广泛使用的 MS 培养基。

1964 年，印度 Guha 等成功地由毛叶曼陀罗花药培养获得单倍体植株，这一发现掀起了采用单倍体育种技术来加速常规杂交育种速度的热潮。1967 年，Bourgin 和 Nitsch 通过花药培养获得了烟草的单倍体植株。

1970 年，Carlson 通过离体培养筛选得到生化突变体。同年，Power 首次成功实现原生质体融合。1971 年，Takebe 等首次由烟草原生质体获得了再生植株，这一成功促进了体细胞杂交技术的发展，同时也为外源基因的导入提供了理想的受体材料。1972 年，Carlson 等利用硝酸钠进行了两个烟草物种之间原生质体融合，获得了第一个体细胞种间杂种植株。1974 年，Kao 等建立了原生质体的高 Ca^{2+}、高 pH 的 PEG 融合法，将植物体细胞杂交技术推向新阶段。1978 年，Melchers 等将番茄与马铃薯进行体细胞杂交获得成功。

1978 年，Murashige 提出了“人工种子”的概念，之后的几年在世界各国掀起“人工种子”的开发热潮。

随着分子遗传学和植物基因工程的迅速发展，以植物组织培养为基础的植物基因转化技术得到广泛应用，并取得了丰硕成果。自 1983 年 Zambryski 等采用根癌农杆菌介导转化烟草，获得了首例转基因植物以来，利用该技术在水稻、玉米、小麦、大麦等主要农作物上取得了突破进展。迄今为止，通过农杆菌介导将外源基因导入植物已育成了一批抗病、抗虫、抗除草剂、抗逆境及优质的转基因植物，其中有的开始在生产上大面积推广使用。转基因技术的发展和应用表明植物组织培养技术的研究已开始深入到细胞和分子水平。

0.4 植物组织培养的应用

植物组织培养现已发展成为生物科学的一个广阔领域，不仅在生物学科基础理论的研究上占有重要地位，其应用也越来越广泛。

0.4.1 植物离体快速繁殖

植物离体快速繁殖是植物组织培养在生产上应用最广泛、产生较大经济效益的一项技术。离体快繁的突出特点就是繁殖速度快，而且材料来源一致，遗传背景相同，不受季节和地区等的限制，可周年生产，繁殖系数高，苗木整齐一致。对于新育成和引进品种、珍稀品种、濒危植物、脱毒苗、基因工程植物等，通过离体快繁可以比常规繁殖方法快数万倍乃至数百万倍的速度进行扩大增殖，且及时提供大量优质种苗。目前，离体快繁方法已在观赏植物、园艺作物、经济林木及许多无性繁殖作物上广泛应用，世界上已建成许多年产百万苗木的组织培养工厂，已形成一种产业，组培苗市场已国际化。

植物离体快繁技术在我国也到了广泛的应用，到目前为止已报道有上千种植物的快速繁殖获得成功，包括观赏植物、蔬菜、果树、大田作物及其他经济作物。其中，香蕉、甘蔗、桉树、葡萄、苹果、马铃薯、甘薯、草莓、兰花、安祖花、马蹄莲、非洲菊、芦荟等植物已进入工厂化生产。

0.4.2 植物脱毒苗培育

许多作物在生长过程中都会遭受到多种病毒的侵染，特别是无性繁殖植物，如马铃薯、甘薯、草莓、大蒜等，病毒易潜伏于营养繁殖器官，因此在植株体内逐代积累，造成严重的品种退化，产量降低，品质变劣，对生产造成极大损失。如草莓中分布广、造成严重经济损失的病毒主要有4种：草莓斑驳病毒（SMV）、草莓皱缩病毒（SCV）、草莓镶嵌病毒（SVBV）和草莓轻型黄边病毒（SMYEV）；而侵染大蒜和马铃薯的病毒有10种以上。早在1943年White就发现植物生长点附近的病毒浓度很低，甚至无病毒，利用茎尖分生组织培养可脱去病毒，从而获得脱毒苗。脱毒苗恢复了原有品种优良种性，生长势明显增强，整齐一致。如脱毒后的马铃薯、甘薯、甘蔗、香蕉等植物可大幅度提高产量，改善品质，最高可增产300%，平均增产也在30%以上；兰花、水仙、大丽花等观赏植物脱毒后植株生长势强、产花量上升、花朵变大、色泽鲜艳。目前，利用茎尖脱毒方法生产无毒种苗已在许多果树（如苹果、葡萄、柑橘、菠萝、香蕉、草莓等）、蔬菜（如马铃薯、甘薯、大蒜、洋葱等）、花卉（如兰花、菊花、唐菖蒲、百合、康乃馨等）上大规模应用。

0.4.3 植物新品种选育

植物组织培养技术为植物育种提供了更多的手段和方法，目前已在植物育种上得到普遍应用，在单倍体育种、胚培养、细胞融合、离体选择突变体、植物基因工程等方面均取得显著成就。

1. 单倍体育种

自从Guha（1964）等获得第一株花粉单倍体植株以来，目前世界上已有300多种植物成功地获得了花粉植株。通过花药或花粉离体培养获得单倍体植株，然后通过秋水仙素处理使其染色体加倍，可以迅速使其后代基因型纯合，加速育种进程，比常规育种大大地缩短了育种年限。通过花药培养，1974年我国科学家用单倍体育种方法育成世界上第一个作物新品种——烟草品种单育1号，之后又育成水稻“中花8号”、小麦“京花1号”、油菜H165和H166等一批优良品种，并在生产上大面积推广种植。

2. 胚（胚胎）培养

胚（胚胎）培养早在20世纪40年代就开始用于克服远缘杂交中存在的杂交不亲和及杂交植株不孕，采用幼胚（或胚胎、胚珠等）离体培养使自然条件下夭折的幼胚发育成熟，获得杂种后代，从而育成新品种。如苹果与梨的杂交种、大白菜与甘蓝的杂交种、栽培棉与野生棉的杂交种等。目前，胚培养已在50多个科、属中获得成功。

3. 细胞融合

通过原生质体的融合，可以克服远缘杂交的不亲和性，获得体细胞杂种，从而打破物种间生殖隔离，实现其有益基因的交流，改良作物品种，以致创造植物新类型。通过体细胞杂交，目前已育成细胞质雄性不育烟草、细胞质雄性不育水稻、马铃薯栽培种与其野生种的杂种、甘蓝与白菜的杂种、柑橘类杂种等一批新品系和育种新材料。

4. 离体选择突变体

离体培养的细胞处于不断地分裂状态，容易受到培养条件和外界物理、化学等因素的影响而发生变异，从中可以筛选出对人们有用的突变体，进而育成新品种。目前，利用体细胞无性系变异和细胞诱变已获得一批抗病虫、抗除草剂、耐寒、耐盐、高赖氨酸等突变体，有些已用于生产。

5. 植物基因工程

遗传转化即基因工程方法在分子水平上有针对性地定向重组遗传物质，改良植物性状，培育优质高产作物新品种，解决植物育种中用常规杂交方法所不能解决的问题，为人类开辟了一条高效、诱人的植物育种新途径。自1996年转基因植物规模化应用以来，全球转基因植物研究迅速发展，被誉为“人类历史上应用最为迅速的重大技术”。如抗虫棉、抗虫玉米、抗除草剂大豆、抗虫油菜等已大规模商业化生产。植物基因转化的受体除植物原生质体外，愈伤组织、悬浮细胞也都可以作为受体。几乎所有基因工程的研究都离不开应用植物组织培养技术和方法，植物组织培养是植物基因工程必不可少的技术手段。

0.4.4 植物次生代谢产物生产

利用植物组织或细胞的大规模培养，可以高效生产一些天然有机化合物，如蛋白质、糖类、脂肪、药物、香料、生物碱、天然色素以及其他生物活性物质。因此，这一领域引起了人们广泛的兴趣和极大的重视。目前，已经对400多种植物进行了研究，从植物培养物中分离到600多种次生代谢产物，其中60多种在含量上超过或等于其原植物。用植物组织培养生产人工不能合成的药物或有效成分等的研究正在不断深入，有些已开始工业化生产。

0.4.5 植物种质资源离体保存

种质资源是农业生产的基础，常规的植物种质资源种植保存方法耗费人力、物力和土地。1975年，Henshaw和Morel首次提出了离体保存植物种质资源的策略。目前，已有许多植物在离体条件下，通过抑制生长或超低温贮存的方法，使培养材料能长期保存，并保持其生活力，既可节约大量的人力、物力和土地，还可避免病虫害侵染和外界不利气候等因素的影响，更便于种质资源的交换和转移，对挽救濒危物种、抢救有用基因意义重大。

0.4.6 人工种子生产

人工种子的概念是1978年美国生物学家Murashige首先提出来的，它是指植物离体培养中产生的胚状体或不定芽，被包裹在含有养分和保护功能的人工胚乳和人工种皮中，形成能发芽出苗的颗粒体。人工种子的意义在于：人工种子结构完整，体积小，便于贮藏与运输，可直接播种或机械化操作；不受季节和环境限制，胚状体或不定芽数量多、繁殖快，利于工厂化生产；利于繁殖生育周期长、不能或不易产生种子的珍稀植物，也可大量繁殖无病毒材料；可在人工种子中加入抗生素、菌肥、农药成分等，提高种子活力和品质；体细胞胚或不定芽由无性繁殖体系产生，可以固定杂种优势。

由于人工种子的独特优点，引起人们极大的关注，其研究方兴未艾。但是，人工种子的研究虽已进行了20多年，一些难题还未能很好解决，如人工种皮、防腐、贮藏、运输在体外条件及类似土壤的底物中转化率较低、制作成本高等。所以，目前人工种子的研究仍处于探索阶段。可以相信，随着研究的深入，限制其在商业应用中的问题将逐步得到解决，实现其诱人的应用前景，也必将对作物遗传育种、良种繁育和栽培等起到巨大的推动作用，掀起种子产业的革命。

植物组织培养技术作为生物科学的一项重要技术已成为植物科学研究的常规方法，并推动了植物遗传、生理、生化和病理学研究的发展。总之，植物组织培养是生物工程的基础和关键环节之一，并且它在生产中的实际应用也越来越广泛，发挥着更加重要的作用。

知识链接

中国组培网（http：//www. zupei. com/）主要板块内容有“组培知识”——介绍植物组织培养基础知识、基本技能及常见植物组织培养方法；“新闻资讯”——报道国际、国内植物组织培养行业动态及技术资讯；“组培商务”——传递行业生产及产品供求、人才招聘等信息；“网上商城”——宣传组培仪器设备、药品及种苗产品信息及采购指南。

中国组培网是中国最专业的组织培养行业门户网站，通过它可以学习植物组织培养知识，提高技术水平，及时了解植物组织培养技术及产业发展信息。

知识小结

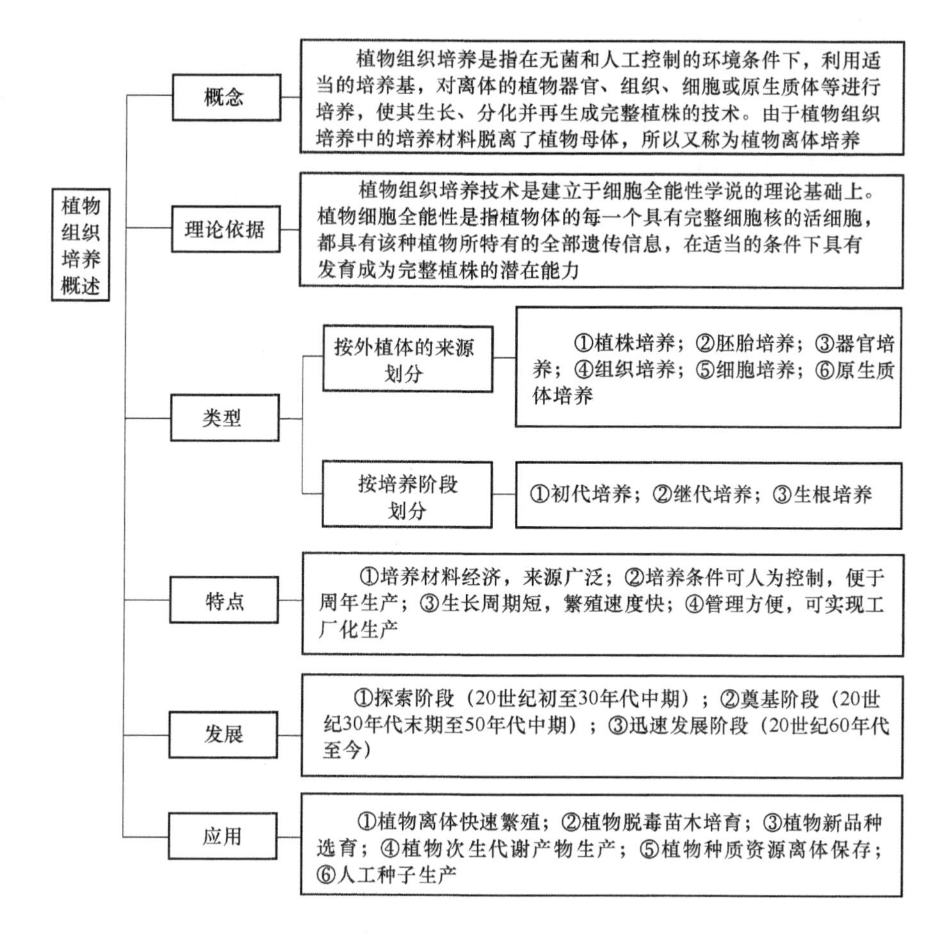

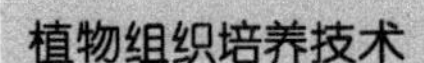

复习思考题

1. 名词解释：外植体、愈伤组织、脱分化、再分化。
2. 什么是植物组织培养？主要有哪些培养类型？
3. 什么是细胞全能性？
4. 简述植物组织培养的特点及在农业生产中的应用。

植物组织培养实验室设计及常用设备的使用与维护

知识目标：

- 熟悉植物组织培养实验室的组成及设备
- 掌握植物组织培养实验室的设计要点
- 熟悉植物组织培养所需的仪器设备

能力目标：

- 能根据要求进行植物组织培养实验室及温室的设计
- 能正确操作使用植物组织培养实验室中各种仪器设备及器械

植物组织培养是通过无菌操作，在人工控制条件下进行培养以获得再生的完整植株或生产具有经济价值的其他产品的技术。要达到无菌操作和无菌培养，就需要人为创造无菌的环境，使用无菌的器皿及器械，同时还需要人工控制的温度、光照、湿度等培养条件。无菌环境和培养条件的创造需要一定的设施及设备。

工作任务1　植物组织培养实验室设计

要完成整个植物组织培养过程，其工作场地主要包括室内实验室及温室两大部分。组培实验室及温室的面积大小和装备程度取决于工作性质、生产规模及经费条件，用于科研和小规模生产的面积较小，进行大规模工厂化生产的面积较大，也常称为“组培工厂”。不论是实验室还是组培工厂，其建造要求、结构和功能基本相同。

1.1.1　植物组织培养实验室的组成及设计

植物组织培养室内实验室通常包括准备室、无菌操作室、培养室等，如图1-1所示。

1. 准备室

在准备室主要进行一些常规试验操作，如各种药品的贮备、称量、器皿洗涤、培养基配制、培养基和培养器皿的灭菌、培养材料的预处理等。为了方便管理还可将准备室进行适当

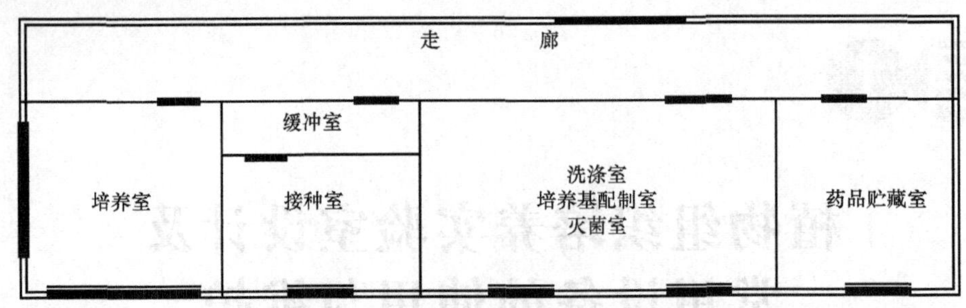

图 1-1 植物组织培养实验室布局

▬▬ 窗 ▬ 门

分区，如划分为药品贮藏室、洗涤室、培养基配制室及灭菌室等。

（1）药品贮藏室 主要用于存放各种化学药品，要求室内干燥、通风、避光，应配备药品柜、冰箱等。各类化学试剂应按要求分类存放，需要低温保存的药剂应置于冰箱内保存，有毒药品应按规定存放和管理。

（2）洗涤室 用于玻璃器皿和试验用具的洗涤、干燥和存放；培养材料的预处理与清洗；组培苗的出瓶、清洗与整理等。要求有电源、自来水和水槽，上下水道畅通，排水良好，地面耐湿、防滑，便于清洁。应配备工作台、烘箱、晾瓶架、周转筐（塑料或铁制）、毛刷等。

（3）培养基配制室 用于培养基的配制，还可分为称量分室和配制分室。药品称量需配备各种规格的天平，包括普通天平和分析天平。培养基配制需要配备工作台、蒸馏水器、电炉（电饭锅或微波炉）、水浴锅、磁力搅拌器、过滤装置、酸度计、分注器、各种试管、三角瓶、烧杯、量筒、吸管、移液管及移液管架以及贮藏母液的冰箱、移动式载物台（医用小推车）、周转筐等。

（4）灭菌室 用于培养基、器皿、用具及其他物品的灭菌。灭菌室根据工作量的大小决定其面积大小，一般控制在 30 ~ 50m^2。要求通风、明亮，墙壁和地面应防潮、耐高温。应配备高压电源和供排水设施、高压蒸汽灭菌装置、干热消毒柜或烘箱、细菌过滤装置及移动式载物台、周转筐等。

准备室也可设计成大的通间，使试验操作的各个环节在同一房间内按程序完成，以便于程序化操作与管理，从而提高工作效率。此外还便于培养基配制、分装和灭菌的自动化操作程序设计，从而减少规模化生产的人工劳动，更便于无菌条件的控制和标准化操作体系的建立。

2. 无菌操作室

无菌操作室也叫接种室，主要用于植物材料的消毒、接种、培养物的继代转接等无菌操作。由于植物组织培养时间较长，尤其需防止细菌、真菌污染。因此，接种室内无菌条件控制的好坏直接影响培养物的污染率及接种工作效率等重要指标。接种室面积根据需要和环境控制的难易程度而定，在工作方便的前提下宜小不宜大。室内地面、墙壁、天花板应采用防水和耐腐蚀材料，符合无尘积累要求，易于清洁和消毒；门窗要求密闭性好，一般用滑动门窗，不能安装风扇，通风换气需通过空气调节装置进行。无菌室内应安装紫外灯，每周照射 1 ~ 2h，每次使用前照射 10 ~ 30min；定期用甲醛和高锰酸钾（或用臭氧发生器）熏蒸消毒。

接种室内应配备超净工作台、灭菌器或酒精灯、酒精瓶及酒精棉球、接种工具、器械支架及移动式载物台等。

接种室外还应设置预备室作为缓冲间，一方面可供操作人员更换工作服、工作帽、拖鞋及器皿准备、培养材料处理等，另一方面还可减少工作人员将外界尘埃、杂菌等污染物直接带入接种室内。缓冲间与接种室之间最好安装塑钢玻璃窗及滑动门，以便于观察；而且缓冲间与接种室的门应错开，也不得同时开启，以防止在人员进出时空气对流带入杂菌。缓冲间内应配备鞋架和衣帽挂钩，并备有清洁的工作服、工作帽、口罩及拖鞋；墙顶应安装1～2盏紫外灯，定时照射杀菌。

3. 培养室

用于对接种到培养瓶等器皿中的植物离体材料进行控制条件下的培养。培养室内放置培养架，方便操作，并充分利用空间。培养室的大小可根据生产规模和培养架的大小、数目及其他附属设备而定，其设计以充分利用空间和节省能源为原则。可采取多室设计方式，每个培养室面积不宜过大，约10～20m^2，以满足不同培养材料对环境条件控制的不同要求，也便于对同室内环境条件的均匀控制。室内天花板和内墙最好用塑钢板或瓷砖装修，地面铺设水磨石或瓷砖，以保持室内明亮、平整，并方便清洁和消毒；室内还要安装紫外灯，定时进行杀菌处理。培养室内需安装空调，以控制室内温度，一般要求保持在20～27℃之间，低于15℃或高于35℃对植物的生长不利。培养室的光源一般使用白色日光灯，光周期可采用自动定时器来控制，光照强度一般控制为1 000～6 000lx，每天光照时间为10～16h。需要大量的暗培养时可以增设暗培养室，或使用暗箱培养。培养室内的相对湿度保持在70%～80%为宜。湿度过高，容易使培养基污染；湿度过低，容易使培养基失水变硬，影响培养物生长。在梅雨季节可使用除湿机人工除湿，干燥季节可利用加湿器来增加湿度，也可采取放置水盆的方法来调节湿度。

培养室停电会导致室内控温、控光等设备不能正常工作，时间长了会影响培养物的生长。由于摇床停止工作，可能造成悬浮培养物死亡。因此，实验室应配有备用电机，并连接到培养室和培养箱，以便提供应急电源，预防和避免因停电造成损失。

1.1.2　试管苗驯化移栽温室设计

组培试管苗进入大田栽培之前，必须经过一段时间的炼苗，即驯化移栽过程，使其逐渐适应自然条件。驯化移栽的条件越接近自然，驯化效果越好，移栽后成活率就越高。驯化移栽温室面积的大小视生产规模而定，要求环境清洁无菌，具备控温、保湿、遮阴、防虫和采光良好等条件。温室需配备弥雾装置、遮阳网、暖气或地热线、移栽床（固定式或可移动式）等设施，还需备有穴盘、营养袋等移栽容器及草炭、珍珠岩、河沙等基质。北方（长江以北）通常建造日光温室，而南方（长江以南）通常建造连栋温室大棚进行试管苗的驯化移栽。

1. 日光温室

日光温室又称为钢拱式日光温室、节能温室，主要利用太阳能作热源提高室内温度。这

种温室跨度为 5～7m，中高 2.4～3.0m，后墙用砖砌成，厚 50～80cm，高 1.6～2.0m。钢筋骨架，拱架为单片桁架，上弦为Φ14～Φ16 的圆钢，下弦为Φ12～Φ14 的圆钢，中间用Φ8～Φ10 的钢筋作拉花，宽 15～20cm。拱架上端搭在中柱上，下端固定在前端预埋水泥基础上。拱架间用 3 道单片桁架花梁横向拉接，以使整个骨架成为一个整体。温室后屋面可铺泡沫塑料板和水泥板，抹草泥封盖防寒，后墙上每隔 4～5m 设通风口，如图 1-2 所示。

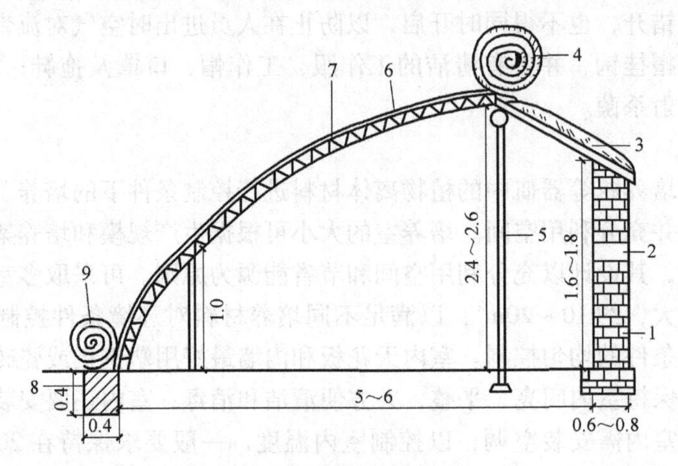

图 1-2　日光温室（单位：m）

1—后墙　2—通风口　3—后屋面　4—草苫　5—中柱　6—人字形拱架

7—薄膜　8—防寒沟　9—纸被

此种温室坚固耐用，采光和通风性好，操作方便，适于北方地区使用，能充分利用太阳能，降低生产成本。

2. 智能型连栋式温室

智能型连栋式温室有屋脊形连栋温室和拱圆形连栋温室等类型，如图 1-3 所示，是由相等的双屋面借纵向侧柱相互连通，可以连续搭接，形成室内串通的大型温室。此类温室又称为现代化温室，每栋可达数千或上万平方米，框架采用镀锌钢材，屋面用铝合金材料作桁条，覆盖物可采用玻璃、玻璃钢、塑料板材或塑料薄膜。冬季通过热水、蒸汽或热风加温，夏季采用通风与遮阳相结合的方法降温。整栋温室的加温、通风、遮阳和降温等工作可全部或部分计算机控制。

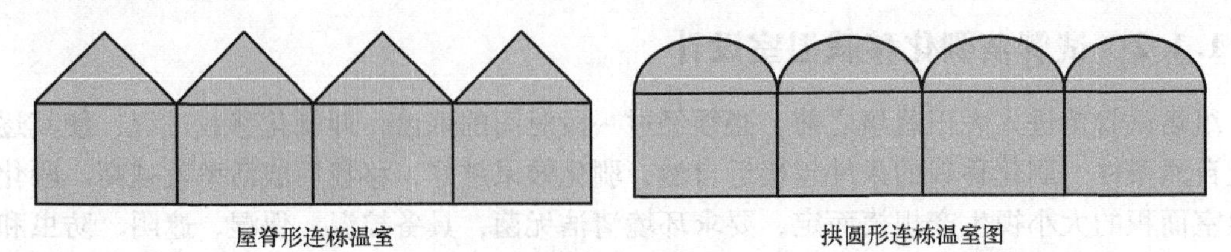

图 1-3　智能型连栋温室

此种温室层架结构简单，温室内温度、湿度、光照等环境由自动化控制，便于机械化操作。目前，蝴蝶兰、大花惠兰、石槲、国兰等组培工厂化育苗一般采用这类温室进行试管苗的驯化移栽。

工作任务2 实验室常用设备的使用与维护

植物组织培养实验室常用设备可分为基本仪器设备和常用器皿、器械。

1.2.1 实验室基本仪器设备

根据各种仪器设备的作用及性能可分为以下几类：

1. 常规设备

（1）天平 精确度达0.0001g的天平（分析天平）用于称量微量元素、植物生长调节剂和一些较高精确度的试验药品。精确度达0.01g和0.1g的天平用于称量大量元素、琼脂、糖等用量较大的药品。天平应放置在平稳、干燥、不受震动的天平操作台上，应尽量避免移动，天平罩内应放硅胶或其他中性干燥剂以保持干燥。

（2）冰箱 一般家用普通冰箱即可，主要用于培养基母液、植物生长调节剂原液和各种易变质分解化学药品的贮存，还可用于植物材料的低温保存以及低温处理等。

（3）酸度计 用于测定培养基及其他溶液的pH值，一般要求可测定pH范围为1～14，精度为0.01。

（4）离心机 用于细胞、原生质体等活细胞分离，也用于培养细胞的细胞器、核酸以及蛋白质的分离提取。根据分离物质不同配置不同类型的离心机：细胞、原生质体等活细胞的分离用低速离心机；核酸、蛋白质的分离用高速冷冻离心机；规模化生产次生代谢产物，还需选择大型离心分离系统。

（5）加热器 用于培养基的配制。研究性实验室一般选用带磁力搅拌功能的加热器，规模化生产用大功率加热器和电动搅拌系统。

（6）解剖镜 用于观察培养物的形态结构及茎尖剥离。可采用双筒实体解剖镜，通常放大40～80倍。

2. 灭菌设备

（1）高压灭菌锅 用于耐热培养基、无菌水及各种器皿、用具的灭菌。有小型手提式、中型立式、大型卧式等不同规格，如图1-4所示。大型效率高，小型方便灵活，可按工作需要选用。

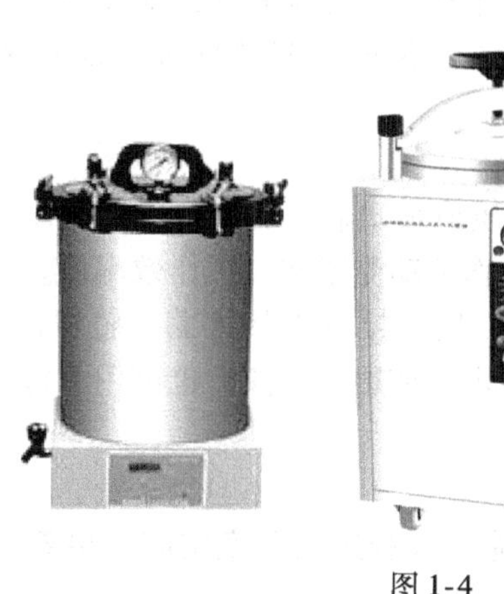

图1-4 高压灭菌锅

（2）干热消毒柜　用于洗净后的玻璃器皿干燥，也可用于干热灭菌和测定干物重。一般选用200℃左右的普通或远红外消毒柜。用于干燥需保持80～100℃；干热灭菌时160℃保持1～2h；若测定干物重，则温度应控制在80℃烘干至完全干燥为止。

（3）过滤灭菌器　一些生长调节物质、有机附加物，如IAA、GA_3、椰子汁等在高温条件下易被分解破坏而丧失活性，可用孔径为0.22μm微孔滤膜来进行除菌。过滤灭菌时需要一套减压过滤装置或注射器过滤组件，如图1-5所示。

3. 无菌操作设备

（1）超净工作台　用于培养材料的消毒、分离切割、转接等，是最常用的无菌操作设备，具有操作方便舒适、无菌效果好、工作效率高等优点，如图1-6所示。超净工作台有单人、双人及三人式，也有开放式和密封式，由操作区、风机室、空气过滤器、照明设施等组成。工作时借风机的作用，将经过预过滤的空气送入静压箱，再经过高效过滤器除去空气中大于0.3μm的尘埃、细菌和真菌孢子等，以垂直或水平层流状送出，在操作区形成高洁净度、相对无菌的环境，有效地降低杂菌污染，提高接种的成功率。

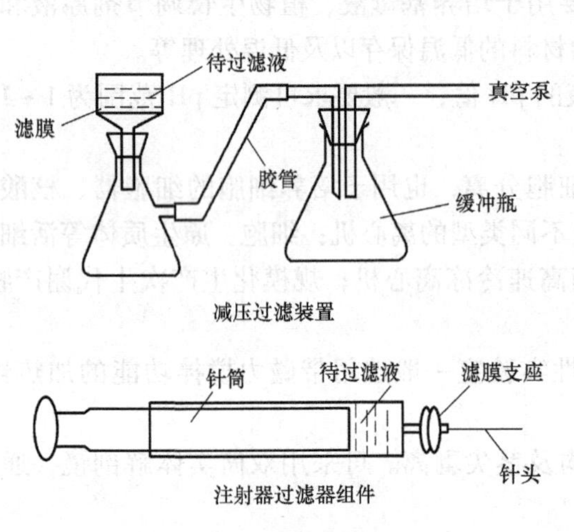

图1-5　过滤灭菌器

图1-6　超净工作台

超净工作台一般放置在无菌室内，其进风罩不得面对经常打开的窗和门。超净工作台使用时间过久，过滤装置引起堵塞，风速减小，不能保证无菌操作时，需要清洗或更换过滤器。

（2）接种箱　接种箱是一个密闭较好的木质或玻璃箱，如图1-7所示，入口有袖罩，箱内安装紫外灯和日光灯。接种箱投资少，但操作活动受限制，工作效率低。

（3）接种工具杀菌器　置于超净工作台内，用于接种工具灭菌。整机由不锈钢制成，有卧式和立式两种，内置发热元件和数显控温技术，使用效率高。也可用酒精灯代替接种工具杀菌器。

4. 培养设备

（1）光照培养架　培养架既方便操作，又能充分利用培养室空间。培养架大多由铝合

金材料制成，一般设5层，架高1.7m左右，最低1层离地面高约20cm，各层间隔30cm左右，架宽一般为60cm，架长根据40W日光灯的灯管长度来决定，每层可安装2~3支灯管，固定在培养架的侧面或搁板的下面，距上层搁板4~6cm，每支灯管距离为20cm，光照强度可达到2 000~3 000lx，能够满足大部分植物的光照需求，如图1-8所示。

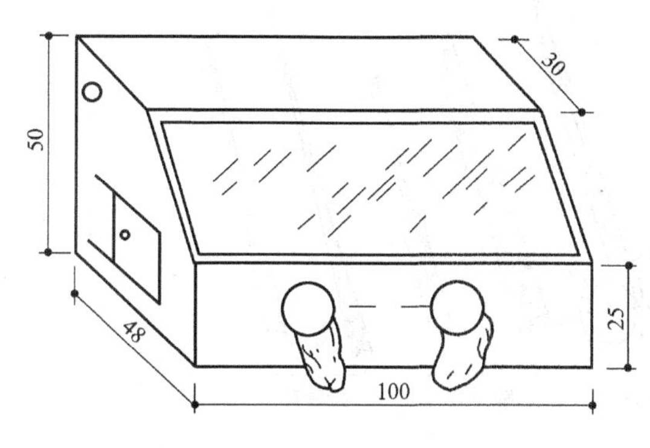

图1-7　接种箱（单位：cm）

图1-8　光照培养架

（2）培养箱　对材料预培养、热处理脱毒或细胞培养、原生质体培养等需要特殊条件，可采用光照培养箱或人工气候箱；进行液体培养时，为改善通气状况，可用振荡培养箱或摇床；进行植物细胞培养生产次生代谢产物需配备生物反应器。

（3）照度计　用于测量培养架灯光的光照强度。

1.2.2　实验室常用器皿、器械

植物组织培养常用器皿主要有用于材料培养的各种培养容器，贮存母液及配制培养基时需要的试剂瓶、烧杯、玻皿、量筒、移液管、容量瓶等玻璃器皿。常用器械主要有接种所需的各种金属器具。

培养容器要求透光性好，能耐高压高温，方便培养材料的取放。可选用无色、碱性溶解度小的硬质玻璃器皿。根据培养材料不同，可采用不同种类和规格的培养容器，主要有培养皿、试管、三角瓶及广口培养瓶。现在有采用高分子PC材料制成的各种容积和形状的植物组织培养专用培养瓶，在高压蒸汽灭菌条件下反复使用不破裂、不变形，不易破碎，使用寿命长，质量轻，透光率高于玻璃容器，并配有透气式瓶盖，操作方便，符合机械化洗瓶、装瓶要求，有利于组培苗工厂化生产，显著提高工作效率，如图1-9所示。

接种工具可选用医疗器械和微生物试验所用的不锈钢器具，主要有各种规格的镊子、剪刀、解剖刀、接种针等，如图1-10所示。

图 1-9　PC 材质培养容器

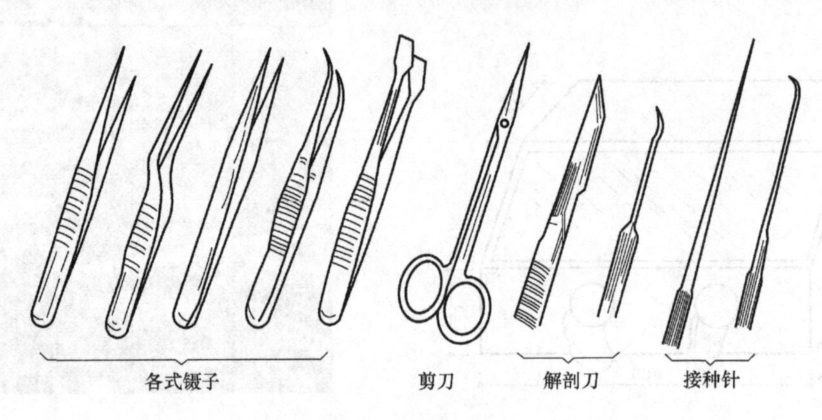

图 1-10　接种工具

实训 1-1　植物组织培养实验室参观及常用仪器设备的使用

● **实训目的**

1. 掌握植物组织培养实验室和温室的总体要求及设计原则。
2. 熟悉植物组织培养实验室基本仪器设备和器皿、器械的配置及使用方法。

● **实训要求**

1. 明确植物组织培养实验室各个功能室的作用及设计要点。
2. 严格按照要求，正确、安全地使用各种仪器设备。

● **实训准备**

1. 仪器

各式天平、高压灭菌锅、电热干燥箱（烘箱）、冰箱、电磁炉、蒸馏水器、离心机、显微镜、酸度测定仪、磁力搅拌器、超净工作台、人工气候箱等。

2. 器皿

试管、三角瓶、培养皿、培养瓶、凹面载玻片、试剂瓶、烧杯等容器；量筒、容量瓶、移液管、移液枪等计量器皿。

3. 器械

镊子类、剪刀类、解剖刀、接种针等。

● **方法及步骤**

1. 指导教师集中讲解本次实训的目的、要求及内容，讲解植物组织培养实验室规则及

有关注意事项。

2. 按照植物组织培养的生产工艺流程路线参观实验室，指导教师介绍各分室功能、房间布局、基本设施配置及设计要求。

3. 重点介绍天平、高压灭菌锅、电热干燥箱、超净工作台、人工气候箱等基本仪器设备的使用操作方法及注意事项。

● **实训指导建议**

指导教师讲解、示范后，学生分组训练。指导教师应特别强调在操作过程中的注意事项，确保安全。

现场各种仪器设备的使用必须对照使用说明书，严格按照要求进行，以保证操作步骤的正确性和操作的规范性、准确性。

指导学生上网查询，了解各种仪器设备的功能、型号及参考价格。

● **实训考核**

考核重点是植物组织培养实验室组成、功能及设计要求；主要仪器设备识别及操作准确性、规范性。考核方案见表1-1。

表1-1　植物组织培养实验室参观及常用仪器设备的使用实训考核方案

考核项目	考核内容及标准		分值
	技能单元	考核标准	
现场操作	电子天平使用	调平、校码、清零、称量等操作规范，读数准确	15分
	高压灭菌锅使用	电源、气阀、水阀等识别、操作正确，温度、压力设置方法正确	15分
	超净工作台使用	紫外灯消毒、风速控制、台面清洁等操作正确	10分
	电热干燥箱、人工气候箱等使用	开关控制、温度和光照设置方法正确	10分
	文明、安全操作	遵守纪律，记录认真，操作文明、安全	5分
	团队协作	小组成员分工明确、相互协作、积极思考、认真讨论	5分
结果检查	绘制组培实验室分布图	各功能室布局描绘准确、名称标注正确；能正确评价所参观实验室的设计特点，提出的改进意见合理	15分
	基本仪器设备配置	基本仪器设备配置合理，功能、型号及参考价格描述清楚	15分
	实训报告	实训报告撰写内容清楚、字迹工整、数据详实	10分

实训1-2　器皿及用具的洗涤与环境消毒

● **实训目的**

1. 通过实训使学生树立无菌观念，养成良好的无菌操作习惯。
2. 掌握实验室常用器皿及用具的洗涤方法。
3. 掌握实验室环境的消毒方法。

● **实训要求**

1. 洗涤液选择适宜，配制方法正确；器皿及用具的洗涤方法正确，达到清洁标准。
2. 实验室消毒方法正确，清洁、整齐、明亮，符合无菌标准。

● **实训准备**

1. 仪器与用具

烘箱、晾瓶架；试管、三角瓶、培养皿、培养瓶、试剂瓶等容器；量筒、烧杯、移液管等量具；镊子、剪刀、解剖刀、接种针等器械；扫帚、拖把、喷雾器、水桶、试管刷等工具；工作服、口罩、橡胶手套等。

2. 药品

重铬酸钾、工业浓硫酸、甲醛、高锰酸钾、洗衣粉、洗洁精、肥皂、1%盐酸、5%碳酸钠、2%新洁尔灭、70%酒精、2%来苏尔、臭氧发生器等。

● **方法及步骤**

1. 器皿及用具的洗涤

(1) 洗涤液配制　常用的洗涤液有70%酒精、0.1%~4%高锰酸钾溶液、1%稀盐酸溶液、4%重铬酸钾-硫酸溶液（洗液）、10%~20%洗衣粉溶液及洗涤剂溶液等。

4%重铬酸钾-硫酸溶液（洗液）的配制方法：称取25g重铬酸钾加水500mL，加温溶化，冷却后再缓缓加入90mL工业浓硫酸即配成较稀的洗液。铬酸洗液可加热使用，增强去污作用，一般可加热到45~50℃。洗液可以重复使用，直到溶液变成青褐色为止。

(2) 器皿及用具洗涤　新购置玻璃器皿因有游离碱性物质，可采用酸洗法洗涤。先用1%稀盐酸浸泡4h以上，然后用自来水冲洗；再加洗衣粉溶液及洗涤剂溶液刷洗，用自来水冲洗；最后再用蒸馏水冲洗后，沥干备用。

日常使用过的容器应先除去瓶内残渣，用自来水冲洗，然后用10%~20%洗衣粉溶液及洗涤剂溶液浸泡、刷洗，洗衣粉及洗涤剂溶液加热后去污力更强，再用自来水冲洗，最后用蒸馏水冲洗后，沥干备用。

吸管、滴管等较难刷洗的玻璃器皿及用具可先放入铬酸洗液中浸泡数小时，取出后用自来水冲洗30min，再用蒸馏水冲洗，稍沥水后置于干燥箱内烘干备用。吸管、滴管等首次使用前也必须用洗涤液泡洗。

小贴士

滴管、量筒等玻璃器皿和金属器械使用前可置于烘箱内进行灭菌处理。灭菌温度为100~180℃，维持时间在2h左右。待灭菌的物品在烘箱内不应排得太满、太挤，以防空气流通不畅，受热不均。灭菌后冷却不能过快，以防玻璃器皿因温度骤变而破碎，应待温度降至50℃以下后再打开烘箱门，或直接存放在烘箱内待用。

金属用品一般不宜用各种洗涤液洗涤，可用酒精擦洗，并保持干燥。新购置的金属器皿若表面有润滑油或防锈油，可用棉球蘸取四氯化碳（CCl_4）擦去油脂，再用湿布擦净，干燥备用。塑料用品一般用合成洗涤剂洗涤，因其附着力较强，冲洗时必须反复多次，最后用蒸馏水冲洗，沥干后备用。

● 污染瓶（管）应用0.1%～4%高锰酸钾溶液或70%酒精浸泡消毒后再清洗，也可将污染瓶（管）先进行高压灭菌处理后再清洗，以防止环境污染。

● 重铬酸钾-硫酸溶液（洗液）腐蚀性强，使用时要小心谨慎，不得用手直接接触，操作时需戴上橡胶手套，并用试管夹夹取物件。

● 容器或用具上贴有标签或胶布，或用记号笔作过标记，可先用70%酒精擦洗，溶解粘胶物后再清洗。

● 玻璃器皿洗涤后应透明锃亮，内外壁水膜均匀，不挂水珠，无油污或有机物残留。

2. 接种室、培养室环境消毒

（1）药剂熏蒸　接种室、培养室应定期采用甲醛和高锰酸钾熏蒸消毒，一般每年2～3次。按每1m^3空间用5～8mL甲醛、5g高锰酸钾，先将称好的高锰酸钾倒入一个较大的容器内（玻璃罐头瓶或陶瓷罐），放入房屋中间的地面上，再将量取的40%甲醛溶液缓慢倒入，当烟雾产生后操作人员应迅速离开，并密封门窗。2～3d后再开启门窗，排出甲醛废气。另外，也可选用冰醋酸加热熏蒸消毒。现在，许多实验室使用臭氧发生器定期熏蒸消毒，消毒效果较好，且操作灵活方便，对人体的伤害也相对较小。

（2）药液喷雾　经常用0.25%新洁尔灭溶液（取新洁尔灭5%原液50mL，加水950mL配成）、或漂白粉液（取漂白粉10g，加水140mL配成，现配现用，配好后静置1～2h，取上清液）、或70%酒精喷雾，对接种室、培养室空间及墙壁、超净工作台消毒。喷雾要均匀，不留死角，并注意安全。

（3）紫外线照射　每次接种前打开缓冲室、接种室和超净工作台内的紫外灯，照射20～30min。

（4）药液擦拭　用棉布或毛巾蘸取70%酒精或0.1%高锰酸钾擦拭培养架，用洗衣粉水拖地，一般每周1次。

● 利用甲醛和高锰酸钾熏蒸，消毒彻底，效果好。但甲醛对人体有害，不宜频繁使用。

● 对屋顶、墙壁高处喷雾消毒时要特别小心，防止将药液雾滴掉入眼内。

● 利用紫外灯消毒时，当操作人员进入接种室后应立即关掉紫外灯，以免灼伤眼睛和皮肤。

● 药剂擦拭消毒时应戴上乳胶手套，以免损伤手部皮肤。

3. 接种室、培养室空气污染状况检验

（1）平板检验法　先准备好固体培养基平板（配制常规培养基倒入培养皿内，经高压灭菌，冷却后备用），在已用甲醛和高锰酸钾熏蒸、臭氧熏蒸或酒精喷雾消毒过的接种室、培养室内，打开培养皿放置5min、10min等不同时间，然后盖上培养皿，并以不打开的培养皿作对照，一般需设3次重复。将供试培养基平板置于30℃的温箱中培养，48h后取出检查是否感染杂菌。若已感染，需观察菌落形态，并镜检确定杂菌种类。一般要求开盖5min的培养基平板上的菌落数不超过3个。

(2) 斜面检验法　先准备好固体斜面培养基（配制常规培养基装入试管内，经高压灭菌，制成斜面，冷却后备用），在室内将装有斜面培养基的试管棉塞拔掉，经过30min后，再塞好棉塞，以不打开棉塞的试管作对照，3次重复。将供试斜面培养基试管置于30℃的温箱中培养，48h后取出检查，以开塞30min后的斜面培养基不出现菌落为合格。

● **实训指导建议**

教师讲解示范后，学生分组操作，教师应特别强调在操作过程中注意安全。

上课班级学生分组编班，定期轮流负责实验室器皿洗涤、环境清洁、消毒及空气污染状况检测。

● **实训考核**

考核重点是操作规范性、洗涤、清洁、消毒效果。考核方案见表1-2。

表1-2　器皿及用具的洗涤与环境消毒实训考核方案

考核项目	考核内容及标准		分值
	技能单元	考核标准	
现场操作	洗涤液的配制	洗涤液选择适宜，浓度计算、称（取）量准确，配制方法正确	10分
	器皿及用具洗涤	洗涤方法正确，操作认真、仔细、迅速	20分
	实验室环境消毒	消毒方法正确，用具使用方法得当	20分
	文明、安全操作	工作服、手套、口罩等穿戴整齐；操作文明、安全。工作场地整洁，物品摆放有序；无操作事故发生	5分
	团队协作	小组成员分工明确、相互协作，工作任务完成迅速、效果好	5分
结果检查	器皿及用具	器皿及用具上无污物、无标签及记号笔标记痕迹，达到洁净标准；洗涤后的器皿、用具摆放整齐	20分
	实验室环境	室内清洁、整齐，经检测达到无菌标准	10分
	操作记录 实训报告	实验室操作记录填写清楚，实训报告撰写内容清楚、字迹工整、数据详实	10分

知识链接

灭菌和消毒的概念及方法

灭菌是指杀灭或去除物体上所有微生物的方法，包括抵抗力极强的细菌芽胞。消毒是指杀死、消除或充分抑制物体上微生物的方法，经过消毒处理后许多细菌芽孢、霉菌的厚垣孢子等可能仍存活。无菌是指没有活菌的意思。防止杂菌进入人体或其他物品的操作技术，称为无菌操作。

灭菌和消毒的方法有物理方法和化学方法两大类。

1. 物理方法

(1) 热力灭菌　热力灭菌是指利用热能使蛋白质或核酸变性、破坏细胞膜以杀死微生物。热力灭菌又分为干热灭菌和湿热灭菌。①干热灭菌方法有焚烧（适用于废弃物品处

理）、烧灼（适用于实验室的镊子、剪刀、接种环等金属器械、玻璃试管口和瓶口等）、烘烤（在烘箱内加热至160～170℃，维持2h，可杀灭包括芽胞在内的所有微生物，适用于耐高温的玻璃器皿、瓷器、玻璃注射器等）。②湿热灭菌，湿热中蛋白质吸收水分后更易凝固变性；水分子的穿透力比空气大，更易均匀传递热能；蒸汽有潜热存在，每1g水由气态变成液态可释放出529卡热能，可迅速提高物体的温度。常用的湿热灭菌法有：a. 巴氏消毒法，加热61.1～62.8℃、30min，或者72℃、15s，可杀死乳制品的链球菌、沙门菌、布鲁菌等病原菌，但仍保持其中不耐热成分不被破坏，用于乳制品等消毒。b. 煮沸法，细菌繁殖体需5min以上，芽胞需2h以上，常用于注射器的消毒。c. 间歇灭菌法，在一个大气压下，利用反复多次的流通蒸汽加热，杀灭所有微生物，包括芽胞。其适用于不耐高热的含糖或牛奶的培养基。d. 高压蒸汽灭菌法，可杀灭包括芽胞在内的所有微生物，是灭菌效果最好、应用最广的灭菌方法。方法是将需灭菌的物品放在高压蒸汽灭菌锅内，加压至0.105MPa（1.05kg/cm^2），温度达到121.3℃，维持15～30min。其适用于培养基、无菌水、器械、玻璃容器及注射器等灭菌。

（2）射线消毒　常用的射线主要有紫外线，波长200～300nm，以250～260nm杀菌作用最强。紫外线可使DNA链上相邻的两个胸腺嘧啶共价结合而形成二聚体，阻碍DNA正常转录，导致微生物的变异或死亡。紫外线穿透力较弱，一般用于实验室的空气消毒。紫外线可损伤皮肤和角膜，应注意防护。其他射线有红外线、超声波或微波等。

（3）过滤除菌　一般利用孔径为0.22μm微孔滤膜来进行除菌。

2. 化学方法

（1）药液浸泡　用以消毒的药品称为消毒剂。常用消毒剂有氯化汞、次氯酸钠、酒精、高锰酸钾、新洁尔灭、漂白粉液等。植物组织培养中常用0.1%～0.2%氯化汞、2%次氯酸钠、70%～75%酒精等进行外植体消毒。

（2）药液喷雾　植物组织培养中常用70%酒精或0.25%新洁尔灭溶液对接种室、培养室空间及墙壁、超净工作台喷雾消毒。

（3）药剂熏蒸　可采用甲醛加高锰酸钾（按每1m^{3}空间用5～8mL甲醛、5g高锰酸钾）、冰醋酸加热、臭氧等对实验室空间进行熏蒸消毒。

知识小结

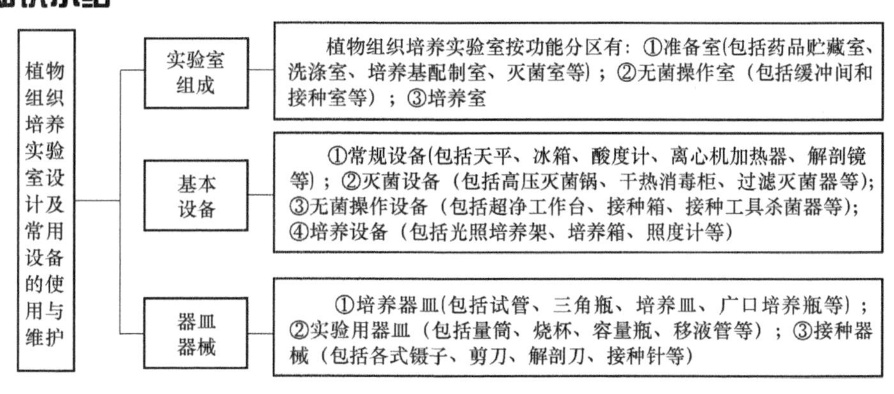

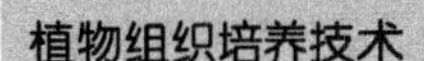

复习思考题

1. 图示说明植物组织培养实验室的组成及功能。
2. 植物组织培养实验室需要哪些基本设备和常用器皿、器械？
3. 灭菌和消毒有何区别？植物组织培养中有哪些常用的灭菌和消毒方法？
4. 实验室器皿、器械的洗涤有哪些方法？注意事项有哪些？
5. 实验室环境消毒有哪些方法？如何检测空气污染情况？

植物组织培养基本操作

知识目标：

- 熟悉植物组织培养的一般工作流程
- 了解培养基的成分、类型及其特点
- 掌握初代培养中外植体选择的原则，了解器官培养、细胞培养、原生质体培养等不同类型组织培养的特点及应用
- 了解植物再生的途径，掌握试管苗继代扩繁的方法
- 了解试管苗生长环境及特点，掌握生根壮苗培养、驯化移栽的方法

能力目标：

- 能正确进行培养基的配制及灭菌操作
- 能熟练进行初代培养中外植体的取材、消毒、接种及培养等操作，能处理初代培养中污染、褐变等常见问题
- 能熟练进行试管苗转接扩繁操作，能处理继代培养中试管苗玻璃化、分化再生能力衰退、无性系变异等常见问题
- 能熟练进行试管苗生根壮苗培养及驯化移栽操作，能正确进行移栽试管苗的管理

植物组织培养是一项技术性强、无菌条件要求高的工作，对场地有一定的要求，需配备必要的仪器设备和器皿、器械，还必须熟练掌握每个环节的操作技术。植物组织培养的一般程序包括拟定培养方案、初代培养、继代扩繁、生根壮苗培养及驯化移栽，其基本操作技术包括培养基的配制与灭菌、外植体的选择与消毒、无菌接种与培养、试管苗生根与驯化移栽等。

工作任务1　培养基的制备

人工配制的培养基是植物组织培养的营养基础。在离体培养条件下，不同种类的植物、不同的取材部位及其在不同培养阶段对培养基的要求都不尽相同。了解培养基的成分、类型及特点，选择适宜的培养基及采用正确的制备方法是植物组织培养取得成功的关键环节之一。

2.1.1 培养基的成分

培养基的成分主要包括水、无机营养、有机成分、植物生长调节剂，以及天然有机物、活性炭、抗生素、硝酸银、抗氧化剂、凝固剂等。

1. 水

水是植物体的主要组成成分，也是一切代谢过程的介质和溶媒，在植物生命活动过程中不可或缺。培养基中的大部分成分是水。配制培养基母液时要用蒸馏水，以保持母液及培养基成分的准确性；研究培养基配方时也尽量用蒸馏水，以保证结果准确；而在大规模工厂化生产时，为了降低生产成本，常用自来水代替蒸馏水。若自来水中含有大量的钙、镁、氯和其他离子，最好将自来水煮沸，经过冷却沉淀后再使用。

2. 无机营养

无机营养成分是指植物生长发育时所需要的各种矿质元素。根据国际植物生理学会的建议，将植物所需浓度大于 0.5mmol/L 的矿质元素称为大量元素，将植物所需浓度小于 0.5mmol/L 的矿质元素称为微量元素。

（1）大量元素　包括氮（N）、磷（P）、钾（K）、钙（Ca）、镁（Mg）、硫（S）等。

氮参与蛋白质、核酸、酶、叶绿素、维生素、磷脂、生物碱等物质构成，是生命不可缺少的物质。氮主要以硝态氮（NO_3^-）和铵态氮（NH_4^+）两种形式被使用，在植物组织培养的培养基中添加的含氮物质常有 KNO_3、NH_4NO_3、$(NH_4)_2SO_4$ 等，大多数培养基将硝态氮和铵态氮两者混合使用，以调节培养基的离子平衡。

磷参与植物生命活动中核酸及蛋白质的合成、光合作用、呼吸作用以及能量的贮存、转化与释放等重要的生理生化过程，增加植物的抗逆能力。在植物组织培养的培养基中添加的含磷物质有 KH_2PO_4、NaH_2PO_4 等。

钾与碳水化合物的合成、转移以及氮素代谢等有密切关系。

钙是构成细胞壁的一种成分，钙对细胞分裂、保护质膜不受破坏有显著作用。在植物组织培养的培养基中钙常以 $CaCl_2 \cdot 2H_2O$ 形式提供。

（2）微量元素　包括铁（Fe）、硼（B）、锰（Mn）、锌（Zn）、铜（Cu）、钼（Mo）、钴（Co）、氯（Cl）等。

微量元素是许多酶和辅酶的重要组成成分，也是植物组织培养中不可缺少的元素，缺少这些物质会导致生长、发育异常现象。如铁是多种氧化酶和叶绿素的重要成分，而且是维持叶绿体功能所必需的；铜有促进离体根生长的作用；钼是合成活跃的硝酸还原酶所必不可少的元素，也是固氮酶的组成部分，还有防止叶绿素受破坏的作用；锌是酶的组成成分，也有防止叶绿素破坏的作用；锰与植物呼吸作用、光合作用有关；硼与糖的运输、蛋白质的合成有关。

当某些微量元素供应不足时，植物表现出一定的缺素症状。如植株缺铁，叶片变黄，进而发白；植株缺锰，叶片上出现缺绿斑点或条纹；植株缺锌，叶子发黄，或出现白斑，叶子变小；植株缺硼，叶片失绿，叶缘向上卷曲，顶芽死亡；植株缺钴，叶片失绿而凋枯、卷曲。

3. 有机成分

有机成分指植物生长发育所必需的有机碳、氮等物质，主要包括糖、维生素、氨基酸、

肌醇等。

（1）糖 对于植物组织培养中幼小的外植体而言，由于其光合作用的能力较弱，培养基中的糖类物质就成了其生命活动中必不可少的碳源和能源。除此之外，糖类的添加还有调节培养基渗透压的作用。培养基中添加的糖类有蔗糖、葡萄糖、果糖和麦芽糖等，其中蔗糖使用最多，其浓度范围一般为10～50g/L，其中以30g/L较多。蔗糖在高温、高压灭菌时会有一少部分分解成葡萄糖和果糖。

（2）维生素 维生素类物质的添加对于植物组织的生长和分化有至关重要的作用。维生素类物质对愈伤组织和器官形成有促进作用，抗坏血酸还有防止组织褐变的作用。在培养基中常用的维生素有盐酸硫胺素（VB_1）、盐酸吡哆醇（VB_6）、烟酸（VB_3）、抗坏血酸（Vc）、生物素（VH）、泛酸（VB_5）等。一般使用浓度为0.1～1.0mg/L。

（3）氨基酸 氨基酸是蛋白质的组成成分，也是一种有机氮化合物。常用的氨基酸有甘氨酸、谷氨酸、精氨酸、半胱氨酸以及多种氨基酸的混合物，如水解酪蛋白（CH）、水解乳蛋白（LH）等。氨基酸类物质不仅为培养物提供有机氮源，同时也对外植体的生长以及不定芽、不定胚的分化起促进作用。

（4）肌醇 肌醇又叫环己六醇，通常可由磷酸葡萄糖转化而成，还可进一步生成果胶物质，用于构建细胞壁。肌醇能促进愈伤组织的生长以及胚状体和芽的形成，对组织和细胞的繁殖、分化有促进作用，在糖类的相互转化中起重要作用。一般使用浓度为50～100mg/L。

4. 植物生长调节剂

植物生长调节剂是培养基中的关键物质，用量虽小，但它们对外植体愈伤组织的诱导和根、芽等器官分化起着重要和明显的调节作用。常用的植物生长调节剂有以下几种：

（1）生长素类 其主要作用是促进细胞的伸长生长和细胞分裂，诱导愈伤组织形成，促进生根。配合一定量的细胞分裂素使用，可促进不定芽的分化、侧芽的萌发与生长。常用的生长素有吲哚乙酸（IAA）、吲哚丁酸（IBA）、萘乙酸（NAA）、2，4-二氯苯氧乙酸（2，4-D）等，其作用强弱依次为2，4-D > NAA > IBA > IAA。2，4-D往往会抑制芽的形成，适宜的用量范围较窄，过量会有毒害，一般用于细胞启动脱分化阶段；而诱导分化和增殖阶段一般选用NAA、IBA或IAA。生长素的使用浓度一般为0.1～10mg/L。

（2）细胞分裂素类 其主要作用是促进细胞分裂和器官分化，诱导芽的分化，促进侧芽的萌发和生长，抑制顶端优势，延缓离体组织或器官的衰老，高浓度的细胞分裂素会抑制根的生长。常用细胞分裂素有激动素（KT）、6-苄基腺嘌呤（BA）、玉米素（Zt）、2-异戊烯腺嘌呤（2-iP）、噻重氮苯基脲（TDZ）等，其作用强弱依次为TDZ > Zt > 2-iP > BA > KT。TDZ、ZT的价格较贵，在高压灭菌时容易被破坏，而BA和KT性能稳定，价格相对便宜，在生产和科研中经常使用。ZT对某些植物不定胚的诱导效果较好。细胞分裂素一般使用浓度为0.1～10mg/L。

IAA、KT见光易分解，应置于棕色瓶中，在4～5℃低温、黑暗条件下保存。

在植物组织培养时，细胞分裂素与生长素的比值控制器官发育模式，若增加生长素浓度，有利于根的形成；而增加细胞分裂素浓度，则促进芽的分化，如图2-1所示。

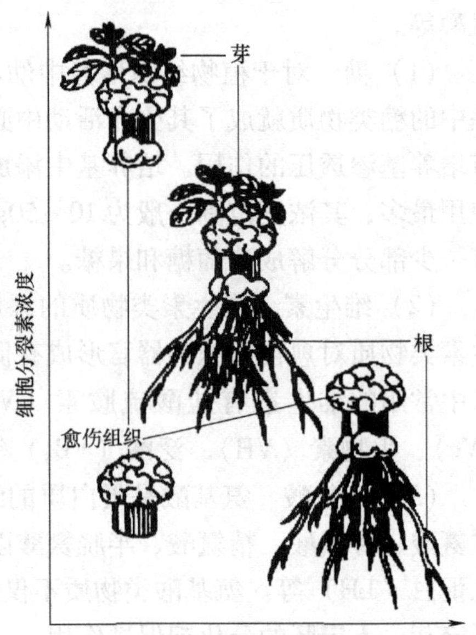

图2-1　植物生长调节剂对器官或愈伤组织的影响

（3）赤霉素（GA）和脱落酸（ABA）　赤霉素有20多种，生理活性及作用的种类、部位、效应等各有不同。培养基中添加的主要是GA_3，其作用有促进幼苗茎的伸长、生长和不定胚发育成小植株，常用于打破休眠，促进种子、块茎、鳞茎等提前萌发。赤霉素与生长素协同作用，对形成层的分化有影响，当生长素与赤霉素比值高时有利于木质部分化，比值低时有利于韧皮部分化。

脱落酸有抑制生长、促进休眠的作用，在植物种质资源超低温冷冻保存时，可以用来促使植物停止生长，增强抗寒力。

5. 其他物质

（1）天然有机物　植物组织培养中常添加的天然有机物有椰子汁（CM）、酵母提取物（YE）、番茄汁、黄瓜汁、香蕉泥等。这些天然有机物对植物组织培养并非是必需的，但对细胞和组织的增殖与分化有明显的促进作用。由于天然有机物成分复杂且不确定，常因品种、产地和成熟度等因素而变化，试验的重复性比较差。另外，有些天然有机物质还会因高压灭菌而变性，从而失去效果，应该采取过滤的方法进行除菌。

（2）活性炭（AC）　培养基中添加活性炭的主要作用是利用其吸附能力，减少一些有害物质的影响。例如，防止酚类物质引起组织褐变死亡；使培养基变黑，有利于某些植物生根；降低玻璃化苗的产生频率，对防止产生玻璃化苗有良好作用。活性炭对物质吸附无选择性，既吸附有害物质，也吸附必需的营养物质，如在非洲菊继代培养过程中，相同的继代培养基，添加2.0mg/L活性炭后，其增殖系数大大降低。因此，使用活性炭时应慎重，不可过量，一般用量为1~5mg/L。

小贴士

高压灭菌前加入活性炭会降低培养基pH值，使琼脂不易凝固，因此要适当加大琼脂用量。

（3）抗生素　在培养不易彻底消毒的植物材料时，可在培养基中添加抗生素，以此来抑制杂菌生长。常用的抗生素有青霉素、链霉素、庆大霉素、四环素、氯霉素、卡那霉素等，用量一般为5~20mg/L。

（4）硝酸银　离体培养中植物组织会产生和散发乙烯，而乙烯在培养容器中的积累会影响培养物的生长和分化，严重时甚至导致培养物的衰老和落叶。硝酸银中的Ag^+通过竞

争，与细胞膜上的乙烯受体蛋白结合，从而可起到抑制乙烯活性的作用。硝酸银的使用浓度一般为1～100mg/L。

（5）抗氧化剂　一些植物组织在切割时会溢泌一些酚类物质，接触空气中的氧气后氧化成棕褐色的醌类物质。醌类物质对植物组织有毒害作用，使培养物生长停滞，失去分化能力，最终褐变致死。在木本植物中，尤其是热带木本植物及少数草本植物中发生较为严重。使用抗氧化剂是防止外植体褐变的方法之一。常用的抗酚类氧化剂有半胱氨酸、Vc、聚乙烯吡咯烷酮（PVP）、柠檬酸等。可用50～200mg/L浓度的抗氧化剂溶液洗涤刚切割的外植体伤口表面，以减轻褐变。

小贴士

抗生素、硝酸银、抗氧化剂在高温下易分解变性，需采取过滤除菌的方法，可在固体培养基凝固前加入，也可加入固体培养基表层。

（6）凝固剂　培养基根据是否添加凝固剂可分为固体培养基和液体培养基。在配制固体培养基时最常用的凝固剂是琼脂，琼脂是从海藻中提取出来的一种高分子碳水化合物，40℃以下呈凝胶状态。琼脂本身并不提供任何营养，主要作用是使培养基在常温下固化。生产上使用的琼脂有粉状和条状，用量一般为4～10g/L。琼脂浓度过高，会使培养基变得很硬，营养物质难以扩散，不利于植物体吸收；若浓度过低，凝固性差。琼脂的凝固能力除与产品的原料质量有关外，还与高压灭菌时的温度、时间、pH值等因素有关，长时间的高温会使凝固能力下降，过酸或过碱加之高温会使琼脂发生水解，而丧失凝固能力。存放时间过久，琼脂变成褐色，也会逐渐失去凝固能力。

另一种凝固剂是卡拉胶，也是一种海藻提取物，凝固后的培养基透明，利于材料的观察。

2.1.2　常用培养基及其特点

1. 常用的培养基

自1937年White建立第一个植物组织培养培养基以来，许多研究者报道了各种培养基，其数量很多，配方各异。根据营养水平不同，培养基可分为基本培养基和完全培养基。基本培养基也就是通常所称的培养基，主要有MS、White、B_5、N_6、改良MS、Heller、Nitsh、Miller、SH等，其配方见附录B。完全培养基是在基本培养基的基础上，根据试验的不同需要附加一些物质，如植物生长调节剂和其他天然有机物等。

2. 几种常用基本培养基的特点

（1）MS培养基　1962年Murashige和Skoog在进行烟草组织培养时设计，是目前应用最广泛的一种培养基。其特点是无机盐浓度高，具有高含量的氮、钾，尤其是铵盐和硝酸盐的含量高，能够满足快速增长的组织对营养元素的需求，有加速愈伤组织和培养物生长的作用。但它不适合生长缓慢、对无机盐浓度要求比较低的植物，尤其不适合铵盐过高易发生毒害的植物。

与MS培养基基本成分较为接近的还有LS、RM培养基，LS培养基去掉了甘氨酸、盐酸吡哆醇和烟酸；RM 培养基把硝酸铵的含量提高到 4950mg/L，磷酸二氢钾的含量提高到 510mg/L。

（2）White 培养基　1943 年由 White 设计，1963 年做了改良，是一个无机盐类浓度较低的培养基。其使用也很广泛，特别适合于生根培养和幼胚培养。

（3）N_6 培养基　1974 年由我国学者朱至清等为水稻等禾谷类作物花药培养而设计，特点是 KNO_3 和 $(NH_4)_2SO_4$ 含量较高，不含钼。现已广泛应用于小麦、水稻及其他植物的花粉和花药培养。

（4）B_5 培养基　1968 年由 Gamborg 等为大豆组织培养而设计，主要特点是含有较低的铵盐，较高的硝酸盐和盐酸硫胺素。其在豆科植物中用得较多，也适用于木本植物。

（5）SH 培养基　1972 年由 Schenk 和 Hidebrandt 设计，主要特点与 B_5 相似，不用 $(NH_4)_2SO_4$，而改用 $NH_4H_2PO_4$，是无机盐浓度较高的培养基。在不少单子叶和双子叶植物上使用效果很好。

培养基是否适合所培养的植物材料，可以通过试验进行筛选，必要时还可根据需要对培养基的成分进行调整，以获得更好的培养效果。

2.1.3　培养基的配制与灭菌

1. 母液的配制和保存

培养基中的成分较多，有些成分用量很小，如果每次配制时都进行分别称量，既费时又增加了多次称量的误差。因此，在植物组织培养工作中，对常用的培养基一般先将各种药品配制成浓缩一定倍数的母液，贮存于冰箱中，使用时再按比例稀释混合。这样操作比较方便，并且可以减少误差，提高精确度。

（1）基本培养基母液　配制方法常有两种：一是可以将培养基的每种成分配成单一化合物的母液，便于配制不同种类的基本培养基时使用；二是配成几种不同的混合溶液，这样在大量配制同一种培养基时更省时、省力。

若按混合溶液方法配制基本培养基母液时，要根据药剂的化学性质分组，应该将 Ca^{2+} 与 SO_4^{2-}、Ca^{2+} 与 PO_4^{3-} 放在不同的母液中，以免发生沉淀。铁盐也需要单独配制，一般采用 $FeSO_4 \cdot 7H_2O$ 与 Na_2-EDTA 通过加热形成稳定的螯合物形式，以避免 Fe^{2+}、Fe^{3+} 与其他化合物反应产生沉淀。以 MS 培养基母液配制为例，可采取五液式，配成大量元素、钙盐、铁盐、微量元素、有机成分等母液，见表 2-1。

表 2-1　MS 培养基母液及培养基配制参考表

母液名称	化学药品名	培养基配方用量/(mg/L)	扩大倍数	扩大后称量/mg	母液定容体积/mL	用量/(mL/L)
母液Ⅰ大量元素	硝酸铵（NH_4NO_3）	1650	50	82500	1000	20
	硝酸钾（KNO_3）	1900		95000		
	磷酸二氢钾（KH_2PO_4）	170		8500		
	硫酸镁（$MgSO_4 \cdot 7H_2O$）	370		18500		
母液Ⅱ钙盐	氯化钙（$CaCl_2 \cdot 2H_2O$）	440	50	22000	1000	20

（续）

母液名称	化学药品名	培养基配方用量/(mg/L)	扩大倍数	扩大后称量/mg	母液定容体积/mL	用量/(mL/L)
母液Ⅲ铁盐	乙二胺四乙酸二钠（Na_2-EDTA）	37.3	100	3730	1000	10
	硫酸亚铁（$FeSO_4 \cdot 7H_2O$）	27.8		2780		
母液Ⅳ微量元素	碘化钾（KI）	0.83	100	83	1000	10
	硼酸（H_3BO_3）	6.2		620		
	硫酸锰（$MnSO_4 \cdot 4H_2O$）	22.3		2230		
	硫酸锌（$ZnSO_4 \cdot 7H_2O$）	8.6		860		
	钼酸钠（$Na_2MOO_4 \cdot 2H_2O$）	0.25		25		
	硫酸铜（$CuSO_4 \cdot 5H_2O$）	0.025		2.5		
	氯化钴（$CoCl_2 \cdot 6H_2O$）	0.025		2.5		
母液Ⅴ有机成分	肌醇	100	100	10000	1000	10
	烟酸	0.5		50		
	盐酸硫胺素（V_{B1}）	0.1		10		
	盐酸吡哆素（V_{B6}）	0.5		50		
	甘氨酸	2		200		

注：母液用量即配制1L培养基时的吸取量。

（2）植物生长调节剂母液　植物生长调节剂应分别配制成单一成分的母液。在配制植物生长调节剂母液时有mg/L和mol/L两种单位，两种单位的换算见附录C。物质的量浓度单位直接代表每升溶液中的分子数量，这使得不同生长调节剂之间具有可比性，在国际刊物中普遍采用，但在国内刊物中大多采用质量浓度单位。

培养基母液的配制与保存方法及步骤见实训2-1。

2. 培养基的配制

在配制培养基前，首先应根据培养材料、培养方式、培养阶段及试验处理确定培养基配方，然后根据培养材料的多少确定其配量。固体培养基的配制与灭菌方法及步骤见实训2-2。

3. 培养基的灭菌

配制好的培养基应尽快灭菌，至少应在24h内完成灭菌工作。灭菌不及时会造成杂菌大量繁殖。培养基常采取高压蒸汽灭菌方法，灭菌时一般是在0.105MPa压力下，温度121℃时，灭菌时间应根据容器的体积确定，所需最少时间见表2-2。灭菌时间不宜过长，也不能超过规定的压力范围，否则有机物质特别是维生素类物质就会在高温下分解，失去营养作用，也会使培养基变质、变色，甚至难以凝固。

灭菌后的培养基不要马上使用，先置于培养室中观察3d，若无污染现象，则可使用。否则会由于灭菌不彻底或封口材料破损等原因出现污染，造成培养材料的损失。对暂时不用的培养基最好置于10℃下保存，含有生长调节剂的培养基在4～5℃低温下保存则更理想。含IAA或GA_3的培养基应在1周内用完，其他培养基存放时间最多也不要超过1个月。

一些植物生长调节剂及有机物，如IAA、GA_3、ZT、CM等，遇热容易分解，不能与培养基一起进行高温灭菌，而要使用细菌过滤器除去其中的杂菌。细菌过滤器与滤膜（孔径小于0.45μm）使用之前要先进行高压灭菌。过滤后的溶液要立即加入培养基中。若为液体培养基，可在培养基冷却至30℃时加入；若为固体培养基，必须在培养基凝固之前（50～60℃）加入，并轻微振荡，使溶液与其他成分混合均匀。

表2-2　培养基高压蒸汽灭菌所需的最少时间

容器体积/mL	在121℃灭菌所需最少时间/min
20～50	15
75～150	20
250～500	25
1000	30

实训2-1　培养基母液的配制与保存

● **实训目的**

1. 掌握MS培养基各种母液的配制方法。
2. 掌握生长调节剂原液的配制方法。

● **实训要求**

1. 按培养基母液配制流程操作。
2. 计算正确，称量准确，操作规范，无沉淀析出现象。

● **实训准备**

1. 材料与试剂

MS培养基所需药品（表2-1）、植物生长调节剂（BA、KT、ZT、2，4-D、NAA、IAA、IBA、GA_3、ABA等）、蒸馏水、1mol/L HCl、1mol/L NaOH、95%酒精等。

2. 仪器与用具

冰箱、电子天平（精确度0.01g、0.001g、0.0001g）、磁力搅拌器、容量瓶（1000mL）烧杯、试剂瓶（1000mL、100mL）、玻璃棒、胶头滴管、标签纸等。

● **方法及步骤**

培养基母液配制与保存工艺流程如图2-2所示。

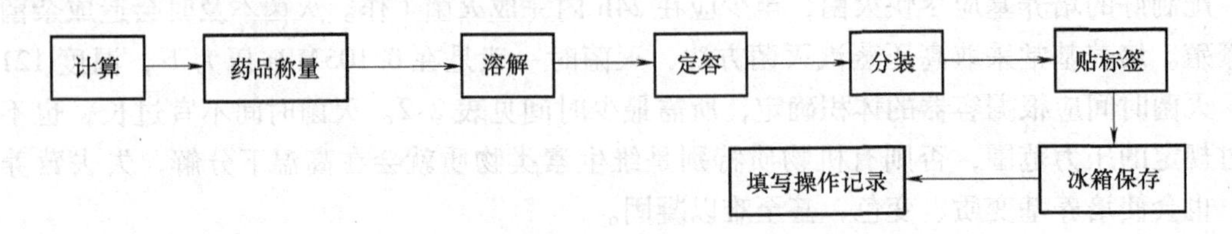

图2-2　培养基母液配制与保存工艺流程图

1. MS培养基母液的配制

按表2-1进行MS培养基各种母液的配制。

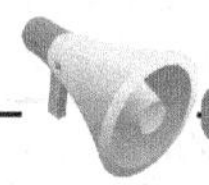

注意事项

● 配制母液所需药品应选用纯度较高的化学纯CP（三级）或分析纯AR（二级），以免有杂质对培养物造成不利影响。配制母液用水应采用蒸馏水。

● 药品的称量要准确，配制大量元素母液时可用精确度为0.01g或0.001g的天平称取药品，配制微量元素母液和有机物母液时应用精确度为0.0001g的天平称取药品。不同的化学药品需使用不同的药匙，避免药品混杂。

● 溶解时先在1000mL烧杯中加入500~600mL蒸馏水，药品称取后按顺序加入，把Ca^{2+}、Mn^{2+}、Ba^{2+}和SO_4^{2-}、PO_4^{3-}错开，以免产生沉淀。一种药品加入后用玻璃棒搅动或在磁力搅拌器上搅动，待完全溶解后再加入另一种药品。也可以加热溶解，但加热温度不可过高，以60~70℃为宜。

● 定容时将完全溶解后的溶液倒入1000mL的容量瓶中，用蒸馏水冲洗烧杯3~4次，并将洗液全部转入容量瓶中，再加蒸馏水定容，摇匀。

● 配制铁盐母液时先将Na_2-EDTA和$FeSO_4$分别溶解，然后再将Na_2-EDTA溶液缓慢倒入$FeSO_4$溶液中，充分搅拌并加热5~10min，使其充分螯合。

2. 植物生长调节剂母液的配制

分别将各种植物生长调节剂配制成单一成分的母液。用精确度为0.0001g的电子天平准确称取药品。

注意事项

● 配制植物生长调节剂母液浓度不能过高，否则易产生结晶，影响试验精确度。一般为0.1~1.0mg/mL，一次配量50mL或100mL即可。

● 植物生长调节剂一般不易直接溶于水，NAA、IAA、IBA、2，4-D等生长素可先用少量1mol/L NaOH或95%酒精溶解，KT、BA等细胞分裂素可先用少量1mol/L HCl溶解，GA_3可先用95%酒精溶解。然后，再分别将溶解后的溶液转入容量瓶中，加蒸馏水定容，摇匀。

3. 母液标注及保存

将配制好的MS培养基各种母液及植物生长调节剂母液倒入试剂瓶中，贴上标签，需注明母液名称、用量（mL/L）或浓度（mg/mL）、配制时间及配制人，然后置于4℃冰箱中保存。母液保存过程中要定期检查，发现有沉淀出现或霉菌产生应弃之勿用，重新配制。

4. 填写操作记录

培养基母液及植物生长调节剂原液配制完毕，填写配制登记表2-3、表2-4，以备查阅。

● **实训指导建议**

教师讲解示范，学生分组操作。为了节省药品，可用食盐等替代。

想一想？为什么对MS培养基各种母液标注用量（mL/L），而对植物生长调节剂母液标注浓度（mg/mL）？

表 2-3　MS 培养基母液配制登记表

母液名称	扩大倍数	配制母液体积/mL	用量/(mL/L)
Ⅰ大量元素 Ⅱ钙盐 Ⅲ铁盐 Ⅳ微量元素 Ⅴ有机成分			

配制人：＿＿＿＿＿　配制时间：＿＿＿＿＿

表 2-4　植物生长调节剂母液配制登记表

母液名称	药品称量/mg	配制母液体积/mL	浓度/(mg/mL)
BA KT NAA IBA GA_3			

配制人：＿＿＿＿＿　配制时间：＿＿＿＿＿

● 实训考核

考核重点是操作规范性、准确性和熟练程度。考核方案见表 2-5。

表 2-5　培养基母液的配制与保存实训考核方案

考核项目	考核内容及标准		分值
	技能单元	考核标准	
现场操作	计算	按培养基配方用量及扩大倍数准确计算药品称量	10 分
	称量	天平称重操作规范、熟练，读数准确	10 分
	溶解	药品加入有序，搅拌、加热方法正确	10 分
	定容	转移溶液时操作熟练，无溶液溅出容器外现象；定容时刻度线识别准确	10 分
	标签	所配培养基各种母液和植物生长调节剂母液标注清楚、正确	10 分
	文明、安全操作	操作文明、安全，器皿和用具摆放有序，场地整洁	5 分
	团队协作	小组成员分工明确、相互协作、积极思考、认真讨论，团队协作精神强	5 分
结果检查	操作记录	操作记录填写规范、正确	10 分
	所配母液	所配的各种母液标注清楚，无沉淀发生，无异样颜色	20 分
	实训报告	实训报告撰写内容清楚、字迹工整	10 分

实训 2-2　固体培养基的配制与灭菌

● 实训目的

1. 掌握固体培养基的一般配制方法。

2. 掌握培养基高压蒸汽灭菌方法。

● **实训要求**

1. 按培养基配制流程操作，计算正确，取量准确，操作规范。

2. 严格按高压蒸汽灭菌器使用规程操作，注意安全。

● **实训准备**

1. 材料与试剂

MS培养基母液、植物生长调节剂母液、蔗糖、琼脂、蒸馏水、0.1mol/L NaOH、0.1mol/L HCl。

2. 仪器与用具

天平、酸度计或精密pH试纸、水浴锅、电磁炉、高压蒸汽灭菌器、量筒、胶头滴管、移液管及移液管架、吸耳球、烧杯、培养瓶、硬质塑料周转筐、铝锅、分装器、标签或记号笔、剪刀、镊子等。

● **方法及步骤**

培养基制备操作工艺流程如图2-3所示。

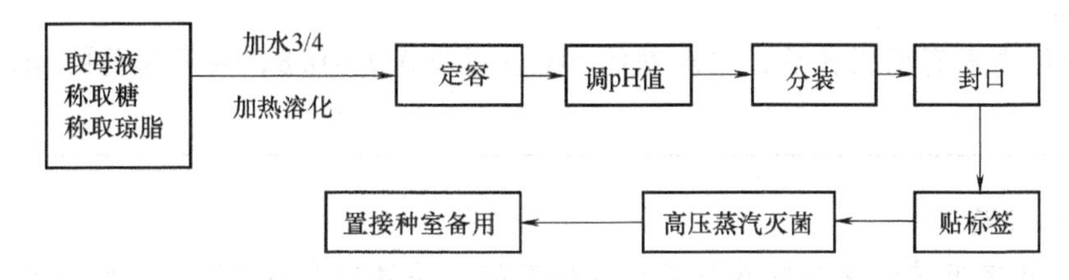

图2-3　培养基制备操作工艺流程图

1. 培养基配制

1）根据需配制的培养基配方及配量，再按配制的各种母液的用量及浓度，准确计算出各种母液及蔗糖、琼脂等物质的取量。以配制配方为MS+6-BA 2.0mg/L+NAA 0.5mg/L+糖30g/L+琼脂5g/L的培养基2L为例，填写表2-6。

表2-6　培养基制备母液取量表

名称		用量及浓度	取量及称量
基本培养基母液	母液Ⅰ：大量元素	20mL/L	40mL
	母液Ⅱ：钙盐	20mL/L	40mL
	母液Ⅲ：铁盐	10mL/L	20mL
	母液Ⅳ：微量元素	10mL/L	20mL
	母液Ⅴ：有机成分	10mL/L	20mL
植物生长调节剂母液	BA	1mg/mL	4mL
	NAA	0.1mg/mL	10mL
其他	糖	30g/L	60g
	琼脂	5g/L	10g

2）取适量（配制培养基总量的3/4左右）的蒸馏水放入容器内，然后依次用专用的移液管吸取各种基本培养基母液和植物生长调节剂母液，搅拌混匀。再称取琼脂和蔗糖加入其中，加热溶解。

3）加蒸馏水定容至所需体积。

4）测定pH值，用0.1mol/L NaOH或HCl将培养基的pH调至所需的数值。

5）用分装器将培养基分装到培养容器中，趁热分装。分装时注意不要将培养基溅到容器壁口，以免引起污染。分装量可根据培养材料的不同而异，一般装入培养容器的0.7～1.2cm厚即可。

6）选用适合的封口材料包扎好瓶口或盖上瓶盖。

7）在培养瓶上贴上标签或用记号笔在瓶壁上注明培养基的代号、配制时间等，以免混淆。然后用塑料周转筐运至灭菌室准备灭菌。

注意事项

● 准确计算培养基所需各种母液及其他材料的取量，并在取量过程中做好标记，以免重复或遗漏。

● 如果培养基配制量较大，可用白糖替代蔗糖，煮沸后冷却的自来水替代蒸馏水，以降低成本。

● 由于经高温高压灭菌后，培养基的pH会下降0.2～0.8，故灭菌前的pH应比目标pH高0.5。

2. 培养基灭菌

采用高压蒸汽灭菌方法对培养基及时进行灭菌，并将耐高温的滤纸、玻璃器皿、接种工具等包扎好一并灭菌。以全自动立式压力蒸汽灭菌器为例，高压蒸汽灭菌操作步骤如下：

（1）加水　旋转手轮，拉开外桶盖，取出网篮，取出挡水板。关紧放水阀，加入清水至灭菌网篮搁脚处，放回挡水板。

（2）装料　将培养基及其他需灭菌的物品有序地放入灭菌网篮内，相互之间留有空隙，有利于蒸汽的穿透，提高灭菌效果。

（3）密封　容器盖密封前，应仔细检查密封圈安装状态，密封圈应完全嵌入槽内，保持平整。推进容器盖，旋转手轮使容器盖和灭菌桶口平面完全密合。用橡胶管连接在放汽管上，然后插没到一个装有冷水的容器里，并关紧手动放汽阀。在加热升温过程中，当温控仪显示温度小于102℃时，由温控仪控制的电磁阀将自动放汽，排除灭菌桶内的冷空气。当温控仪显示温度大于102℃时，自动放汽阀停止工作。此时若还在大量放汽，即手动放汽阀未关紧，应及时旋紧。

（4）设定　开启电源开关接通电源，数显控制仪显示，便可开始设定温度和灭菌时间。培养基灭菌温度一般为121℃，最少灭菌时间应根据容器的体积确定，见表2-2。

（5）灭菌　完成设定后按一下“工作”键，“工作”指示灯亮，系统正常工作，进入自动控制灭菌过程。若盖未关紧，按“工作”键后加热器不工作。

（6）取料　当灭菌时间达到设定时间时，电控装置将自动关闭加热电源，“工作”指示灯、“计时”指示灯灭，设备发出蜂鸣声，面板显示“End”，结束灭菌程序。灭菌结束后，应立即先将电源切断，待其冷却直至压力表指针回至零位，再打开放汽阀排尽余汽，然后旋转手轮打开外桶盖，取出灭菌物品。已灭菌的培养基和物品应置于接种室备用。

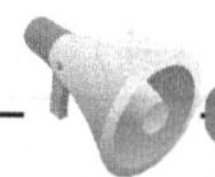

注意事项

● 压力蒸汽灭菌器的压力表应按规定期限进行检查，以保证安全使用。若压力表的指示不稳定或不能回复零位时，应及时检修或更换新表。橡皮密封垫使用时间长了会老化，应定期更换。

● 堆放灭菌物品时，严禁堵塞安全阀的出气孔，必须留出空间保证其畅通入气。

● 物品在灭菌后需要迅速干燥时，可在灭菌终了时将灭菌器内的蒸气通过放气阀予以迅速排出，使物品上残留水蒸气得到蒸发，但在灭菌液体时严禁使用此干燥方法。

● 灭菌结束后应及时将锅底水放尽，保持设备清洁、干燥，以延长使用年限。

3. 填写操作记录

培养基配制完毕后，应填写配制登记表2-7，以备查阅。

表2-7　培养基配制登记表

培养基代号	配量/L	培养基pH值	配制日期	灭菌时间/min	灭菌日期	备注

配制人：________

● **实训指导建议**

本次实训配制的培养基可为实训2-3备用，其配方及配量根据接种材料情况确定。学生分组操作，各组可以选用不同的培养基配方，即不同的植物生长调节剂配比，通过试验结果比较分析，了解植物生长调节剂的影响作用。

● **实训考核**

考核重点是操作规范性、准确性和熟练程度。考核方案见表2-8。

表2-8　固体培养基的配制与灭菌实训考核方案

考核项目	考核内容及标准		分值
	技能单元	考核标准	
现场操作	计算	母液、蔗糖、琼脂的取量计算正确	5分
	移取母液	每种母液配专用移液管，一一对应。移液操作规范，读数准确	5分
	熬制	培养基熬制过程中搅拌、加热方法正确，不糊锅，不外溢	5分
	定容	转移溶液时操作熟练，无溶液溅出容器外现象。定容时刻度线识别正确	5分
	pH值测定	pH值调整、测定方法正确	5分
	分装	分装时分装器不接触容器，不能将培养基溅到容器壁口。分装量合适、均匀	5分
	封口	采用塑料封口膜封口时，培养瓶倾斜度不超过45°，扎绳位置、松紧适宜。采用塑料瓶盖封口时，瓶盖旋紧	5分
	标签	所配培养基标注清楚、正确	5分

（续）

考核项目	考核内容及标准		分值
	技能单元	考核标准	
现场操作	灭菌	压力蒸汽灭菌器操作规范，灭菌温度及时间设定正确	10分
	文明、安全操作	操作文明、安全，器皿和用具摆放有序，场地整洁	5分
	团队协作	小组成员分工明确、相互协作、积极思考、认真讨论，团队协作精神强	5分
结果检查	操作记录	操作记录填写规范、正确	10分
	培养基	培养基标注清楚，正常凝固，透明，不混浊、无异样颜色	20分
	实训报告	实训报告撰写内容清楚、字迹工整	10分

工作任务2　初代培养

初代培养是指从植物体上切取离体材料所进行的最初阶段培养。初代培养的目的是建立离体培养体系，即获得无菌材料和建立无性繁殖系。建立高效、稳定的离体培养体系是植物组织培养的基础和关键环节。

2.2.1　外植体的选择与消毒

外植体是初代培养中所切取的各种植物离体材料，它可以是植物的器官、组织、细胞和原生质体等。

1. 外植体的选择

迄今为止，经组织培养成功的植物所用外植体几乎包括了植物体的各个部位，如根、茎（鳞茎、茎段）、叶（子叶、叶片）、花瓣、花药、胚珠、幼胚、块茎、茎尖、维管组织、髓部等。从理论上讲，植物细胞都具有全能性，若条件适宜都能再生成完整植株，任何器官、组织都可作为外植体。但实际上，植物种类不同，同一植物不同器官，同一器官不同生理状态，对外界诱导反应的能力及分化再生能力是不同的，培养的难易程度有很大差异。

选择外植体应掌握以下几个原则：

（1）再生能力强　已分化的体细胞的再生过程必须经历脱分化与再分化阶段。由于不同的体细胞的分化程度不同，其脱分化的难异程度差异很大。如形成层和薄壁细胞比厚壁细胞脱分化容易。一般而言，分化程度越高的细胞，其脱分化越难。因此，应尽量选择未分化或分化程度较轻的组织作为外植体材料。一般情况下，越细嫩、年限越短的组织具有较高的形态发生能力，组织培养越易成功。对于大多数植物来说，茎尖和嫩梢是很好的外植体材料。同一植株不同部位之间再生能力存在差异，如同一种百合鳞茎的外层鳞片比内层鳞片再生能力强，下段比中段、上段再生能力强。因此，在进行植物组织培养时，最好对所要培养的植物各部位的诱导及分化再生能力进行比较，从中筛选合适的、最易再生的部位作为最佳外植体。在取材季节上，尽量选择在植株旺盛生长时期取材。因为旺盛生长时期的材料内源激素的含量较高，再分化比较容易。如百合鳞片外植体在春、秋季取材较易形成小鳞茎，而在夏、冬季取材则难以形成小鳞茎。苹果芽在春季取材成活率高，在夏、冬季取材成活率则

大大降低。

(2) 遗传稳定性好　保持原物种的优良性状是植物组织培养的基本要求。因此，在选择外植体时，应选取变异较少的材料作为外植体使用。并且，在进行植物组织培养过程中，也应尽量避免组织的变异现象。

(3) 来源丰富　一种植物组织离体培养体系的建立往往需要反复试验。而且，建立起一种植物组织离体培养体系并不是一劳永逸，还需要不断更新。因此，就需要外植体材料丰富、易得。植物组织培养常用的外植体除茎尖外，还可用茎段（如各种果树、银杏、月季等）、叶和叶柄（如菊花、海棠、夹竹桃等）、鳞片（如水仙、百合、葱、蒜、风信子等）、花茎或花梗（如蝴蝶兰）、花蕾（如君子兰）、根尖（如雀巢兰属）、胚（如垂笑君子兰），以及种子、块根、块茎等。

(4) 容易消毒　在选择外植体时，应尽量选择带杂菌少的组织，以减少培养时的杂菌污染。一般地上组织比地下组织容易消毒，一年生组织比多年生组织容易消毒，幼嫩组织比老龄和受伤的组织容易消毒。

(5) 大小适宜　外植体的大小应根据培养目的而定。如果是胚胎培养或脱毒，则外植体宜小，取茎尖分生组织时，只带1~2个叶原基，约0.2~0.3mm大小；如果是进行快速繁殖，外植体宜大，容易成活、再生。但外植体过大，消毒不易彻底，容易污染。一般外植体大小在5~10mm为宜，叶片、花瓣等约为5mm²，茎段则长约0.5~1cm。

2. 外植体的消毒

从田间或温室所取的材料常带有大量的杂菌。因此，外植体在接种之前必须采用化学药剂进行严格消毒。外植体的消毒是初代培养的一个重要环节。

(1) 常用消毒剂　在选择消毒剂时既要考虑具有良好的消毒、杀菌作用，同时又易于冲洗掉或能自行分解的物质，并要求对材料损伤小，不会影响其生长。在使用不同的消毒剂时，还需要考虑使用浓度及处理时间，应根据不同材料的情况来具体确定。现将植物组织培养中常用的消毒剂列于表2-9。

表2-9　常用消毒剂的使用方法及效果

消毒剂	使用浓度（%）	消毒时间/min	去除难易	消毒效果	对植物毒害
酒精	70~75	0.2~2	易	好	有
氯化汞	0.1~1	2~10	较难	最好	剧毒
次氯酸钠	2	5~30	易	很好	无
次氯酸钙	0~10	5~30	易	很好	很好
过氧化氢	10~12	5~15	最易	好	无
硝酸银	1	5~30	较难	好	低毒
抗生素	4~50mg/L	30~60	中	较好	低毒

70%~75%的酒精具有较强的杀菌力、穿透力和湿润作用，可排除掉材料中的空气，利于其他消毒剂的渗入，因此常与其他消毒剂配合使用。氯化汞的灭菌原理是Hg^{2+}可以与带负电荷的蛋白质结合，使蛋白质变性，从而杀死菌体。氯化汞的消毒效果极佳，但易在植物材料上残留，消毒后应多次冲洗（至少冲洗5次）。氯化汞对环境危害大，对人畜的毒性极

强，使用后要做好回收工作。次氯酸钠是一种较好的消毒剂，它可以释放出活性氯离子，从而杀死菌体。其消毒力很强，不易残留，对环境无害。但次氯酸钠溶液碱性很强，对植物材料有一定的损伤作用，要掌握好处理时间，不宜过长。

酒精消毒时使用浓度不能过高，以75%的浓度效果最好，能使蛋白质脱水变性。高浓度酒精会使菌体表面蛋白质快速脱水、凝固，形成一层干燥膜，阻止酒精的继续渗入，消毒作用反而减弱。

选择适宜的消毒剂处理时，为了使其消毒效果更为彻底，有时还需要与黏着剂或润湿剂（如吐温）以及磁力搅拌、超声振动等方法配合使用，使消毒剂能更好地渗入外植体材料内部，达到理想的消毒效果。

（2）外植体消毒过程　外植体消毒的步骤如下：取材→预处理与整理→流水冲洗→70%～75%的酒精表面消毒→无菌水冲洗→消毒剂处理→无菌水充分洗净→备用。具体操作方法见实训2-3。

将蒸馏水或自来水装在盐水瓶或其他容器中，装水量一般不超过容器容积的2/3，用封口膜或棉塞封口，然后放入压力灭菌器中灭菌后即为无菌水。

2.2.2　无菌接种与试管苗培养

经过消毒的外植体材料应尽快接种到预先准备好的培养基中，整个接种过程必须在严格的无菌条件下进行。接种后的材料须置于人工控制的环境条件下培养，使其生长，脱分化形成愈伤组织或进一步分化形成再生植株。

1. 接种

为了保证接种工作是在无菌条件下进行，每次接种前应进行接种室的清洁、消毒工作。接种过程中要严格遵守无菌操作规程，以减少污染。具体操作方法见实训2-3。

2. 培养条件

培养条件要依据各种植物材料对环境条件的不同需求进行调控。一般来说，培养室控制的条件主要有温度、光照、湿度和通气等。

（1）温度　大多数植物适宜生长温度为20～30℃，低于15℃或高于35℃时会抑制正常生长和发育。一般生长在高寒地区的植物，其最适生长温度较低；而生长在热带地区的植物，则对环境温度相对要求较高。如马铃薯在20℃情况下培养效果较好，菠萝在28～30℃情况下培养效果较好。因此，在植物组织培养中，培养室内的温度通常是控制在（25±2）℃。在条件允许的情况下，可设立多个小培养室，根据不同植物对环境温度的要求来设定培养室温度。同时，也可根据培养室内上下层架的温差来调节，一般培养室内最上层与最

下层的温差为2～3℃。

（2）光照　光照对离体培养物的生长和分化具有很大的影响。光效应主要表现在光照强度、光照时间和光质等方面。

不同植物及同一植物的不同材料对光照条件的要求不同。一般情况下，植物所需的光照强度为1 000～5 000lx。光照强度对培养物的增殖、器官分化、胚状体形成都有很大影响。如卡里佐枳橙的茎尖生长，随光照强度的增加，分化产生的新梢数也增加；烟草和可可的体细胞胚胎发生需高强度光照；龙眼、咖啡和胡萝卜的体细胞胚胎发生则需黑暗条件。器官的分化需要一定的光照，并随着试管苗的生长，光照强度需要不断地加强，才能使小苗生长健壮。若光强度弱，幼苗容易徒长。但是，在黑暗条件下有利细胞和愈伤组织的增殖，在愈伤组织的诱导阶段可用铝箔或者适合的黑色材料包裹容器避光，或置于暗室中培养。

光照时间的长短常表现出光周期反应。如对短日照敏感的葡萄品种茎段培养时，仅在短日照条件下才可能形成根；而对日照长度不敏感的品种在不同光周期下均可以形成根。在一般情况下，培养室每日光照10～16h。

不同光波对细胞分裂和器官分化也有很大影响。如在杨树愈伤组织的生长中，红光有促进作用，蓝光则有阻碍作用。与白光或黑暗条件相比，蓝光明显促进绿豆下胚轴愈伤组织的形成。在烟草愈伤组织的分化培养中，起作用的光谱主要是蓝光区，红光和远红光有促进芽苗分化的作用。光质对植物组织分化的影响，目前尚无一定规律可循，这可能是不同植物对光信号反应不同所致。但如果能把这些光质的作用有意识地运用到种苗的规模化生产中，可达到节省能源和提高产量的目的。

小贴士

生产中，在不影响材料正常生长的条件下，尽量缩短光照时间，以减少能源消耗，降低生产成本。现代组培实验室大多设计为采用天然太阳光照作为主要能源，这样不但可以节省能源，而且组培苗接受太阳光生长良好，驯化易成活。在阴雨天可用灯光作补充。

（3）湿度　组织培养中的湿度影响主要有培养容器内湿度和培养环境湿度两个方面。容器内的湿度常可保持在100%，之后随着培养时间的推移，水分会逐渐逸失，相对湿度也会有所下降。因此，对培养容器封口材料的选择上应注意，要求至少要保证在一个月内有充足水分来满足培养物的生长需要。如果培养容器内水分散失过多，培养基渗透压升高，会阻碍培养物的生长和分化。当然，封口材料过于密闭，影响气体交流，导致有害气体难于散去，也会影响培养物的生长和分化。培养环境湿度随季节、气候有很大变动，要注意调节。若湿度过低会造成培养基失水，影响培养物的生长和分化；若湿度过高会造成杂菌滋生，导致大量污染。培养室的相对湿度一般应保持在70%～80%之间，湿度过高时可用除湿机或通风除湿，湿度不够时可采用加湿器或拖地增湿。

（4）通气　植物的呼吸需要氧气，并且培养物会产生二氧化碳、乙醇、乙醛等气体，浓度过高会影响培养物的生长发育。在液体培养时，需进行振荡、旋转或浅层培养以解决氧气供应。在固体培养中，接种时不要把培养物全部埋入培养基内，以避免氧气不足。要采用通气性好的瓶盖、有滤气膜的封口材料或棉塞，使瓶内与外界保持通气状态。培

养室要适当通风换气，改善室内的通气状况，每次通风后要进行一次消毒，避免引起培养物污染。

2.2.3 外植体器官发生途径

植物种类、外植体类型及培养基组成等都影响接种材料的生长、发育及再生，使外植体的器官形成方式表现出一定差异。通常植物器官发生途径有以下几类。

1. 腋芽萌发

腋芽萌发又叫侧芽萌发。植物的芽体从解剖上看是着生有多个侧芽的雏梢。以植物茎尖、顶芽、侧芽或带有芽的茎段作为外植体，就会诱发侧芽萌发生长，或伸长形成多节茎段的茎梢，或形成丛芽。而丛芽的多少首先决定于侧芽原基的数目，再就是培养基诱导侧芽萌发的能力，外源的细胞分裂素有促进腋芽萌发的作用。这种发育方式具有腋芽萌发时间短，成苗快，不经过愈伤组织再生，能使无性系后代保持原品种特性等特点。

2. 不定芽发生

在初代培养中一些植物的叶片、不带腋芽茎段先脱分化形成愈伤组织，然后经过再分化诱导愈伤组织产生不定芽；而有些植物，如球根秋海棠、非洲紫罗兰、花百合、贝母等，外植体不形成愈伤组织而直接从其表面形成不定芽。植物的茎段、叶、根、花等器官及组织都可以作为外植体诱导产生不定芽。不定芽发生是许多植物快繁的主要方式，由于不定芽形成数量与腋芽数目无关，其增殖率高于腋芽萌发途径。但经过愈伤组织途径，易导致细胞分裂不正常。所以，不定芽发生途径增加了变异植株的发生频率。

小贴士

一些表现嵌合性状的植株通过不定芽方式再生时，往往导致嵌合性状发生分离，而失去原有价值。观赏植物色彩镶嵌的叶子、带金边或银边的植物，如金边虎尾兰、花叶玉簪、金边巴西铁树等，通过不定芽途径再生植株，可能会失去这些富有观赏价值的特征。因此，这类植物离体快繁时宜通过腋芽萌发途径进行。

3. 体细胞胚胎发生

体细胞胚胎发生是指外植体在适宜培养环境中，经过胚性细胞分化，直接形成胚状体的繁殖方式。胚状体是由体细胞形成的、类似于生殖细胞形成的合子胚的体细胞胚。胚状体可以从外植体诱导产生的愈伤组织进一步发育形成，如图 2-4 所示，或由外植体表皮细胞直接发育形成，如图 2-5 所示，从悬浮培养的细胞中也能诱导产生。

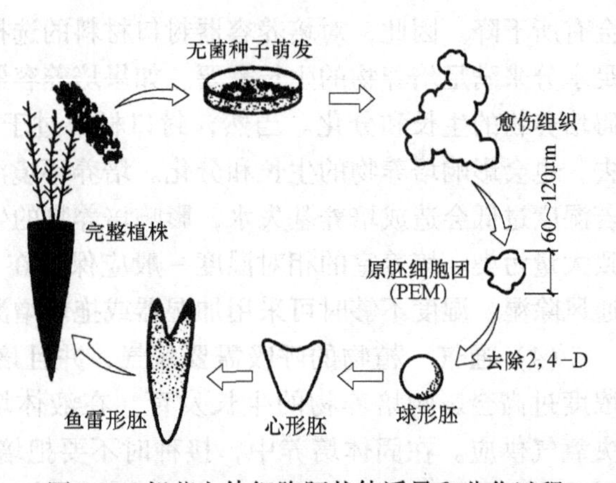

图 2-4 胡萝卜体细胞胚状体诱导和分化过程

体细胞胚再生的小植株与腋芽萌发或不定芽再生的小植株相比，具有两个显著差异：①胚状体具有极性分化。胚状体多来自于单

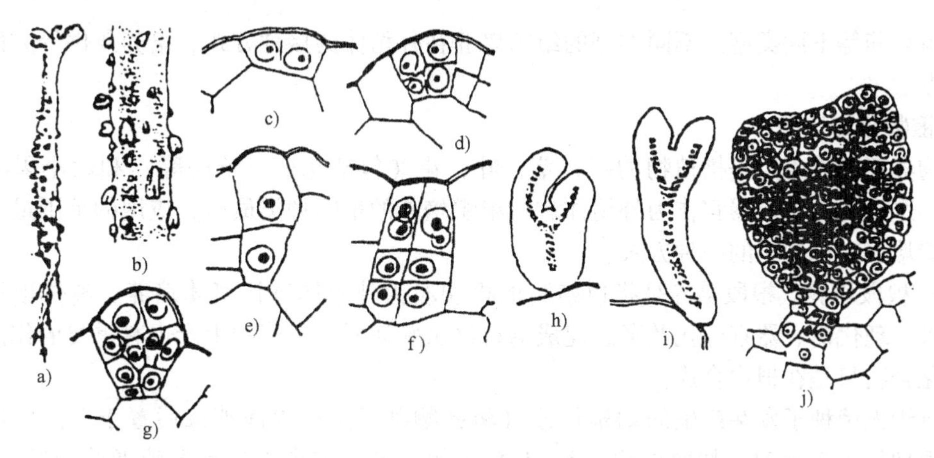

图2-5　石龙芮幼苗下胚轴胚状体发生过程

a）培养1个月的幼苗，下胚轴上产生许多胚状体　b）下胚轴一部分　c）两个表皮细胞，可由此产生胚状体　d）~g）原胚发生过程　h）、i）已分化子叶、胚根及原维管束的胚状体　j）心形胚状体

个细胞或多个细胞团，很早就具有明显的根端与苗端的两极分化，极幼小时就是一个根、芽齐全的微型植株，通常不需要诱导生根。②存在生殖隔离。由胚状体发育成的小植株与周围的愈伤组织或母体组织块之间几乎没有结构上的联系，小植株是独立形成的，易于分离。而由腋芽或不定芽发育来的小植物，最初由分生细胞团形成单极性的生长点，发育成芽。通常芽苗与母体组织或愈伤组织之间有着较紧密的联系，包括一些维管束组织、皮层和表皮组织等，因而不易分离。转移生根时，需用解剖刀切割才能分开。

体细胞胚胎发生途径具有成苗数量大、速度快、结构完整的特点，因而是外植体增殖系数最大的繁殖途径。但胚状体发生和发育情况复杂，通过体细胞胚胎发生途径快繁的植物种类远没有腋芽萌发和不定芽发生途径涉及的广泛。

4. 原球茎形成

原球茎形成是兰科植物在组织培养过程中发生的一种特殊的繁殖方式。原球茎是短缩的、呈球粒状的、由胚性细胞组成的类似嫩茎的器官，它可以增殖，形成原球茎丛。可由茎尖或腋芽诱导产生原球茎。取兰科植物的茎尖或腋芽组织培养，都能诱导产生原球茎。切割原球茎进行增殖，或停止切割后继续培养，可见原球茎逐渐转绿，并产生毛状假根，叶原基发育成幼叶，再将其转移培养生根，形成完整植株。

原球茎繁殖体系是兰花唯一有效的大规模无性繁殖方法。此方法是1960年由法国学者G. Morel开创的，促进了兰花工业形成，获得了巨大的经济效益。兰花的这种快繁体系是植物快繁技术在生产上应用的第一事例。

2.2.4　植物器官、组织、细胞及原生质体培养

植物组织培养根据外植体取材不同可分为器官培养、组织或愈伤组织培养、细胞培养、

原生质体培养等不同类型。不同类型的组织培养在外植体的接种方式、培养条件等方面有不同的特点。

1. 植物器官培养

植物器官培养主要是指植物的根、茎、叶、花（包括花药、子房等）和幼小果实的无菌培养。迄今为止，以器官作为外植体进行组织培养的植物种类最多，应用的范围最广，是植物组织培养中最常见的一种方式。

（1）根段培养　根段培养是指以植物的根切段为外植体进行离体培养。离体根培养是研究根系生理代谢、器官分化及形态建成的良好试验体系。对药物生产也有重要的作用，因为有些化合物只是在根中合成。

取自于无菌种子发芽产生的幼根切段（将植物种子进行表面消毒后置于无菌条件下发芽，待根伸长至2cm时，切取长约0.5～1.5cm的根尖）或植株根系经消毒处理后的切段，可以用两种方式进行培养，建立根的无性繁殖系。

1）根的直接增殖。将无菌根切段接种在适宜根生长的无机离子含量较低的培养基（如White培养基或1/2 MS培养基等）中，在25～27℃黑暗条件下培养，使根段增殖，形成主根和侧根。每隔7～10d继代一次，取主根增殖，建立根的无性繁殖系，侧根用作其他试验或增殖。如番茄根每天可生长10mm，数天后发育出侧根。根切段在培养基中的培养方式可采用固体培养法，将根段平放在培养基上；也可采用液体培养法，将根段放入培养基中，置摇床上连续振荡，以保证根段获得充足氧气；还可采用固-液双层培养法，将根段的形态学下方（根尖）浸露在液体培养基中，根段形态学上方插入固体培养基中，如图2-6所示。

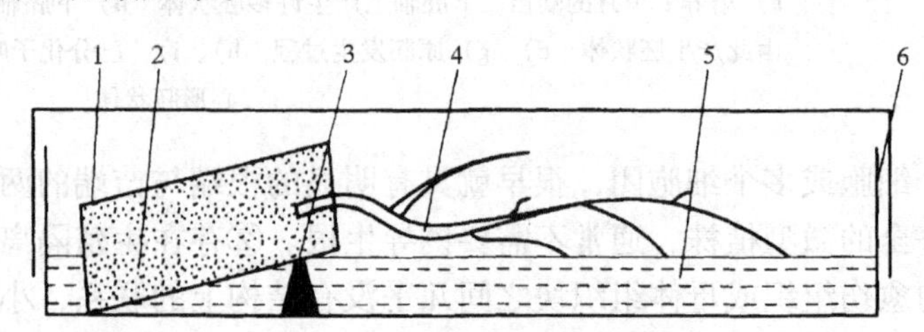

图2-6　离体根的培养装置

1—玻璃管　2—琼脂培养基　3—支撑物

4—离体根　5—液体培养基　6—培养皿

2）根的间接增殖。先将无菌根段接种在适宜愈伤组织诱导的培养基（如MS培养基）中，诱导愈伤组织形成。再由愈伤组织诱导芽或根同时产生，再进一步诱导无根芽形成根或无芽根形成芽，最后形成完整植株。

不同植物离体根的继代繁殖能力是不同的，如番茄、烟草、马铃薯、黑麦、小麦等的离体根可进行继代培养，且能无限生长；萝卜、向日葵、豌豆、荞麦等能较长时间培养，但不能无限生长，久之则失去生长能力；一些木本植物的根则很难进行离体生长。

（2）茎段培养　茎段培养是指对植物带有一个以上定芽或不定芽的外植体（包括块茎、球茎、鳞茎在内的幼茎切段）进行离体培养。由于茎段培养是以芽生芽的方法进行增殖，具有易成功、变异小、性状整齐、繁殖迅速等优点。茎段培养的主要目的是进行植物的离体快繁，其次也用于研究茎细胞的分裂潜力和全能性以及诱导细胞变异和突变体的获得等。

带芽茎段经消毒处理后，切成0.5～1.5cm的茎段，接种到适当的培养基中，经过一段时间培养可能获得：单苗（芽）；丛生苗（芽）；完整植株；愈伤组织。不同植物其茎段组织的细胞对培养环境的反应是不一致的，茎段分化和植株再生的途径有差异。如桉树从成熟

树的萌芽、徒长技和生长旺盛的顶芽等都能成功的建立无性繁殖体系，新生芽不断从茎段芽部（项部或腋部）长出，但不伸长，形成丛生状。并且可见在接触到培养基的外植体基部形成瘤状的愈伤组织，瘤状愈伤组织增大、增多，导致更多的芽从瘤状组织上长出。但许多植物的顶芽和腋芽萌发的单芽或丛生芽是直接进行增殖的，无愈伤组织的产生，甚至不定芽的获得也不经过愈伤组织途径。

茎段能否进行芽增殖也受多种因素的影响，但主要影响因素是生长素和细胞分裂素的比值。生长素水平增高，外植体有形成愈伤组织的倾向；细胞分裂素水平增高，促进芽发育，易形成丛生芽。由于植物内源激素的含量有一定差异，所以不同植物茎段培养进行芽增殖或诱导愈伤组织时，培养基中添加的激素种类和浓度也不尽相同。一般情况下，如进行芽增殖培养时，加入适量的细胞分裂素，不加或加少量的生长素；而进行愈伤组织诱导时，加入适量生长素，不加或少加细胞分裂素。

（3）叶培养　叶培养是指以植物叶器官为外植体进行离体培养。叶器官包括叶原基、叶柄、叶鞘、叶肉、子叶等。在自然界中，很多植物的叶具有很强的再生能力，如非洲紫罗兰、秋海棠、绿巨人等植物。叶离体培养的特殊用途是研究叶形态发生过程以及进行光合作用、叶绿素形成、遗传转化等，叶器官离体培养再生植株也已在许多植物中获得成功。

叶器官经消毒处理后，切成 $0.5 \sim 1cm^2$ 的小块或薄片（如叶柄或子叶），一般将叶片背面向下接种在固体培养基上培养。叶器官培养可能获得：不定芽或胚状体；愈伤组织；成熟叶（由叶原基发育形成）。叶器官的许多部位几乎都能以前两种方式再生植株。如山新杨的叶柄分生能力很强，可从一个叶柄基部形成 20～30 个不定芽；虎眼万年青可从叶片伤口处直接形成不定芽；花生离体培养幼叶可产生体细胞胚。许多植物可以从叶柄或叶脉切口处形成愈伤组织，再进一步分化形成小植株。

叶的培养常用的培养基是 MS、Heller 等，但一般叶的培养较茎段培养困难，常需要多种激素配合使用。如杏叶培养时，ZT 与 2，4-D 的组合可诱导愈伤组织的产生，KT 与 NAA 的组合可从愈伤组织中诱导不定芽产生；番茄叶培养时，IAA 与 6-BA 组合可诱导不定芽产生，而 NAA 与 6-BA 或 KT 组合则不能诱导芽的形成。有时附加一定浓度的水解酪蛋白（1mg/L）和椰乳（15%），培养效果会更好。

（4）花器官培养　花器官培养是指对植物整朵花或花的组织部分（包括花托、花柄、花瓣、花丝、子房、花药、胚珠等）进行离体培养。植物花器官培养的特殊用途是进行花性别决定、果实和种子发育、花形成发生等方面的研究，花器官、组织离体培养再生植株也已在许多植物中获得成功。

将未开放的花蕾或花柄、花瓣、花托等组织经过消毒处理后，在适宜的条件下进行培养，培养结果可能有：成熟果实；不定芽或丛生芽；愈伤组织。如取授粉或未授粉的花蕾在适宜的条件下培养，可形成成熟果实，已在人参、番茄、葡萄等植物中成功地获得与天然果实相似的果实状结构物，并在离体条件下将它们培养成熟。花椰菜的花托可直接再生不定芽；蝴蝶兰的花梗腋芽可直接萌发形成丛生芽；菊花、诸葛菜的花托、花瓣和花序轴可先形成愈伤组织，再形成不定芽。

对植物的胚、子房、胚珠和胚乳进行离体培养，被广泛应用于植物育种工作和研究胚胎发育过程中的生理代谢变化及有关影响胚发育的内、外因素等问题。对未受精胚珠和子房的培养，为进行离体授粉（或试管受精）提供了条件，使克服远缘杂交中花粉与柱头之间的

不亲和性成为可能，如图 2-7 所示。由于被子植物的胚乳是三倍体，通过胚乳培养可得到三倍体植株，产生无籽果实，或由其再加倍产生六倍体植株。无子果实食用方便；多倍体植株与原植株比较，具有植株粗壮、叶片大而肥厚、叶色浓绿、花大或重瓣、果实大但结实率低等特征。这些变异性状可直接利用或作为育种材料，这在花卉、药用植物新品种选育方面有很重要的利用价值。

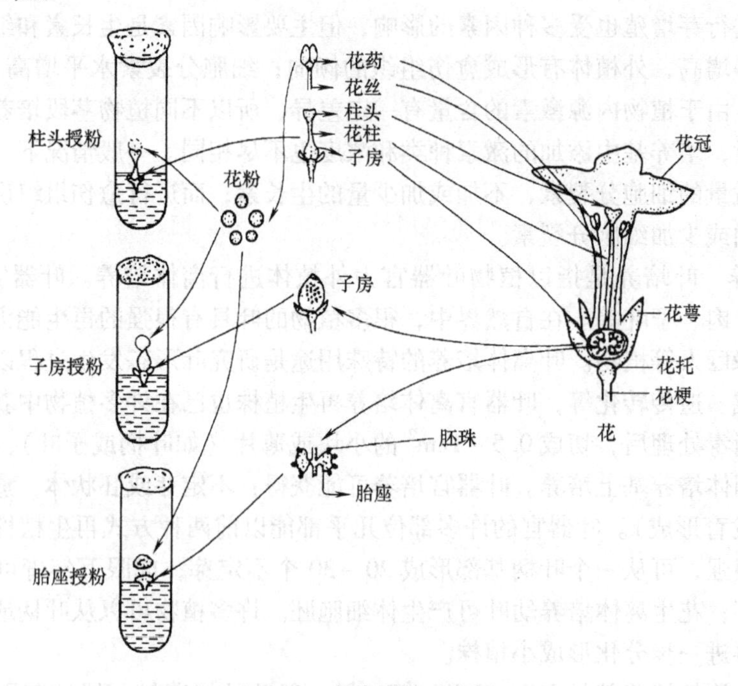

图 2-7　离体授粉示意图

通过花药和花粉的培养，诱导花粉细胞发育形成单倍体植株，如图 2-8 所示，再经染色体加倍成为双单倍体，与常规育种结合，可以大大缩短育种年限，如图 2-9 所示，与分子生物学、基因工程育种等结合，可在作物育种方面发挥更大的作用。

（5）幼果培养　幼果培养是指对植物不同发育时期的幼小果实进行离体培养。幼果培养的特殊用途是进行果实发育、种子形成和发育等方面的研究。

不同发育时期的幼果经过消毒处理后，接种到适宜的培养基中可获得：成熟果实；愈伤组织。如草莓、葡萄、越橘等幼果都在适宜的条件下培养成熟，培养成熟的果实中种子基本具有生活力，但形成种子的百分率比自然状态下低。

（6）种子培养　种子培养是指受精后发育不全的未成熟种子和发育完全的成熟种子进行离体培养。种子培养的特殊用途是打破种子休眠，缩短生活周期；挽救远缘杂种，提高杂种萌发率等。

将成熟或未成熟种子经消毒处理后，在适宜的条件下培养可形成：小植株；愈伤组织；丛生芽或不定芽。种子因包含植物雏形，并有胚乳和子叶提供营养，很容易培养成功。如果种子培养是以促进种子萌发，形成种子苗为目的，成熟种子所用培养基成分可以简单些，一般不用加生长调节剂，而未成熟种子所用培养基应适当添加生长调节剂；如果种子培养的目的是形成愈伤组织或丛生芽，进一步再生植株，培养基中应提供营养物质，并添加不同种类

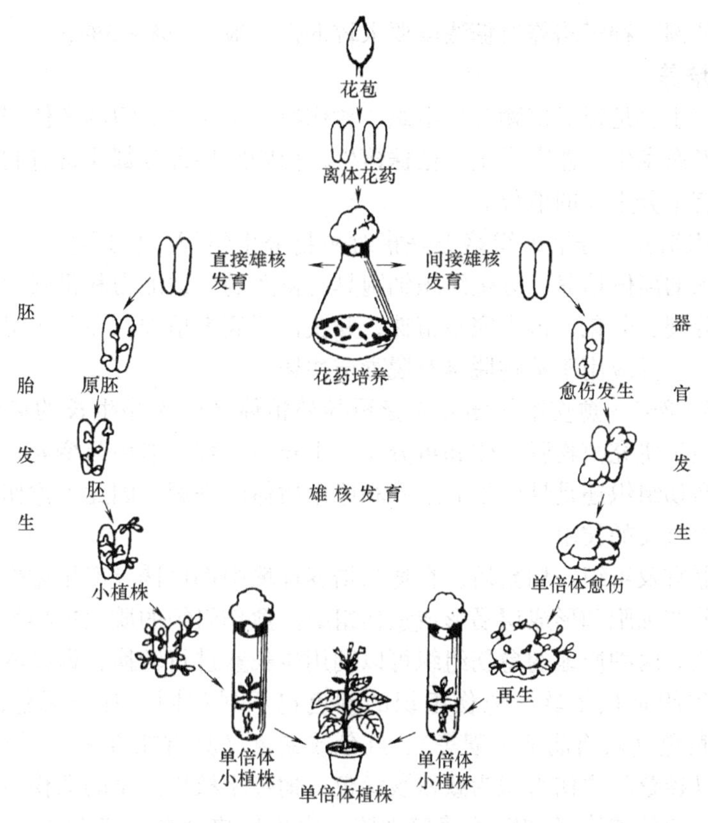

图 2-8　花药培养与单倍体植株的形成

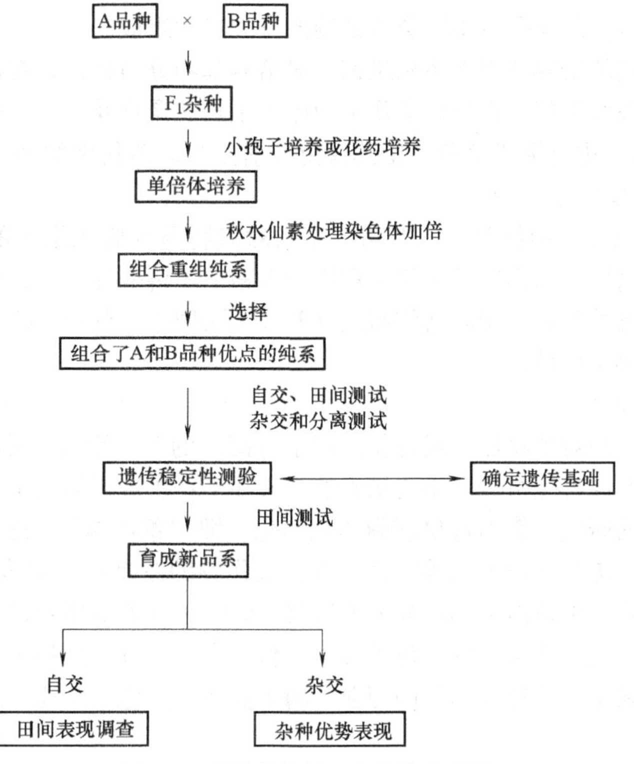

图 2-9　单倍体培养及育种技术路线

和浓度的生长调节剂。种子培养对糖浓度要求较低，一般为1%～3%。

2. 植物组织培养

植物组织培养主要是指对植物分生组织、愈伤组织及薄层组织的离体培养。离体组织培养对研究植物的形态发生、器官发生、植株再生、植物脱病毒等都非常有利，因此在整个植物离体培养中占有十分重要的地位。

（1）分生组织培养　分生组织培养是指对植物分生组织，包括茎尖、根尖等顶端分生组织和形成层组织的离体培养。分生组织细胞具有持久的分裂能力和很强的生命力，离体培养时易发生细胞分裂、分化，再生完整植株，并获得无病毒植株。在分生组织培养中以茎尖培养的研究最多，广泛应用于植物脱毒及脱毒苗快繁。

（2）愈伤组织培养　愈伤组织培养是指诱导外植体产生无序生长的薄壁细胞及对其培养。愈伤组织可用于研究植物脱分化和再分化、生长与发育、遗传与变异、育种及次生代谢产物的生产等，愈伤组织还是悬浮培养细胞和原生质体的来源。因此，愈伤组织培养是植物组织培养中一项很重要的技术。

各种植物的器官及组织经切割后，在适当培养环境中都可诱导产生愈伤组织，并能不断继代增殖。一般薄壁细胞和形成层易形成愈伤组织。愈伤组织的质地差异很大，有的致密坚实，有的疏松柔软。两种质地的愈伤组织可以利用生长素进行转换，即高浓度的生长素能使致密坚实的愈伤组织疏松柔软。愈伤组织的颜色也不尽相同，有的无色，而有的呈绿色（具有叶绿素）、黄色（具有胡萝卜素等）、红色或紫色（具有花青素）。如当归的愈伤组织为无色疏松状；马铃薯的愈伤组织为致密淡绿色；葡萄小植株产生的愈伤组织为红色、白色等。同质细胞组成的外植体（如贮藏薄壁细胞、次生韧皮部薄壁细胞等）诱导产生的愈伤组织的发育也高度一致；而异质细胞组成的外植体（如茎、叶、根等）所形成的愈伤组织也是异质性的，即愈伤组织是由不同类型细胞的分裂产物组成。

愈伤组织在适宜的培养环境下生长迅速，对培养基养分消耗大，有毒代谢产物积累，培养时间过长，琼脂失水龟裂，将导致愈伤组织停止生长、老化及死亡。因此，愈伤组织培养一般2～4周应转接，进行继代培养，使其保持旺盛生长。愈伤组织通常在黑暗或弱光条件下培养，温度为25℃左右。

（3）薄层组织培养　植物薄层组织培养是指对植物薄细胞层组织的离体培养。植物薄层组织培养是研究离体组织形态发生机理和影响因素、遗传变异产生机理的良好试验体系。

植物器官经消毒处理后，切取薄细胞层（3～6层细胞），在一定的培养环境中，可以通过器官形成而获得再生植株。

3. 植物细胞培养

植物细胞培养是指对植物器官或愈伤组织上分离出的单细胞（或小细胞团）进行培养，以形成单细胞无性系或再生植株。细胞培养的意义在于：①进行细胞生理代谢及各种不同物质对细胞代谢影响的研究；②通过单细胞的克隆化，即“细胞株”，进行生物转化、突变体筛选等，将微生物遗传技术用于高等植物，进行农作物的改良；③细胞培养的增殖速度快，适合大规模悬浮培养，采取微生物培养的方法将植物细胞培养应用到发酵工业，生产天然植物成分，如许多植物次生代谢产物，包括各种药材的有效成分、生物碱、类固醇、生物活性物质、酶、天然色素等，广泛应用于医药业、酶工业及天然色素工业，这是植物产品工业化生产的新途径。

(1) 单细胞的分离　叶片组织的细胞排列松弛，是分离单细胞的最好材料。分离方法可采用：①机械法。先将叶片组织轻轻研碎，然后再通过过滤和离心将细胞纯化。②酶解法。利用果胶酶处理植物叶片，使细胞间的中胶层发生降解，分离出具有代谢活性的细胞。由离体培养的愈伤组织也是分离单细胞的良好材料。将未分化、易散碎的愈伤组织转移到液体培养基中振荡培养，再经过滤、离心等处理，获得纯净的单细胞悬浮液。

(2) 单细胞的培养　对分离得到的单细胞进行培养，首先是诱导其分裂增殖，形成细胞团，再通过细胞分化形成芽、根等器官或胚状体，直至长成完整植株。单细胞培养方法有：悬浮培养法；平板培养法；看护培养法；微室培养法等，如图 2-10 所示。

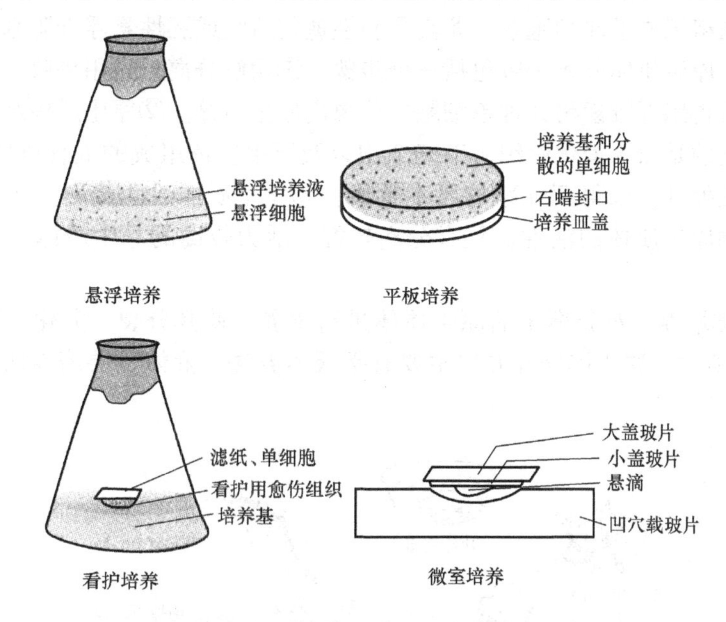

图 2-10　悬浮培养和单细胞培养方式示意图

细胞悬浮培养是将游离的植物细胞按一定的密度，悬浮在液体培养基中进行培养。植物细胞悬浮培养是从愈伤组织的液体培养基础上发展起来的，自 20 世纪 50 年代以来，从试管的悬浮培养发展到大容量的发酵罐培养，从不连续培养发展到半连续培养和连续培养。80 年代以来，植物细胞培养作为生物技术的一个组成部分，正在发展成为一门新兴的科技产业体系。悬浮培养的主要优点是能大量提供比较均匀一致的细胞，细胞增殖速度快，适宜大规模培养。

4. 原生质体培养及细胞融合

原生质体是指用特殊方法脱去植物细胞壁的、裸露的、有生活力的原生质团。就单个细胞而言，除了没有细胞壁外，它具有活细胞的一切特征。植物原生质体是遗传转化的理想受体，能够比较容易地摄取外来遗传物质，如外源 DNA、染色体、病毒、细胞器等，为高等植物在细胞水平或分子水平上的遗传操作提供了理想的试验体系。植物原生质体培养和细胞融合是植物细胞工程的核心技术，它是 20 世纪 60 年代初，人们为了克服植物远缘杂交的不亲和性，有效利用远缘遗传基因资源改良品种而开发完善起来的一门技术。1960 年英国植物生理学家 Cocking 首次利用纤维素酶等从番茄根细胞分离原生质体获得成功。1971 年 Takebe 等培养烟草叶片原生质体获得再生植株，首次证明了原生质体的全能性。1972 年英国科学家 Carlson 等利用细胞融合技术首次获得两种不同烟草原生质体融合的体细胞杂种。1974 年高国楠等开发出 PEG 融合方法。1978 年德国科学家 Melchers 等把马铃薯和番茄的原生质体融合，获得了体细胞杂种——马铃薯番茄。1981 年 Zimmermann 开发出了高压脉冲法，即电融合技术。迄今，植物原生质体培养和细胞融合技术已经成熟，并成为品种改良和创造育种亲本资源的重要途径，已在多种作物上获得了原生质体植株和种、属间杂种植株，也为细胞生物学、植物生理学及细胞遗传学的研究作出了重要贡献。

（1）原生质体分离　植物的茎、叶、胚、子叶、下胚轴等器官组织以及愈伤组织和悬浮细胞均可作为原生质分离的材料。目前较多采用叶片来分离原生质体，但分裂旺盛的、再分化能力强的愈伤组织或悬浮细胞系，尤其是胚性愈伤组织或胚性悬浮细胞系是最理想的原生质体分离材料。原生质体分离一般包括三个步骤：①酶解分离。先用果胶酶处理材料，游离出单细胞，然后再用纤维素酶处理单细胞，分离出原生质体。②原生质体纯化。供体组织经酶处理后，得到的是由未消化组织、破碎细胞以及原生质体组成的混合群体，需用离心、沉降、过滤等方法处理，以得到纯净的原生质体。③原生质体活性检测。在原生质体培养前，还需要先检测原生质体的活性。只有分离较好，活力较高的原生质体才能用于后继的培养。

（2）原生质体培养　对分离出的原生质体进行培养，使其分裂、分化，直至形成完整植株，如图 2-11 所示。原生体培养方法主要有平板培养法、液体浅层培养法和固—液结合培养法等。

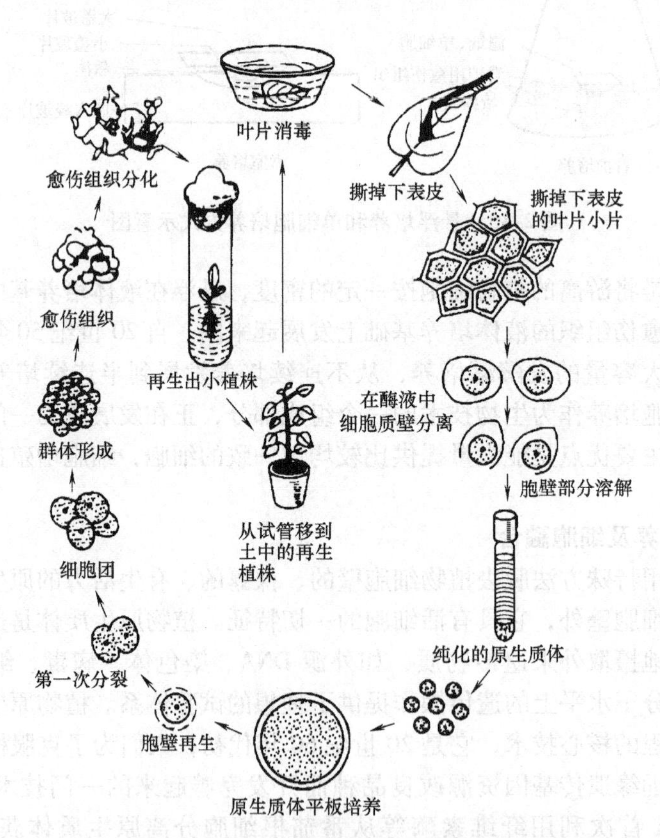

图 2-11　叶肉原生质体的分离、培养和植株再生

（3）原生质体融合　在植物中原生质体融合是通过物理或化学方法进行，再经培养获得具有双亲全部（或部分）遗传物质的后代，也称为体细胞杂交。体细胞杂交为克服植物有性杂交不亲和性，打破物种之间的生殖隔离，扩大遗传变异等提供了一种有效手段。原生质体融合包括一系列步骤，即原生质体制备、原生质体融合、杂种细胞选择、杂种细胞培养、杂种植株再生以及杂种植株鉴定等，如图2-12所示。

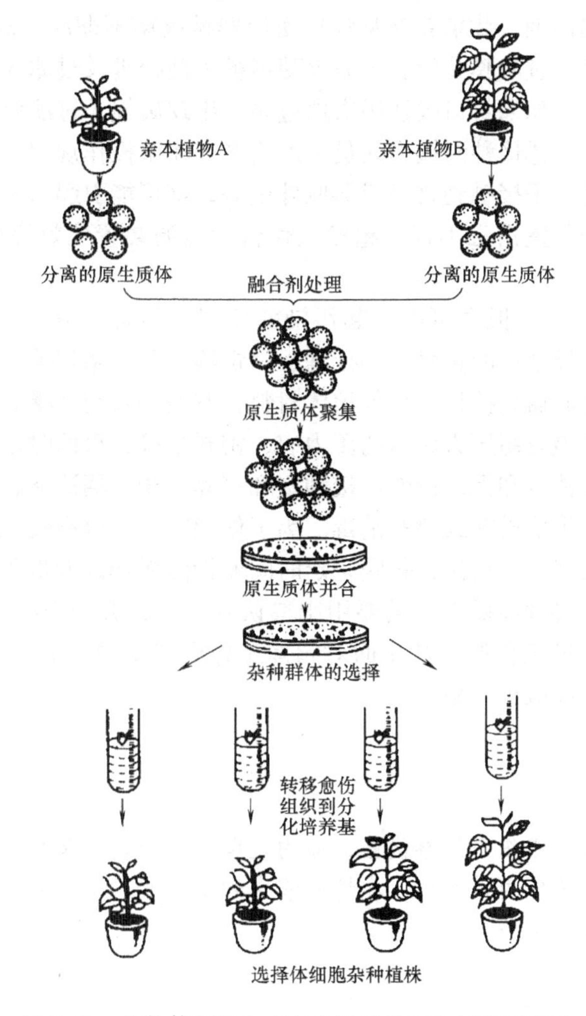

图2-12　植物体细胞杂交与杂种植株再生过程示意图

2.2.5　初代培养中的污染、褐变等常见问题及预防措施

外植体的初代培养过程中容易出现杂菌污染和材料褐变现象，影响到无菌繁殖系统的建立，应特别注意预防。

1. 污染及其预防措施

污染是指在组织培养过程中，培养基或培养材料上滋生杂菌，使培养材料不能正常生长和发育的现象。植物组织培养中常见的污染病原主要是细菌和真菌两大类。细菌污染在接种后1~2d即可发现，其症状是培养材料附近或培养基表面出现黏液状物、浑浊的水渍状痕迹、云雾状痕迹或出现泡沫状发酵情况。真菌污染一般在接种后3～10d即可发现，主要症状是培养基上出现绒毛状菌丝，然后形成不同颜色的孢子层。

（1）引起污染的原因　造成污染的原因很多，主要有：①外植体消毒不彻底。从室内或室外选取的外植体，都不同程度的带有各种微生物，有些病菌甚至可以侵入材料内部，即便采取消毒措施，也难免除去所有的杂菌。若培养瓶内杂菌主要出现在接种材料周围，则主要是因外植体带菌引起污染。②培养基及各种使用器械灭菌不彻底。高压蒸汽灭菌的温度、压力、时间，过滤灭菌中过滤膜孔径、过滤灭菌器械灭菌处理及过滤灭菌操作等都会影响培养基的灭菌效果。另外，如果封口膜使用次数过多，出现破损，过滤效果降低，也会导致灭菌后的培养基再次污染。③接种时操作人员未严格遵守无菌操作规程。如接种操作时不戴口罩，说话和呼吸不注意，手接触到材料或器皿外壁等，都可能引起污染。④接种和培养环境不清洁。如接种室、培养室消毒不好、超净工作台的过滤装置失效等都是造成污染的重要原因。

（2）污染的预防措施　根据可能引起污染的原因，预防污染主要采取以下几点措施：①严格外植体消毒。从外植体的选材、预处理、消毒等环节严格把关。在初代培养接种时尽可能做到每个试管或培养瓶只接种一个外植体材料，避免相互交叉感染。②严格培养基及各种接种器械灭菌。定期检查高压灭菌器的压力表、密封垫等，灭菌时正确控制温度、压力及灭菌时间。③严格环境消毒和无菌操作。接种室和培养室要定期清洁、消毒，尤其是在夏季高温高湿条件下，应常采取熏蒸或喷雾消毒。为了使超净工作台有效工作，防止操作区域本身带菌，要定期对过滤器进行清洗，每隔一定时间要检测操作区的带菌量，如果发现过滤器失效，则要整块更换。接种前操作人员要用肥皂认真洗手，并用70%酒精消毒。接种过程中操作人员应戴口罩、换工作服，禁止面对超净工作台讲话或咳嗽。熟练掌握无菌接种技术，操作规范、迅速，以减少污染。

外植体消毒无法除去组织内的潜伏菌，即内生菌。防治内生菌可首先将欲取材的植株或枝条放在温室或无菌培养室内预培养，在培养液中添加一些抗生素或消毒剂；必要时还可以先接种到带药培养基中预培养。

培养基灭菌后不要马上使用，先置于培养室中观察3d，若无污染现象，则可使用。以避免由于灭菌不彻底或封口材料破损等原因出现污染，造成培养材料的损失。

2. 褐变及其防治措施

褐变是指在组织培养过程中，培养材料向培养基中释放褐色物质，致使培养基逐渐变成褐色，培养材料也随之慢慢变褐而死亡的现象。

（1）褐变的原因　褐变有酶促褐变和非酶促褐变，目前认为植物组织培养中的褐变主要由酶促引起。很多植物尤其是木本植物体内含有较多的酚类化合物，多酚氧化酶（PPO）

是植物体内普遍存在的一类末端氧化酶，它催化酚类化合物氧化形成褐色的醌类化合物和水，醌类化合物又会在酪氨酸酶的作用下，与外植体组织中的蛋白质发生聚合，进一步引起其他酶系统失活，导致组织代谢紊乱，生长受阻，最终逐渐死亡。在正常发育的植物组织细胞内多酚类物质分布在液泡中，而 PPO 则分布在各种质体和细胞质中，这种区域性分布使底物与 PPO 不能接触，不会发生褐变。但当外植体切割后，切口附近细胞的膜结构发生变化和被破坏时，使底物与 PPO 接触，从而引起褐变。

（2）褐变的影响因素　影响褐变的因素很复杂，主要有以下几个方面：①植物种类及基因型。不同种植物、同种植物不同类型、不同品种在组织培养中褐变发生的频率和严重程度都存在很大的差异。单宁和色素含量高的植物容易发生褐变，因为酚类的糖苷化合物是木质素、单宁或色素的合成前体，酚类化合物含量高，木质素、单宁或色素形成就多，而木质素、单宁或色素含量高的植物酚类化合物含量也高，容易产生褐变。所以，木本植物比草本植物容易发生褐变。在木本植物中，核桃的单宁含量很高，不仅在接种初期发生褐变，在形成愈伤组织后还会因为褐变而死亡；苹果进行茎尖培养时，不同品种之间褐变的程度也不一样，品种“金冠”较轻，而“舞美”则很高。经研究发现，后者酚类化合物含量明显高于前者。②外植体取材部位、时间及生理状态。外植体取材部位、时间及生理状态不同，接种后褐变的程度也不同。一般外植体的老化程度越高，其酚类化合物的含量也越高，也就越容易褐变，成熟材料一般均比幼龄材料褐变严重。如用苹果顶芽作外植体褐变程度轻，比侧芽容易成活；石竹、菊花也是顶端茎尖比侧生茎尖更容易成活。在不同的生长季节，植物体内酚类化合物含量和多酚氧化酶的活性不同。试验表明，苹果和核桃早春或秋季取材褐变死亡率较低，而夏季取材很容易褐变。③外植体受伤程度。外植体切口越大，褐变程度就会更严重。如仙客来小叶诱导时，整片叶接种较分成多块褐变要轻。除机械损伤外，各种消毒剂对外植体的伤害也会引起褐变。如酒精处理时间过长、浓度过高也会对外植体产生伤害，加剧褐变；用次氯酸钠进行消毒往往比用氯化汞消毒容易引起褐变。④培养基成分。在初代培养时，培养基中无机盐浓度过高，会引起酚类化合物大量产生，导致外植体褐变；降低盐浓度则可减少酚类化合物外溢，减轻褐变。因为无机盐有些离子，如 Mn^{2+}、Cu^{2+} 是参与酚类化合物合成与氧化酶类的组成成分或辅因子，盐浓度过高会增加这些酶的活性，酶又能进一步促进酚类物质合成和氧化。培养基中加入的生长调节物质也会影响褐变的发生情况。BA 和 KT 不仅促进酚类化合物合成，而且刺激多酚氧化酶的活性，会加剧褐变；而生长素类如 NAA 和 2，4-D 可延缓多酚合成，减轻褐变发生。⑤培养条件。培养基中低 pH 值可降低多酚氧化酶活性和底物利用率，从而抑制褐变。升高 pH 值则明显加重褐变。高温、强光条件下均可使多酚氧化酶活性提高，从而加速培养材料的褐变。降低温度和适当遮光处理，则可降低多酚氧化酶的活性，抑制酚类化合物氧化，从而减轻褐变。⑥培养时间。材料培养时间过长，未及时继代转接，会引起褐变物的积累，加重对培养材料的毒害。如蝴蝶兰、香蕉等随着培养时间的延长，褐变程度会加剧，甚至在超过一定时间不进行转接，褐变物的积累还会引起培养材料死亡。

（3）褐变的预防措施　根据褐变的影响因素，预防褐变的措施主要有以下几点：①选择适宜的外植体。选择适当的外植体是克服褐变的重要手段。选择幼苗、褐变程度轻的品种和部位作为外植体，避免在夏季高温季节取材。②对外植体进行预处理。对较易褐变的外植体材料进行预处理，可先用流水冲洗外植体，然后放置于5℃左右的冰箱中低温处理 12～

14h，消毒后先接种到只含蔗糖的琼脂培养基中培养3~7d，使组织中的酚类物质部分渗入培养基中，取出外植体用0.1%的漂白粉溶液浸泡10min，然后再接种到合适的培养基上。③筛选适宜的培养基和培养条件。降低培养基无机盐浓度，减少BA和KT的使用，初期在黑暗或弱光条件下培养，保持较低温度（15~20℃）。也可采用液体培养基纸桥培养，可使外植体溢出的有毒物质很快扩散到液体培养基中，减轻对培养材料的毒害，这是降低褐变的有效方法。④添加褐变抑制剂和吸附剂。褐变抑制剂主要包括抗氧化剂和PPO的抑制剂。常用的抗氧化剂有抗坏血酸、聚乙烯吡咯烷酮（PVP）、半胱氨酸、柠檬酸等；常用的PPO抑制剂有SO_2、亚硫酸盐、氯化钠等。在培养基中加入褐变抑制剂，可减轻酚类物质的毒害。其中PVP是酚类化合物的专一性吸附剂，常用作酚类化合物和细胞器的保护剂，可用于防止褐变。此外，在培养基中添加1~5g/L的活性炭对酚类物质的吸附效果也很明显。但活性炭也吸附培养基中的生长调节物质，从而影响外植体的正常发育。因此，加入活性炭的培养基中应适当调整激素配比，在防止褐变的同时还应保证外植体能够正常生长发育。⑤连续转移。对易发生褐变的植物，在外植体接种后1~2d立即转移到新鲜培养基上，可减轻酚类物质对培养物的毒害作用，一般连续转移5~6次可基本解决外植体的褐变问题。此法比较经济，简单易行，应是克服褐变的首选方法。

实训2-3　菊花初代培养

● 实训目的

1. 掌握外植体的选取与消毒技术。
2. 掌握无菌操作接种技术。

● 实训要求

1. 能够准确识别植物器官，并正确选择外植体。
2. 外植体整理、预处理和消毒方法恰当、效果明显，操作规范、熟练。
3. 接种过程严格遵守无菌操作规程，有效控制污染。

● 实训准备

1. 材料与试剂

菊花植物、培养基（已灭菌）、0.2%氯化汞（或2%次氯酸钠）、0.1%吐温20（或吐温80）、70%~75%酒精、无菌水等。

2. 仪器与用具

超净工作台、酒精灯、干热灭菌器、接种工具（已灭菌的解剖刀、剪刀、镊子、垫盘及吸水纸等）、标签或记号笔等。

● 方法及步骤

1. 外植体取材与消毒

（1）取材　菊花叶片、茎段、茎尖、花器官都可作为外植体材料。可选取无病虫害、生长健壮的新萌发的脚芽或侧芽作为外植体。选花器官作为外植体材料，应选取具该品种典型特征、饱满充实的花蕾，并且要求花蕾已经成熟但尚未开放，表面蜡质层未破坏，里面无污染，便于表面消毒。

（2）消毒　从田间取回的材料先用自来水冲洗，洗去泥土等污垢，再对材料进行整理，剪去茎尖、茎段外展叶片。再用自来水流水冲洗10~30min后，将材料剪成小段放入烧杯中

准备消毒。外植体消毒过程在超净工作台中进行，将配制好的消毒剂和预先经过灭菌的无菌水、烧杯等器皿先放入超净工作台内，打开紫外灯照射20mim。关掉紫外灯，用70%～75%酒精擦拭超净工作台的台面，再把经过前处理的材料转入无菌烧杯中，加入70%～75%酒精进行表面消毒20～30s，取出材料用无菌水冲洗1次。再将材料立即放入0.2%的$HgCl_2$溶液中浸泡消毒8～10min（或2%次氯酸钠溶液处理15～30min）。花蕾因表面有蜡质层包围，消毒液处理时间可略长些。最后用无菌水漂洗材料3～5次，再将材料装入无菌器皿中以备接种使用。

注意事项

- 对于一些表面不光滑或长有绒毛的品种材料，可先加入洗涤剂清洗，或用毛刷充分刷洗后再用自来水流水冲洗。并且，在用消毒液处理时最好在消毒液中加入几滴表面活性剂，可用浓度小于0.1%的吐温20或吐温80，以达到更好的消毒效果。
- 消毒剂浸泡时材料必须被完全淹没，并不断轻轻搅动，使材料与消毒剂能充分地接触。

2. 接种

（1）环境及操作人员消毒　接种室要严格进行空间消毒。接种前先将灭菌后的培养基、接种用具及器皿等提前放入超净工作台，打开接种室和超净工作台上的紫外灯，照射20～30min，待接种人员进入接种室后及时关闭。操作前10min打开风机，使超净工作台处于工作状态。操作人员进入接种室前必须剪除指甲，并用肥皂洗手。在缓冲间更换已消毒的工作服、帽子、口罩、拖鞋后方可进入接种室。

（2）无菌操作接种　先用70%～75%酒精喷雾，或用浸泡过的酒精棉球擦拭双手和超净工作台面，将已灭菌过的接种工具（解剖刀、剪刀、镊子等）的前端浸泡在装有95%酒精的瓶中，或插入干热灭菌器中。接种操作过程中对使用的各种接种工具要在酒精灯上反复地灼烧灭菌，然后放置在支架上冷却后使用。将消毒后的材料取出，在无菌纸或无菌培养皿上分割或切段。茎尖或带腋芽茎段切成1cm长，花蕾剥去表面膜质层、花萼、花冠等，留花序轴接种用。接种时用70%～75%酒精擦拭培养瓶的瓶口外壁和瓶盖，在酒精灯火焰附近打开瓶盖，将切割后的材料用镊子轻轻接种在培养基中，然后用火焰对瓶口进行灼烧灭菌，再盖上瓶盖或包扎好封口薄膜。接种完毕后，在瓶壁上用记号笔做好标记，注明材料种类、接种日期等，以免混淆。接种结束后要将工作台清理干净，及时关闭超净工作台电源。并用紫外灯照射30min对接种室消毒。若连续接种，每5d要对接种室大强度消毒一次。

小贴士

接种过程中就注意避免因操作不慎，酒精倒流到手中，或将酒精瓶、酒精灯打翻，引起着火，烧伤皮肤。在接种前应准备一张湿毛巾放在超净工作台上，一旦着火，切不要惊慌，立即用湿毛巾盖住火源，使其隔绝空气即可熄灭。

● 材料消毒后应尽快切取所需的外植体接入培养基中，减少在空气中暴露的时间，以避免风干和褐变。

● 茎尖、茎段外植体接种到培养基中时要注意材料的形态学上下端，即形态学上端应向上，否则会影响其生长。叶片通常将叶背接触培养基，因为叶背气孔多，有利于吸收水分和养分。

● 接种人员在操作时应尽量少谈话，减少走动，以避免空气的流动而增加污染的机率。

● 材料剪取、开瓶接种等操作都必须在酒精灯火焰的有效范围内（ϕ20cm 范围内）进行，防止杂菌落入瓶中。

3. 培养

将接种后的培养瓶及时转移到培养室内。花序轴培养初期可遮光处理，防止褐变，有利组织细胞分裂、分化。一周后培养室内保持光照时间每天 16h，光照强度 2000～3000lx，温度（25±2）℃。

4. 观察记载及结果统计

经常检查培养瓶，发现污染要及时清除。定期观察接种材料的生长情况，并做好记录，见表 2-10。

表 2-10 初代培养观察记载表

材料名称：
培养基编号及配方：
接种时间：
接种情况：

调查日期	污染情况（%）	生长情况

记载人：

● **实训指导建议**

菊花初代培养时培养基可选用 MS+6－BA1.0～2.0mg/L+NAA 0.1～0.5mg/L+糖 30g/L+琼脂 5g/L。学生可分组操作，各组可选用不同的培养基配方，通过实训结果观察，比较添加不同配比的植物生长调节剂对培养物的作用效果。

各校可因地制宜选择初代培养的植物种类，本着先易后难的原则，选择一些方便取材、容易培养的植物及器官作为外植体材料。

● **实训考核**

考核重点为外植体消毒和接种过程中操作规范性、准确性和熟练程度，以及产品质量。考核方案见表 2-11。

表2-11　初代培养外植体消毒及接种实训考核方案

考核项目	考核内容及标准		分值
	技能单元	考核标准	
现场操作	外植体整理	对所取外植体材料的性状描述清楚，取材得当；材料整理方法正确，修整程度适宜	10分
	外植体消毒	消毒方案合理，消毒液配制准确，消毒过程操作规范	20分
	外植体接种	操作程序正确，操作规范。外植体切割符合要求，接种操作规范、熟练	20分
	文明、安全操作	操作文明、安全，器皿和用具摆放有序，场地整洁	5分
	团队协作	小组成员分工明确、相互协作、积极思考、认真讨论，团队协作精神强	5分
结果检查	产品质量	外植体接种数量合适，摆布合理，方向正确，深浅适宜，整齐一致；污染率低于20%	20分
	观察记载	定期观察，记载详细、准确	10分
	实训报告	实训报告撰写内容清楚、字迹工整、数据详实	10分

工作任务3　继代扩繁

将初代培养诱导产生的愈伤组织、芽、苗、胚状体或原球茎等重新分割，接种到新配制的培养基上，进一步增殖扩繁的培养过程称为继代培养，也称为增殖培养。

2.3.1　繁殖体增殖

一般情况下，继代培养的目的是使繁殖体材料增殖。选择适宜的增殖方式及培养条件，才能获得理想的增殖效果。

1. 增殖方式

继代培养阶段不同植物及不同繁殖体材料以何种方式增殖扩繁，既取决于培养目标，也取决于材料自身的可能性。一般大多数植物采取腋芽萌发或诱导不定芽产生，再以芽繁殖芽的方式进行增殖，如图2-13所示；兰科植物、百合等则采取原球茎增殖途径，如图2-14所示。对于由腋芽萌发伸长后形成的、节间明显的多茎段嫩技，可采取切割茎段的方式，增殖茎段应具有最小组织量，即携带一个茎节，如图2-15所示。可将茎段垂直插入培养基中，但插入深度不能淹没茎节，也可水平放入培养基表面，以刺激侧芽的萌动；对于茎间不明显的芽丛，可采取分离芽丛的方式扩繁，若芽丛的芽较小，可先切成芽丛小块培养，芽苗稍大时再分割成单芽继代培养；对能再生不定芽的愈伤

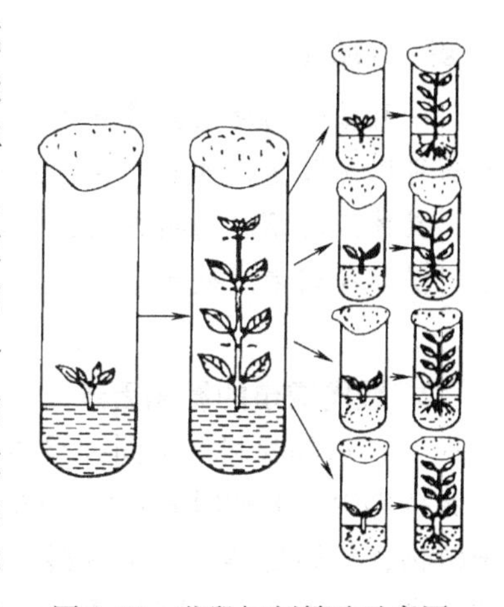
图2-13　茎段切割繁殖示意图

组织块进行分割，继代扩繁，再诱导分化使不定芽增殖。将原球茎切割成小块，也可给予针刺等损伤，或在液体培养基中振荡培养，来加快其增殖进程。

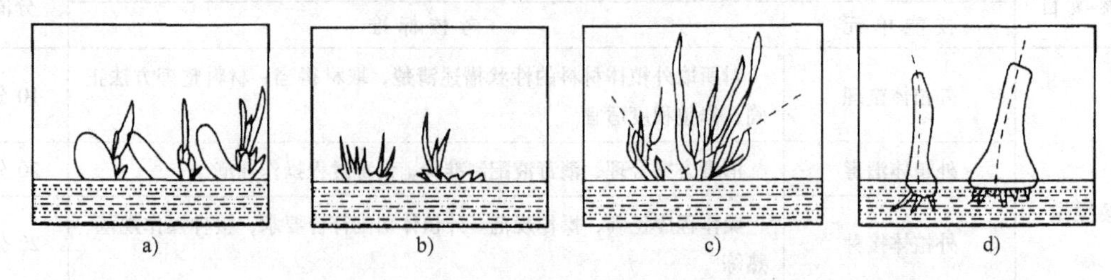

图 2-14 鳞茎和球茎微繁殖采用的一些方法

a）丛生枝再生 b）剪去丛生枝，露出 2～3mm 的基板 c）互成直角的垂直切口，消除主茎的顶端优势
d）横切微球茎或鳞芽，致使离体繁殖过程不断重复

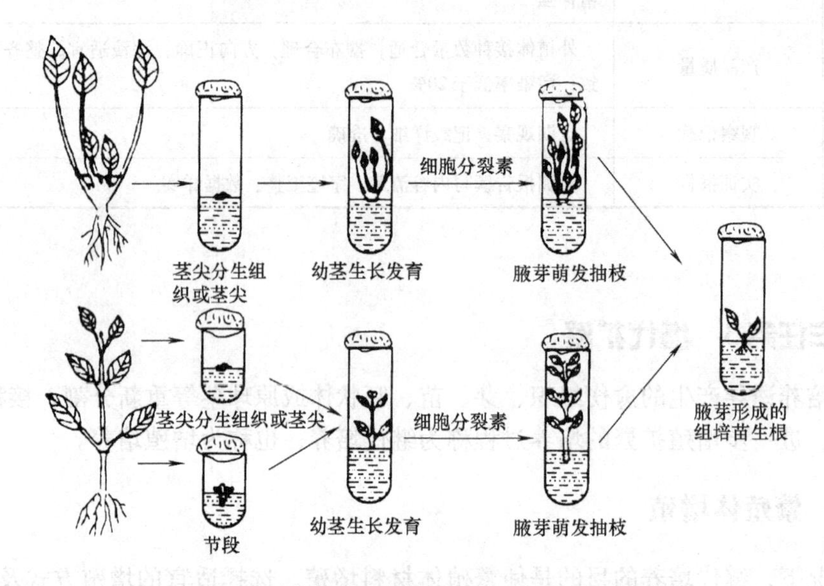

图 2-15 利用腋芽方法离体无性繁殖植物过程示意图

一种植物的增殖方式并不是固定不变的，有的植物可以通过多种方式进行无性扩繁。如葡萄可以多节茎段和丛生芽方式进行繁殖；蝴蝶兰可以原球茎和丛生芽方式进行繁殖。生产中，具体应用哪种增殖方式，主要根据其增殖系数、增殖周期、增殖后芽的稳定性以及适宜生产操作等因素来确定。

2. 继代增殖的影响因素

（1）植物材料 不同种类的植物、同种植物不同品种、同一植物不同器官和不同部位，其保持再生能力的时间长短不同，继代繁殖能力也不同。一般是草本 > 木本，被子植物 > 裸子植物，年幼材料 > 老年材料，刚分离组织 > 已继代的组织，胚 > 营养体组织，芽 > 胚状体 > 愈伤组织。在以腋芽或不定芽增殖继代的植物中，在培养许多代之后仍然能保持旺盛的

增殖能力，一般较少出现再生能力丧失。

（2）培养基 要使每次继代培养中能产生最大数量的有效繁殖体，确定适宜的增殖培养基配方很关键。增殖培养基的确定因植物种类、品种和培养类型的不同而异。通常，基本培养基与初代培养相同，而细胞分裂素和矿物元素的浓度要高于初代培养，其最佳浓度配比的确定应通过试验进行。

小贴士

一些植物经长期继代培养，在开始继代培养中需要加入生长调节剂，经过几次继代后，加入少量或不加生长调节剂也可以生长。因此，在继代培养中应注意观察培养物的生长情况，调整培养基配方，以取得良好的培养效果。

（3）培养条件 在继代培养中，培养温度应大致与该植物原产地生长所需的最适温度相似。喜欢冷凉的植物，培养温度控制在20℃左右较好；热带作物需在30℃左右的条件下才能获得较好的生长。如香石竹在18～25℃条件下，随温度降低生长速度减慢，但苗的质量显著提高，玻璃化现象减少；高于25℃时，引起苗徒长细弱，玻璃化或半玻璃化苗明显增加。在桉树继代培养中也发现，如果总在23～25℃条件下培养，芽就会逐渐死亡，但如果每次继代培养时，先在15℃下培养3d，再转至25℃下培养，芽苗生长良好。

（4）继代周期 对一些生长速度快或者繁殖系数高的种类，如满天星、非洲紫罗兰等，继代时间比较短，一般不能超过15d；对生长速度比较慢的种类，如非洲菊、红掌等，继代时间要长一些，30～40d继代1次。继代时间也不是一成不变的，应根据培养目的、环境条件、所使用的培养基配方及培养物生长情况等综合考虑。在前期扩繁阶段，为了加快增殖速度，当苗刚分化时就切割继代，而无需待苗长到很大时才进行继代。后期在保持一定繁殖基数的前提下，进行定量生产时，为了有更多的大苗可以用来生根，可以间隔较长的时间继代，达到既可以维持一定的繁殖量，又可以提高组培苗质量的目的。

（5）继代次数 继代次数对繁殖率的影响因培养材料而异。有些植物长期继代仍可保持原来的再生能力和增殖率，如葡萄、月季、矮牵牛、非洲菊和蝴蝶兰等。有些植物继代次数增加使变异频率也增大，如继代5次的香蕉不定芽变异频率为2.14%，继代10次后为4.2%。因此香蕉组培苗继代培养不能超过1年。还有一些植物随继代时间加长其分化再生繁殖能力降低，如杜鹃茎尖外植体经过连续继代培养，产生小枝数量逐渐增加，但到第4代或第5代则明显下降，虽可用光照处理或在培养基中调整激素浓度及配比等方法来延缓下降速度，但仍然表现出再生繁殖能力逐渐丧失，因此必须进行材料的更换。

小贴士

生产上对继代培养增殖系数也应适当控制，一般能达到每月继代增殖3～10倍即可，追求过高繁殖率，一是所产生的苗太小、太弱，给生根和移栽带来很大困难；二是使培养材料变异率增大，影响遗传稳定性，导致严重不良后果。

2.3.2 继代培养过程中的试管苗玻璃化、无性系变异等现象及处理方法

继代培养过程中经常出现试管苗玻璃化现象，严重影响试管苗的增殖，应注意防止。在继代培养过程中还可能出现体细胞无性系变异，改变植物原有性状。在植物快繁中出现变异，会影响品质，但从无性系变异中也可以筛选出一些新的优良变异类型，这对改良作物品种、拓宽种质资源有积极作用，应得到有效利用。

1. 试管苗玻璃化现象及其防止措施

在植物组织培养过程中，经常会出现试管苗生长异常，叶片和嫩梢呈透明或半透明水浸状，整株矮小肿胀，失绿，叶片皱缩成纵向卷曲，脆弱易碎，叶表缺少角质层蜡质，仅有海绵组织，没有功能性气孔。这种现象称为“玻璃化现象”，又称为“过度水化现象”。玻璃化现象是植物组织培养过程中的一种生理失调或生理病变，形成玻璃化苗后很难再继代培养和扩繁，移栽后也很难成活。由于玻璃化现象大大降低了试管苗的有效增殖系数，严重影响试管苗质量，已成为工厂化育苗和材料保存等方面的严重障碍，是植物组织培养工作中的一大难题。在草本和木本植物中已报道出现玻璃化苗的植物达70多种，在花卉生产中容易出现玻璃化苗的植物有香石竹、倒挂金钟、马蹄莲、菊花、康乃馨等。

（1）玻璃化苗产生的原因　玻璃化苗是在芽分化启动后的生长过程中，碳、氮代谢和水分状态发生生理异常所引起的。主要是由于植物细胞分裂与体积增大的速度超过了干物质生产与积累的速度，使植物细胞以过多的水分来充涨体积，从而表现玻璃化。玻璃化现象的产生受多种因素影响和控制，其主要因素有：①培养基成分。培养基中生长调节剂浓度及其比例对玻璃化苗的产生影响很大。高浓度的细胞分裂素有利于促进芽的分化，也会使玻璃化苗的发生比例提高。但不同的植物发生玻璃化的激素水平是不一致的，同一植物的不同阶段对激素水平的要求也不相同，表现出不同的反应情况。据报道，香石竹的部分品种在6-BA为0.5mg/L时就有玻璃化现象的发生；非洲菊在不定芽诱导中6-BA的浓度可达5.0~10mg/L，在丛生芽增殖培养时6-BA的浓度应控制在1.0mg/L，若将浓度提高，则容易出现玻璃化苗。另外，培养基含氮量高，特别是铵态氮含量高，易引起玻璃化现象的发生。而提高培养基中的碳氮比，可以减少玻璃化的比例。适当增加琼脂和蔗糖的用量，能有效调节培养基的渗透势，还能降低容器内空气湿度，可降低玻璃化程度。但琼脂浓度过大，使培养基太硬，也会影响养分的吸收，使试管苗的生长不良。②培养温度。温度影响试管苗的生长速度，随着培养温度的升高，试管苗的生长速度明显加快，但达到一定的高温限度后，会对正常的生长和代谢产生不良影响，促使玻璃化现象产生。③光照条件。植物一般在光照时间10~12h/d、光照强度1 5000~2 000lx条件下能够正常生长和发育。当光照不足再加上高温，极易引起试管苗的过度生长，加速玻璃化现象的发生。④湿度与透气性。瓶内湿度与通气条件密切相关，使用有透气孔的膜或通透性较好的滤纸、牛皮纸封口时，通过气体交换，降低瓶内湿度，玻璃化发生频率减少；相反，如果用不透气的瓶盖、封口膜、锡薄纸封口时，不利于气体的交换，在不透气的高湿条件下，苗的生长势快，玻璃化的发生频率也相对较高。⑤继代次数。随着继代次数的增加，愈伤组织细胞和试管苗体内积累过量的细胞分裂素，玻璃化程度不断升高。继代培养最初几代玻璃化苗很少，随着继代次数的增加，玻璃化苗的比例会越来越高。这种现象在香石竹、非洲菊、洋桔梗和甜辣椒等植物组织培养中均有报道。

（2）防止玻璃化苗产生的措施　针对以上分析玻璃化苗产生的原因，其防止措施主要

有：①调节培养基生长调节剂浓度和配比。降低培养基中细胞分裂素和赤霉素的浓度，适当添加多效唑（PP_{333}）、矮壮素（CCC）等生长抑制物质。据报道，一些添加物、抗生素也可减少和防止玻璃化的产生，如马铃薯汁、活性炭可降低油菜玻璃化苗产生频率；聚乙烯醇可防止苹果砧木苗玻璃化；青霉素G钾可防止菊花苗玻璃化；青霉素可降低芥菜苗玻璃化等。②减少培养基中含氮化合物的用量，选用低NH_4^+水平的培养基。适当增加琼脂用量，提高培养基硬度，降低培养基水势。适当提高培养基中蔗糖含量和加入渗透剂，降低培养基渗透压。③控制适宜的培养温度，避免温度过高，变温培养时注意温差不宜过大。④增加光照强度，对已经出现的玻璃化苗可移至室外，增加自然光照。若光照强度较弱时，可通过延长光照时间进行补偿。⑤使用透气性好的封口材料，改善通透条件，降低培养瓶内过饱合湿度。⑥控制继代次数，保证试管苗质量。

2. 体细胞无性系变异及其利用

体细胞无性系变异是指培养物在培养阶段发生变异，进而导致再生植株也发生遗传改变的现象，它广泛存在于各种再生途径的组织培养中。最早是在甘蔗离体培养中报道了体细胞无性系变异现象，此后在马铃薯、烟草、番茄、小麦、水稻等多种植物中都有报道。

（1）体细胞无性系变异的原因　从细胞水平上发现，体细胞再生植株的染色体数目和结构发生改变，引起基因重排，产生多倍体和非整倍体，染色体缺失、倒位、易位、断裂等都是在细胞水平上导致无性系变异的重要原因；从分子水平上推测，其原因是遗传物质的分子结构发生了变化，引起了“跳跃基因”的出现，导致基因重排、基因扩增或减少、基因突变等变异。

（2）体细胞无性系变异的利用　体细胞无性系变异的种类多，范围大，还有可能产生优于原材料性状的变异，为作物育种提供了新的选择材料。尤其是对于那些由于近亲繁殖而遗传基础狭窄的作物来说，提供了重要的遗传变异来源。而且，通过离体筛选获得遗传变异材料，可以大大缩短培育新品种的年限。近20年来，利用体细胞无性系离体筛选抗性突变体的研究进展很快，又为作物改良开辟了一条新的途径。

体细胞无性系变异的利用是植物细胞工程育种的一项重要内容，已在品种改良上取得了巨大的成功。如从水稻的体细胞无性系中选育出高蛋白含量的水稻优良品系；从马铃薯的体细胞无性系中选育出抗晚疫病品系；从小麦的体细胞无性系中选育出抗寒性好的品系；从甘蔗的体细胞无性系中选育出抗赤腐病株系等。

当然，体细胞无性系变异并非都是可稳定遗传的。并且，体细胞无性系变异通常能引起多个性状变异，变异结果难以预期。因此，还需要对体细胞无性系变异的机理作进一步的研究，以能定向产生符合人们需要的体细胞无性系变异，降低扩繁过程中体细胞无性系变异的发生。

实训2-4　试管苗的继代增殖扩繁

● **实训目的**

1. 了解不同植物及不同繁殖体材料的增殖扩繁方式。
2. 掌握不同增殖扩繁方式试管苗的转接技术。

● **实训要求**

1. 试管苗繁殖体的切割、分离方法正确，操作规范、熟练。
2. 接种过程严格遵守无菌操作规程，有效控制污染。

● 实训准备

1. 材料与试剂

植物组织培养实验室内菊花、香石竹、马铃薯、月季、生姜、草莓等植物试管苗及兰科植物原球茎、愈伤组织等繁殖体材料。

MS 培养基各种母液、植物生长调节剂原液、琼脂、蔗糖、蒸馏水、0.1mol/L 的 NaOH、0.1mol/L 的 HCl 等。

2. 仪器与用具

高压灭菌器、超净工作台、酒精灯、干热灭菌器、接种工具、标签或记号笔等。

● 方法及步骤

1. 培养基的配制

(1) 培养基配方及配量

配方编号（1）：MS + 6 - BA1.0mg/L + NAA0.2mg/L + 糖 30g/L + 琼脂 5g/L 配量：2L

配方编号（2）：________________ 配量：________

配方编号（3）：________________ 配量：________

⋮

(2) 培养基配制　根据培养基的配方及配量，再按基本培养基各种母液的用量及植物生长调节剂母液的浓度，确定各种培养基配制时母液的取量，并填入表 2-12。

表 2-12　各种培养基配制母液取量表

名称		用量及浓度	取量及称量			
			配方 1	配方 2	配方 3	……
基本培养基母液	母液Ⅰ：大量元素	20mL/L	40mL			
	母液Ⅱ：钙盐	20mL/L	40mL			
	母液Ⅲ：铁盐	10mL/L	20mL			
	母液Ⅳ：微量元素	10mL/L	20mL			
	母液Ⅴ：有机成分	10mL/L	20mL			
植物生长调节剂母液	BA：	1mg/mL	2mL			
	NAA：	0.1mg/mL	4mL			
其他	糖：	30g/L	60g			
	琼脂：	5g/L	10g			

2. 培养基灭菌

对培养基采取高压蒸汽灭菌，在 121℃ 条件下（压力达 0.10MPa），灭菌时间根据培养容器大小确定，见表 2-2。并将接种工具、吸水纸及器皿等包扎好，同时灭菌。

3. 试管苗转接

(1) 准备　提前将经过灭菌的培养基、接种工具、吸水纸、器皿及待转接材料放入超净工作台内，打开紫外灯消毒 20min。

(2) 转接　对菊花、香石竹、马铃薯、月季等节间明显的多茎段嫩枝材料，采取切割茎段的方式，茎段长 1cm 左右，带 1~2 个茎节，可将茎段垂直插入培养基中，或水平放入培养基表面，以刺激侧芽的萌动；对生姜、草莓等茎间不明显的芽丛，采取分离芽丛的方式扩繁。

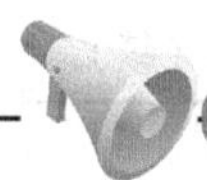

注意事项

● 培养基配制前应根据培养基的配方及配量，再按基本培养基各种母液的用量及植物生长调节剂母液的浓度，准确计算每种培养基所需各种母液的取量，填入表中。培养基配制过程中在取量时应作好标记，以免出错。

● 切割茎段时注意保留腋芽，茎段插入培养基时不能淹没茎节，以免影响腋芽萌发。

● 芽丛分割时，若芽太小，可切成芽丛小块转接；芽苗较大，可分割成单芽转接。

● 严格执照无菌操作要求，控制污染。

4. 培养

培养室内保持光照时间每天16h，光照强度2000～3000lx，温度（25±2）℃。

5. 观察记载及结果统计

注意检查培养瓶，发生污染要及时清除。定期观察接种材料的生长情况，并做好记录，见表2-13。

表2-13　继代培养观察记载表

继代培养材料名称：
培养基编号及配方：
接种时间：
接种情况：

调查日期	污染情况（%）	生长情况

记载人：

● **实训指导建议**

各校可根据实验室的情况选择继代培养转接材料，尽可能更多的让学生训练，以掌握不同增殖扩繁方式试管苗的转接方法。学生可分组操作，各组可选用不同的培养基配方，通过实训结果观察，比较添加不同配比的植物生长调节剂对培养物的作用效果。

● **实训考核**

考核重点为继代材料转接过程中操作规范性、准确性和熟练程度，以及产品质量。考核方案见表2-14。

表2-14　继代培养实训考核方案

考核项目	考核内容及标准		分值
	技能单元	考核标准	
现场操作	计算	母液的取量、琼脂和白糖称量计算准确，各种培养基配制母液取量表填写清楚	10分
	培养基配制及灭菌	操作流程清楚，动作规范，各种培养基标注正确、清晰；灭菌温度、时间设置正确，操作规范	20分

（续）

考核项目	考核内容及标准		分值
	技能单元	考核标准	
现场操作	试管苗转接	材料切割方法正确，无菌操作规范、熟练	20分
	文明、安全操作	操作文明、安全，器皿和用具摆放有序，场地整洁；每小组的转瓶苗在培养室内摆放合理，标注清楚	5分
	团队协作	小组成员分工明确、相互协作、积极思考、认真讨论，团队协作精神强	5分
结果检查	产品质量	材料接种数量合适，摆布合理，方向正确，深浅适宜，整齐一致；5d后统计污染率低于20%	15分
	观察记载	定期观察，记载详细、准确	15分
	实训报告	实训报告撰写内容清楚、数据详实、字迹工整	10分

工作任务4　生根培养与驯化移栽

试管苗继代增殖到一定数量后，就要分流进入壮苗、生根培养阶段，获得健壮幼苗，并进一步驯化移栽，使其逐渐适应外界自然环境，以提高移栽后的成活率。有些植物的继代次数是有限的，继代次数过多容易发生变异；而且继代繁殖数量过多，久不转移的苗子会发黄老化，或因过分拥挤而致使无效苗增多，造成弃苗浪费。因此，在生产中继代的次数与繁殖的数量要计算准确，即要繁殖一定的数量且不能超过继代限度，达到工厂化育苗的最佳效益，获得高质量的商品苗。

2.4.1　试管苗的壮苗与生根培养

1. 壮苗培养

在继代培养过程中，细胞分裂素浓度的增加有助于提高试管苗的增殖系数，但若增殖的芽过多，往往会出现不定芽短小、细弱的现象，芽苗不易生根，即使能够生根，移栽成活率也很低。因此，在生根前先需经过壮苗培养，选择生长较好的不定芽分成单株培养，而将一些尚未成型的芽分成几个芽丛培养，并且在培养基中减少或完全去掉细胞分裂素，增加培养室的光照强度，以培养壮苗。

在继代培养阶段，通过选择适宜的细胞分裂素和生长素的种类及不同浓度配比，可以同时满足增殖和壮苗的不同要求。如在杜鹃快繁的研究中发现，ZT/IAA或ZT/IBA的比值升高，芽的增殖系数也随之增加，但壮苗效果却降低。较高浓度的生长素和较低浓度的细胞分裂素的组合有利于形成壮苗。因此，在进行增殖扩繁时，适当降低培养基中的细胞分裂素浓度，并增加生长素的浓度，就能达到壮苗培养的目的，而不需再经过壮苗培养阶段。在实际生产中，选择细胞分裂素与生长素的浓度合理配比，将有效增殖系数控制在3.0~5.0之间，以实现增殖和壮苗的双重目的。

对于茎细、节长的植物（如马铃薯），可以在培养基中添加一定浓度的多效唑（PP_{333}）或矮壮素（CCC）等生长延缓剂，以培养壮苗。胚状体发育成的小苗常带有已经分化的根，可以不经诱导生根的阶段。但经胚状体途径发育的苗数量太多，且个体较小时，需要在低浓度植物激素的培养基中培养，以便壮苗。

2. 生根培养

试管苗的生根培养是使无根芽苗生根形成完整植株的过程。芽苗的生根可在试管内进行，也可在试管外生根。

（1）试管内生根　试管内生根是指将丛生苗分离成单苗或单株丛生苗，转接到生根培养基中，在培养容器内诱导生根的方法。在生根阶段对培养基成分和培养条件应进行调整，以减少试管苗对异养条件的依赖，逐步增强光合作用的能力。生根阶段的培养基需降低无机盐浓度，可选择无机盐浓度较低的基本培养基，如改良 White 培养基，也可选用与初代培养和继代培养相同的基本培养基种类，但降低其无机盐浓度，一般用1/2或1/4的量。生根阶段的培养基还需减少或除去细胞分裂素，增加生长素的浓度。NAA 和 IBA 是最常用于诱导生根的生长素，使用浓度一般为0.1～10.0mg/L。有些植物，可先将芽苗转接到含有生长素的培养基中生长1～2d后，再转移至无生长素的培养基中，或将芽苗在含有生长素的生根溶液中浸蘸后直接插入无生长素的培养基中，其生根效果好。

生根阶段采用自然光照较灯光照明的组培苗更能适应室外环境条件。另外，培养基中适当添加活性炭有利于提高生根苗质量。如在樱花生根培养基中加入0.1%～0.2%活性炭后，不定芽不仅生长健壮，无愈伤组织，而且根系较长、白色、有韧性，试管苗移栽后新根发生快，质量好，成活率高。

（2）试管外生根　有些植物种类在试管中难以生根，或根系发育不良、吸收功能极弱、移栽后不易成活，可选择试管外生根。用此方法生根时，可先将芽苗在一定浓度生长素或生根粉溶液中浸蘸，或在含有相对高浓度生长素的培养基中培养5～10d，然后在温室中插入培养基质（如珍珠岩∶蛭石=2∶1）中，并经常喷雾，保持高湿度环境，几天后芽苗可自行生根。实践证明，许多植物可以把试管繁殖的嫩枝当作微型插条，直接插入基质中生根成活。如将杨树、桦木和其他阔叶树试管繁殖的嫩枝，直接插入泥炭和蛭石的基质中，可很快生根，且成活率较高；杜鹃嫩茎在试管内成苗，在试管外生根效果也很好；越橘等植物的嫩茎在试管外生根远比在试管内生根效果好；月季、香石竹等需要接种到生根培养基上培养一段时间，此后无论生根与否都能移栽成活。试管外生根还可以缩短育苗周期，降低生产成本。

2.4.2 试管苗的驯化与移栽

试管内的生根苗需经过一段时间的驯化，使其逐步适应外界环境后，再移栽到疏松透气的基质中，并应加强管理，注意控制温度、湿度、光照，及时防治病害，以提高移栽苗的成活率。

1. 试管苗的驯化

（1）试管苗的生长环境及特点　由于试管苗生长在培养室内的容器中，与外界环境隔离，形成了一个独特的生态系统。试管苗的生长环境与外界环境相比，具有四大差异：①恒温。在试管苗整个生长过程中，常采用恒温培养，即使某一阶段稍有变动，温差也较小。而外界环境中的温度由太阳辐射的日辐射量决定，处于不断变化之中，温差较大；②高湿。培养容器内的相对湿度接近于100%，远远大于容器外的空气湿度，所以试管苗的蒸腾量极小；③弱光。培养室内采取人工补光，其光照强度远不及于太阳光强，故幼苗生长也一般较弱，不能经受太阳光的直接照射；④无菌。试管苗所在环境是无菌的。不仅培养基无菌，而且试管苗也无菌。在移栽过程中试管苗要经历由无菌向有菌的转换。

在特殊生态环境中生长的试管苗，具有以下几个特点：①试管苗生长细弱，茎、叶表面角质层不发达；②试管苗茎、叶虽呈绿色，但叶绿体的光合作用较差；③试管苗的叶片气孔数目少，活性差；④试管苗根的吸收功能弱。因此，试管苗基本上是处于异养状态，自身光合能力很弱，依靠培养基为其生长提供营养物质。

（2）试管苗的驯化　由于试管苗的生长环境与外界环境差异很大，在移栽前必须要经过驯化或称为炼苗的过程，以逐渐提高试管苗对外界环境条件的适应性，提高其光合作用的能力，从异养向自养转变，促使试管苗健壮生长，最终达到提高试管苗移栽成活率的目的。驯化应从温度、湿度、光照及有无菌等环境要素进行，其方法是：将装有试管苗的培养容器移到温室或大棚，先不打开瓶盖或封口膜，并不能立即接受太阳光的直接照射，以免瓶内升温太快，使幼苗因蒸腾作用过强失水萎蔫，甚至死亡。可以先进行适当遮蔽，再逐渐撤除保护，让试管苗接受自然散射光照射，并逐步适应自然的昼夜温差变化。3～5d后打开瓶盖或封口膜，使试管苗生长更接近外界环境条件，再炼苗2～3d后即可移栽。试管苗驯化成功的标准是茎长粗、叶增绿、根系延长并由黄白色变为黄褐色。

试管苗驯化过程中对光照及时间的控制，应根据不同的植物灵活掌握。喜光植物如枣、刺槐等可在全光照下练苗；玉簪、白鹤芋、绿帝王条等耐荫植物需要在较阴处练苗；萱草、月季花等可以在50%～70%的遮阳网下练苗。驯化时间通常以1周左右为宜，但有些植物需要更长一些时间，幼苗生长更健壮，移栽后成活率才能提高。如枇杷需要在自然光下练苗20d，葡萄、枣树一般练苗2周为宜。

2. 试管苗的移栽

（1）基质准备　移栽基质要求疏松、透水、通气，有一定的保水性，易消毒处理，不利于杂菌滋生。常选用的基质主要有：①蛭石，是由黑云母风化而成的次生物，通过高温处理使其疏松多孔，质地轻，能吸收大量的水，保水、持肥、吸热、保温能力较强，易于消毒。②珍珠岩，是一种火山喷发的酸性熔岩，经急剧冷却而成的玻璃质岩石，因其具有珍珠裂隙结构而得名。由于在1 000～1 300℃高温条件下其体积迅速膨胀4～30倍，故质地轻，持水、吸热、保温性强，并且无菌。③河沙，其颗粒直径为1～2mm的粗沙，排水性强，但

保水蓄肥能力差。④草炭土，是由沉积在沼泽中的植物残骸经过长时间的腐烂后形成的，其保水性好，蓄肥能力强，呈中性或微酸性。⑤腐殖土，是由植物落叶等经腐烂形成的，营养丰富，含有大量的矿质营养及有机物质。其他基质材料还有炉灰渣、谷壳、锯木屑等。基质使用时应按一定的比例搭配，常用的有珍珠岩∶蛭石∶草炭土为1∶1∶0.5，或河沙∶草炭土为1∶1。应根据不同植物的栽培习性来合理搭配基质，才能获得满意的移栽效果。

小贴士

试管苗移栽前还应先对基质进行灭菌消毒，以降低感杂率。基质灭菌可采用高压湿热灭菌，即将基质装入高压灭菌锅，于0.098～0.118MPa压力下持续30～40min；也可采用化学药剂消毒，一般用1%高锰酸钾溶液或50%多菌灵600倍液浇洒，并混拌均匀。

（2）移栽方法　试管苗移栽方法有：①常规移栽。将驯化后的小苗取出，用清水洗去附着于根部的琼脂培养基，操作时应尽量减少对根系和叶片的损伤。用50%多菌灵800倍溶液浸泡消毒1～2min，然后移栽到混合基质中。栽植深度适宜，不可埋没叶片。移栽后要浇1次透水，但不能造成基质积水而使根系腐烂。保持一定的温度和水分，适当遮阴。当长出2～3片新叶时，即可将其移栽到田间或盆钵中。这种移栽方法适合草莓、百合、非洲菊、马铃薯等多数植物。②直接移栽。直接将试管苗移栽到盆钵中。这种方法适合于具有专业化生产的温室条件，如凤梨、万年青、花叶芋、绿巨人等盆栽植物的规模化生产，选用适宜的盆栽基质，直接将生根试管苗移栽入盆，随着植株的生长，再逐渐换大型号的花盆。③嫁接。有些木本植物不易在试管内生根，可选取适合的实生幼苗作砧木，用试管苗作接穗进行嫁接。嫁接移栽法与常规移栽法相比具有移栽成活率高、适用范围广、成苗所需的时间短、有利于移栽植株的生长发育等许多优点。

（3）移栽后的管理　移栽后的养护管理也是一个非常关键的环节，主要应注意以下几个方面：①控制温度。对花叶万年青、巴西铁树、变叶木等喜温植物，以25℃左右为宜；文竹、香石竹、满天星、非洲菊、菊花等喜冷凉的植物，以18～20℃为宜。温度过高会导致幼苗蒸腾作用加强，水分失衡，以及菌类滋生等问题；温度过低使幼苗生长迟缓或不易成活。如果能有良好的设备或配合适宜的季节，使介质温度略高于空气温度2～3℃，则有利于生根和促进根系发育，提高成活率。采用温室地槽埋设地热线或加温生根箱种植试管苗，可以取得更好的效果。②保持湿度。试管苗茎、叶表面角质层不发达，根系弱或无根，移栽后很难保持水分平衡，应提高小环境的空气相对湿度，尤其在移栽最初的3d内，应保持90%～100%的空气相对湿度，尽量接近培养容器中的湿度条件，以减少试管苗叶面蒸腾作用，使小苗始终保持挺拔生长姿态。以后再适当通风，逐渐降低湿度，适宜外界自然环境。③调节光照。试管苗移栽后要依靠自身的光合作用来维持生存，需提供一定的自然光照。但光照不能太强，以散射光为好，初期控制在2 000～5 000lx，后期逐渐加强。光线过强会使叶绿素受到破坏，引起叶片失绿、发黄或发白，使小苗成活延缓。过强的光线还能刺激蒸腾作用加强，使水分平衡的矛盾更加尖锐，容易引起幼苗失水萎蔫，影响生长。甚至出现灼伤，引起死苗。一般在试管苗移栽初期，应进行遮光处理，温室内使用小拱棚，再加盖遮阳网。待幼苗生长一段时间后，再逐渐加强光照，后期则可直接利用自然光照，以促进光合产

物的积累，增强抗性。④防止杂菌滋生。除了对栽培基质要预先消毒灭菌，移栽后还应定期使用一定浓度的药剂杀菌，如用75%百菌清可湿性粉剂600倍液、50%多菌灵可湿性粉剂800倍液等喷雾，可以有效地保护幼苗。⑤补充营养。试管苗移栽后喷水时可以加入0.1%的尿素或1/2MS大量元素的溶液作追肥，以后7~10d追1次肥，以促进幼苗生长。

试管苗移栽后的养护管理，应综合考虑各种生态因子的相互作用，如光照与温度、湿度与通气。还有最重要的一点，就是管理人员的责任心。因为，各种环境因子会随时、随地发生变化，只有认真负责、勤于观察、细心照料，及时调节各种变化中的生态因子，才能为幼苗提供最佳的生长环境，提高成活率，培养壮苗。

实训2-5 试管苗的生根培养

● **实训目的**

1. 掌握生根培养阶段培养基类型的选择及配制方法。
2. 掌握试管苗生根培养的转接技术。
3. 掌握试管苗生根培养的环境条件控制技术。

● **实训要求**

1. 培养基选择适宜，配制方法正确。
2. 对试管苗的切割、分离方法正确，无菌操作规范、熟练。

● **实训准备**

1. 材料与试剂

植物组织培养实验室内菊花、香石竹、马铃薯、月季、生姜、草莓等植物培养30d以上的试管苗。

MS培养基各种母液、植物生长调节剂原液、琼脂、蔗糖、蒸馏水、0.1mol/L的NaOH、0.1mol/L的HCl等。

2. 仪器与用具

高压灭菌器、超净工作台、酒精灯、干热灭菌器、接种工具、标签或记号笔等。

● **方法及步骤**

1. 培养基的配制

(1) 培养基配方及配量　在此阶段需同时配制两种培养基，即生根培养基和继代培养基。在转接过程中，对符合要求的幼苗进行生根培养，其余小苗转入继代培养基中继续扩繁。生根培养基可选择1/2MS培养基或White培养基作为基本培养基，适当添加一定浓度的生长素（NAA或IBA）。可以配制不同激素配比的生根培养基，以比较其生根效果。

生根培养基（1）：________________配量：________

生根培养基（2）：________________配量：________

⋮

继代培养基：________________配量：________

（2）培养基配制　根据培养基的配方及配量，再按基本培养基各种母液的用量及植物生长调节剂母液的浓度，确定各种培养基配制时母液的取量，并填入表2-15。

表2-15　各种培养基配制母液取量表

<table>
<tr><th colspan="2" rowspan="3">名　称</th><th rowspan="3">用量及浓度</th><th colspan="3">取量及称量</th></tr>
<tr><th colspan="2">生根培养基</th><th>继代培养基</th></tr>
<tr><th>(1)</th><th>(2)</th><th></th></tr>
<tr><td rowspan="5">基本培养基
母液</td><td>母液Ⅰ：大量元素</td><td>mL/L</td><td></td><td></td><td></td></tr>
<tr><td>母液Ⅱ：钙盐</td><td>mL/L</td><td></td><td></td><td></td></tr>
<tr><td>母液Ⅲ：铁盐</td><td>mL/L</td><td></td><td></td><td></td></tr>
<tr><td>母液Ⅳ：微量元素</td><td>mL/L</td><td></td><td></td><td></td></tr>
<tr><td>母液Ⅴ：有机成分</td><td>mL/L</td><td></td><td></td><td></td></tr>
<tr><td rowspan="2">植物生长调节剂
母液</td><td>BA：</td><td>mg/mL</td><td></td><td></td><td></td></tr>
<tr><td>NAA：</td><td>mg/mL</td><td></td><td></td><td></td></tr>
<tr><td rowspan="2">其他</td><td>糖：</td><td>g/L</td><td></td><td></td><td></td></tr>
<tr><td>琼脂：</td><td>g/L</td><td></td><td></td><td></td></tr>
</table>

2. 培养基灭菌

对培养基采取高压蒸汽灭菌，在121℃条件下（压力达0.10MPa），灭菌时间根据培养容器大小确定（表2-2）。并将接种工具、吸水纸及器皿等包扎好，同时灭菌。

3. 试管苗转接

（1）准备　提前将经过灭菌的培养基、接种工具、吸水纸、器皿及待转接材料放入超净工作台内，打开紫外灯消毒20min。

（2）转接　将株高在2.5～3cm以上的大苗接种到生根培养基中。若为丛生苗，需切割分成单苗后再接种；将其余小苗转接到继代培养基中继续扩繁，接种方法同继代培养。

4. 培养

培养室内保持光照时间每天16h，光照强度2000～5000lx，温度（25±2)℃。

注意事项

● 培养基配制前应根据培养基的配方及配量，再按基本培养基各种母液的用量及植物生长调节剂母液的浓度，准确计算每种培养基所需各种母液的取量，填入表中。培养基配制过程中在取量时应做好标记，以免重复或遗漏。尤其在配制培养基种类较多时，更应注意复核数据，准确取量。

● 生根培养基和继代培养基要分别标注清楚，切不可混淆。转接时将两种培养基摆放在超净工作台内不同的位置上，以免拿错。

● 根据需转接的试管苗生长情况，确定生根培养基和继代培养基的配量，转接时要尽量利用材料，选2.5～3cm的大苗进行生根，其余小苗和剪下的过长茎段转入继代培养基中继续扩繁，不要造成浪费。

● 严格按照无菌操作要求，控制污染。

5. 观察记载及结果统计

注意检查培养瓶，发生污染要及时清除。定期观察幼苗生长及生根情况，并做好记录，见表2-16。

表2-16 生根培养观察记载表

生根培养材料名称：
培养基编号及配方：
接种时间：
接种情况：

调查时间	株高/cm	根长/cm	根数	生长情况	备注（包括污染率%）
第7d					
第10d					
第15d					

组别及记载人：

● 实训指导建议

各校可根据实验室的情况选择生根培养材料；学生分组实训，各组可采取同种植物选用不同的生根培养基配方，或不同植物选用相同的生根培养基配方，通过实训结果观察，比较植物生长调节剂不同种类及不同配比的生根效果，或不同植物生根情况。并认真总结，筛选出最佳生根培养基。

● 实训考核

考核重点为培养基的选择及配制的合理性，转接过程中操作规范性、准确性和熟练程度，以及产品质量。考核方案见表2-17。

表2-17 试管苗生根培养实训考核方案

考核项目	考核内容及标准		分值
	技能单元	考核标准	
现场操作	培养基选择	生根培养基、继代培养基类型选择及配量合理	10分
	计算	母液的取量、琼脂和白糖称量计算准确，各种培养基配制母液取量表填写清楚	10分
	培养基配制及灭菌	操作流程清楚，动作规范，各种培养基标注正确、清晰；灭菌温度、时间设置正确，操作规范	15分
	试管苗转接	生根、继代扩繁材料选择合理、利用率高、浪费少，材料切割方法正确，无菌操作规范、熟练	15分
	文明、安全操作	器皿和用具摆放有序，场地整洁；各小组的转瓶苗在培养室内摆放合理，标注清楚	5分
	团队协作	小组成员分工明确、相互协作、积极思考、认真讨论	5分
结果检查	产品质量	生根和继代两种材料接种培养基正确，瓶内接种材料数量合适，摆布均匀；5d后统计污染率低于20%	20分
	观察记载	定期观察，记载详细、准确	10分
	实训报告	实训报告撰写内容清楚、数据详实、字迹工整	10分

实训2-6　试管苗的驯化与移栽

● **实训目的**

1. 掌握移栽基质的配制、消毒方法。

2. 掌握生根试管苗的炼苗、常规移栽及移栽后的养护管理技术。

● **实训要求**

1. 基质选择适宜，消毒方法正确。

2. 生根苗驯化符合要求，移栽方法正确；管理精心，措施得当，成活率≥80%。

● **实训准备**

1. 材料与试剂

植物组织培养实验室内菊花、香石竹、马铃薯、月季、生姜、草莓等植物生根试管苗。蛭石、珍珠岩、腐殖土、草炭土等基质材料；50%多菌灵、75%百菌清等杀菌药剂。

2. 仪器与用具

温室或塑料大棚、遮阳网、育苗穴盘、营养袋、塑料钵、周转筐、喷壶等。

● **方法及步骤**

1. 试管苗驯化

将已生根需要移栽的试管苗移至温室或塑料大棚内，先不打开瓶口或封口膜，在自然光照下炼苗3～5d，让试管苗接受强光的照射和变温处理，促使其健壮生长。但应注意防止培养瓶内温度过高，超过30℃时要遮阴降温。然后再打开瓶口或封口膜炼苗2～3d，使幼苗进一步适应自然温度、湿度的变化。

观察幼苗茎干增粗、颜色加深，叶片增绿，根系延长并由黄白色变为黄褐色，即可进行下一步幼苗移栽。

小贴士

试管苗打开瓶口或封口膜后，练苗时间不能过长，因为琼脂培养基很容易感染杂菌，引起烂苗。可以在瓶口或封口膜打开后，用50%多菌灵800～1000倍液喷雾保护，还可在瓶内注入少量水，将培养基表面与空气隔开。

2. 基质准备

选用珍珠岩∶蛭石∶草炭土（或腐殖土）=1∶1∶0.5，也可用沙子∶草炭土（或腐殖土）=1∶1，混合拌匀。然后将基质装入育苗盘或营养袋、花钵中，用50%多菌灵800倍、或75%百菌清800倍、0.3%～0.5%高锰酸钾溶液喷淋消毒，有条件的可采用高温湿热灭菌。

小贴士

基质装盘前应提前对育苗穴盘、营养袋或塑料钵等用5%高锰酸钾溶液浸泡后刷洗，然后用清水冲洗干净。育苗床可用5%高锰酸钾溶液喷雾消毒。

3. 幼苗移栽

将装有组培苗的培养瓶中倒入适量的水，轻轻摇动，使小苗疏松，再从培养瓶中取出幼苗，先用自来水洗掉根部附着的琼脂培养基。再将洗净的幼苗在50%多菌灵800倍溶液中浸泡3～5min，捞出后稍晾干。苗床栽植时将基质开小沟，轻轻将小苗沿沟壁放好，然后用基质把沟填平，将苗周围基质压实；较大的试管苗也可栽入营养钵中，用镊子或小木棍在基质上打孔洞，然后将小苗基部放入孔内，并尽量舒展根系，再用基质填实。移栽后立即浇透水定根。

小贴士

若发现试管苗生长健壮，但瓶内培养基已感染杂菌，要先将此类小苗集中放入杀菌剂溶液中浸泡5～10min，移栽入苗盘时要分别放置。

4. 移栽后的管理

移栽后的试管苗要注意遮光、控温、保湿、追肥和防止杂菌感染。栽后初期（1～2周内）应遮阴，温度一般控制在15～25℃，空气相对湿度保持在90%以上；后期逐渐增加光强，加强通风，降低湿度。移栽1周后应进行适量叶面追肥，可用0.1%的尿素和磷酸二氢钾或1/2MS大量元素的混合液喷雾，以后根据小苗生长情况，可每隔7～10d追一次肥，以促进幼苗生长。移栽后用50%多菌灵800～1000倍液喷雾杀菌。待小苗生长健壮、根系良好，并长出2～3片新叶后，即可上盆定植或移栽到大田。

注意事项

● 移栽时一定要将幼苗清洗干净，以防残留琼脂培养基滋生杂菌；清洗动作要轻，避免伤根。

● 移栽时若试管苗根过长，可以适当剪掉一段，然后浸蘸生长素（50mg/L NAA或IBA）后再栽苗。

● 移栽后浇定根水时应采用喷雾器，喷头出水不可太猛，以免将基质冲开，使幼苗根部暴露于外；喷水量要适宜，以基质表面不积水为宜。

● 由于不同植物、不同种类的试管苗其形态、生理及适应环境的能力等均有所不同，所以驯化和移栽后的管理应有针对性，综合考虑各种生态因子的动态变化及相互作用，环境调控及时到位。

● 采用苗床移栽小苗，应间距适中，不可过密。

5. 观察记载及结果统计

定期观察幼苗生长情况，并做好记录，见表2-18。30d后统计移栽成活率。

$$移栽成活率（\%）=\frac{移栽成活苗数}{移栽苗数}\times 100$$

● **实训指导建议**

各校应根据现有条件和季节特点，合理安排试管苗驯化及移栽实训时间。学生分组实训，由于试管苗驯化、移栽及养护管理需要时间较长，应集中操作与日常养护相结合，任务落

表 2-18　试管苗移栽后管理及生长情况观察记载表

材料名称：
移栽时间：
移栽方法：
驯化情况及移栽时处理措施：

调查时间	植株生长情况 （包括株高、出叶数等）	管理措施 （包括温度、湿度、光照、追肥、杀菌等）
第　　d		
第　　d		
第　　d		

组别及记载人：

实，责任到人。

● **实训考核**

考核重点为移栽现场操作规范性、准确性和熟练程度；移栽后的养护管理措施正确性、及时性；幼苗成活率。考核方案见表2-19。

表 2-19　试管苗驯化与移栽实训考核方案

考核项目	考核内容及标准		分值
	技能单元	考核标准	
现场操作	试管苗驯化	方法正确，幼苗驯化成功	10分
	移栽基质准备	基质种类选择及混合比例适当，消毒方法正确	20分
	试管苗移栽及管理	移栽方法正确，操作规范；养护管理措施得当，及时到位	20分
	文明、安全操作	用具摆放有序，场地整洁	5分
	团队协作	小组成员分工明确、相互协作，任务落实、负责到人	5分
结果检查	产品质量	移栽深浅、密度适宜，摆布均匀；30d后统计成活率≥80%	20分
	观察记载	幼苗生长情况及养护管理措施记载详细、准确	10分
	实训报告	实训报告撰写内容清楚、数据详实、字迹工整	10分

知识链接

筛选最佳培养方案的试验设计及结果分析方法

需要对某种植物进行离体培养时，首先要制定培养方案，其中关键是要确定最佳培养基配方及最适培养条件。即使是引进比较成熟的技术，也需要先经过小规模的试验，培养成功后才能用于大规模的生产。

1. 常用的试验设计

(1) 单因子试验　研究某单个因子的影响作用，一般是在其他因素都已确定的情况下，对某个因子不同处理进行比较、筛选。在试验中对需经研究的一个因素设置不同变量处理，其余条件尽可能相同或接近。例如，研究NAA对某种植物试管苗生根的影响作用，在试验中可将NAA浓度分为0mg/L、0.1mg/L、0.5mg/L、1.0mg/L等不同水平，而培养基其他成

分和培养条件完全相同。

（2）双因子试验　研究2个因素变化及相互作用的影响结果，采用双因子试验，设置双因素多水平处理组合，从中筛选出两因素最佳处理组合。例如，研究BA与NAA对某种植物不定芽再生的影响，各取0.5mg/L、1.0mg/L、1.5mg/L三个浓度水平，设置9个不同浓度配比处理组合，见表2-20。通过结果分析，筛选出再生率最高的最佳浓度配比组。

表2-20　双因素试验设计表　（单位：mg/L）

NAA浓度 / BA浓度	0.5	1.0	1.5
0.5	①	②	③
1.0	④	⑤	⑥
1.5	⑦	⑧	⑨

（3）多因子试验　研究2个以上多因素的变化及相互作用的影响结果，多因子试验一般采用正交试验设计方法。例如，研究基本培养基种类及细胞分裂素、生长素、糖含量变化对某种植物试管苗增殖培养的影响作用，一次选择培养基、细胞分裂素（BA）、生长素（NAA）、蔗糖等多因子及水平，见表2-21。查正交表设置试验各处理组合，见表2-22。正交试验的结果可选择出影响最大的因素及其影响范围。因此，还应根据正交试验的结果，对极差较大的因素再进行双因子试验或单因子试验，以筛选出主要影响因子的最佳水平组合。

表2-21　多因素试验设计

水　平	基本培养基	BA/(mg/L)	NAA/(mg/L)	蔗糖/(g/L)
1	1/2MS	0.5	0.0	25
2	MS	1.0	0.1	35
3	1.5MS	2.0	0.2	45

表2-22　L_9（34）正交试验处理组合

处　理	因　素			
	基本培养基	BA/(mg/L)	NAA/(mg/L)	蔗糖/(g/L)
1	a（1.5MS）	a（0.5）	a（0.0）	a（25）
2	a（1.5MS）	b（1.0）	b（0.1）	b（35）
3	a（1.5MS）	c（2.0）	c（0.2）	c（45）
4	b（MS）	a（0.5）	b（0.1）	c（45）
5	b（MS）	b（1.0）	c（0.2）	a（25）
6	b（MS）	c（2.0）	a（0.0）	b（35）
7	c（1/2MS）	a（0.5）	c（0.2）	b（35）
8	c（1/2MS）	b（1.0）	a（0.0）	c（45）
9	c（1/2MS）	c（2.0）	b（0.1）	a（25）

2. 试验因素及水平选择与结果分析

（1）试验因素及水平选择　应根据研究目的选择对植物组织培养过程中的主要影响因子。例如：①外植体的类型、取材部位、取材时间及消毒方法等。②基本培养基的种类、植物生长调节剂种类及浓度配比、其他附加物种类及浓度配比、培养基pH值等。③培养温

度、光照和通气等环境条件。④固体培养或液体培养、继代培养次数等。试验处理设计应参考、借鉴前人的经验。拟对某种植物进行组织培养，首先应进行资料查寻。检索文献，查阅该种植物组织培养方面的相关报道。若未见该种植物组织培养相关报道，可扩大文献检索范围，查阅与之相近的同属或同科植物的组织培养文献资料。此外，还可以走访有关的实验室和组培工厂，获取相关的技术信息。

（2）试验数据采集与结果分析　数据采集是试验研究的重要内容。对试验中的一些可以定量的数据，要充分利用转接、出瓶等时机，直接调查、采集数据。例如：①初代培养阶段外植体的萌发率、污染率、愈伤组织诱导率、芽分化率等。②继代增殖阶段增殖系数、苗高、茎粗、苗健壮度等。③壮苗生根阶段苗高（可以培养基平面为基准，在瓶外利用三角板测量，也可取出苗直接测量）、叶片数、茎粗、生根率、根长、根数量等。④驯化移栽阶段幼苗生长量（苗高、茎粗、出叶数等）、成活率等。对愈伤组织生长状况、苗健壮度等质量性状指标统计，可划分等级或用符号描述。如先找出最好与最差的极端类型，然后根据差异划分为优、良、中、差、劣不同等级，或分别用5、4、3、2、1编码不同等级，或用大、中、小表示生长量，或者以＋＋＋、＋＋、＋、－、－－等符号描述不同差异，还可用文字将特殊情况记入备注栏。

植物组织培养试验的结果分析，若没有特殊的要求，可直接比较各处理指标统计数据大小或百分比；在处理间差异较小时，需要进行差异显著性检验，多因子试验需要进行方差分析和多重比较，具体方法请参考有关的试验统计分析书籍。

知识小结

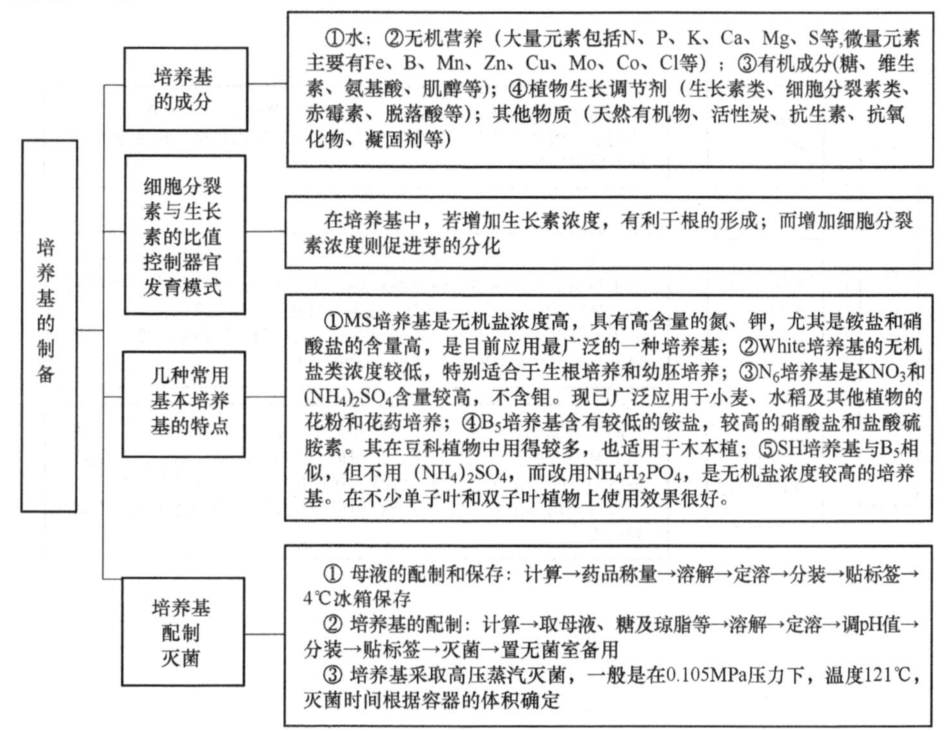

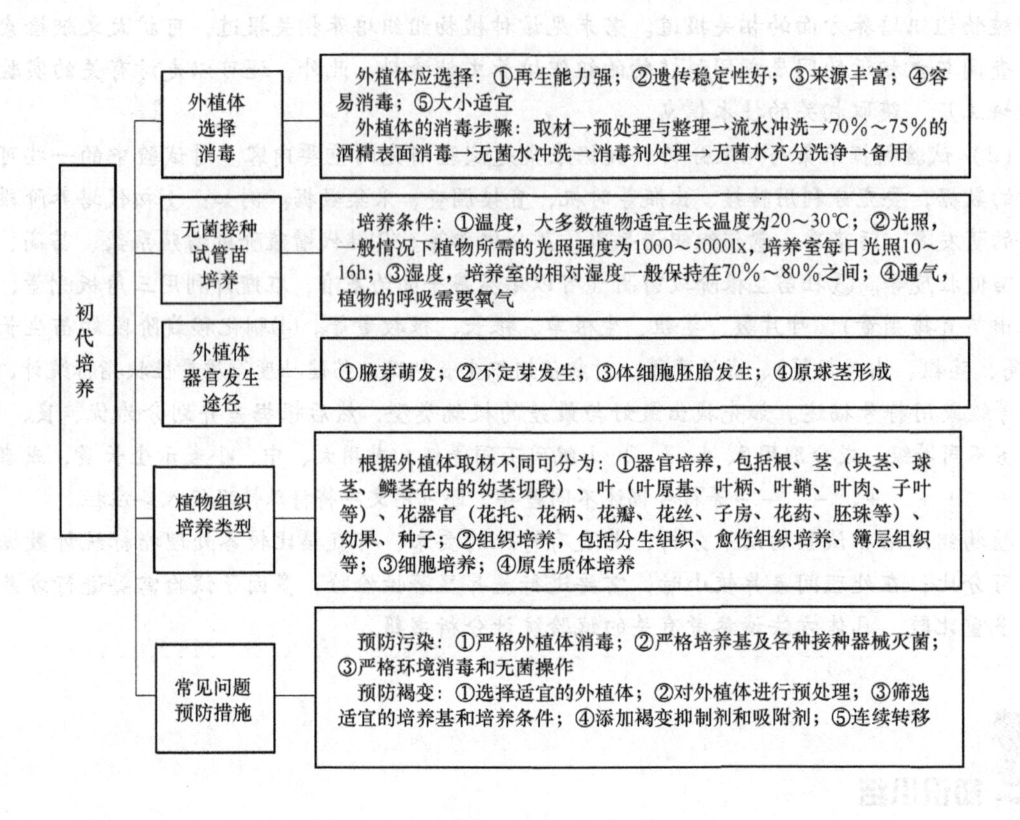
初代培养
外植体选择消毒
外植体应选择：①再生能力强；②遗传稳定性好；③来源丰富；④容易消毒；⑤大小适宜
外植体的消毒步骤：取材→预处理与整理→流水冲洗→70%～75%的酒精表面消毒→无菌水冲洗→消毒剂处理→无菌水充分洗净→备用
无菌接种试管苗培养
培养条件：①温度，大多数植物适宜生长温度为20～30℃；②光照，一般情况下植物所需的光照强度为1000～5000lx，培养室每日光照10～16h；③湿度，培养室的相对湿度一般保持在70%～80%之间；④通气，植物的呼吸需要氧气
外植体器官发生途径
①腋芽萌发；②不定芽发生；③体细胞胚胎发生；④原球茎形成
植物组织培养类型
根据外植体取材不同可分为：①器官培养，包括根、茎（块茎、球茎、鳞茎在内的幼茎切段）、叶（叶原基、叶柄、叶鞘、叶肉、子叶等）、花器官（花托、花柄、花瓣、花丝、子房、花药、胚珠等）、幼果、种子；②组织培养，包括分生组织、愈伤组织培养、薄层组织等；③细胞培养；④原生质体培养
常见问题预防措施
预防污染：①严格外植体消毒；②严格培养基及各种接种器械灭菌；③严格环境消毒和无菌操作
预防褐变：①选择适宜的外植体；②对外植体进行预处理；③筛选适宜的培养基和培养条件；④添加褐变抑制剂和吸附剂；⑤连续转移

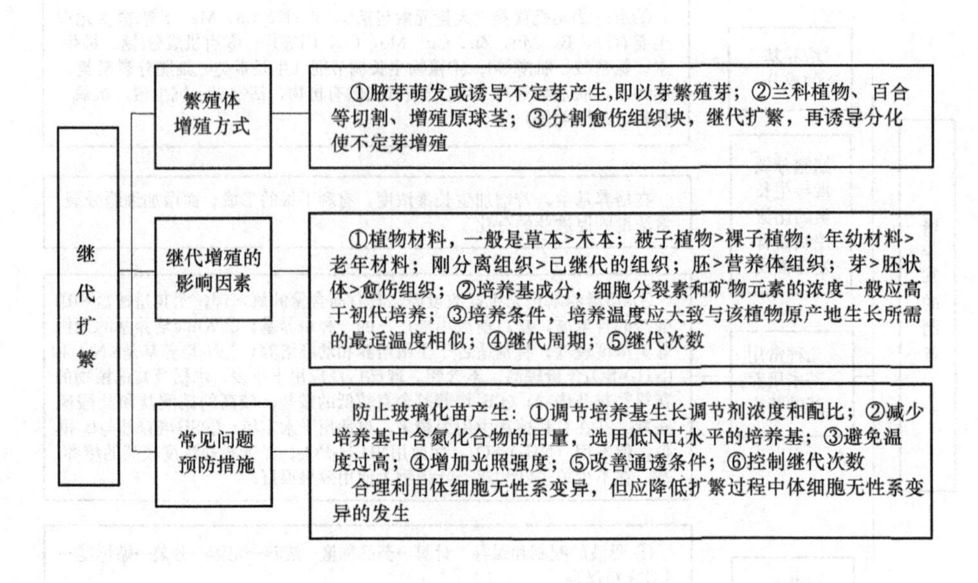
继代扩繁
繁殖体增殖方式
①腋芽萌发或诱导不定芽产生，即以芽繁殖芽；②兰科植物、百合等切割、增殖原球茎；③分割愈伤组织块，继代扩繁，再诱导分化使不定芽增殖
继代增殖的影响因素
①植物材料，一般是草本>木本；被子植物>裸子植物；年幼材料>老年材料；刚分离组织>已继代的组织；胚>营养体组织；芽>胚状体>愈伤组织；②培养基成分，细胞分裂素和矿物元素的浓度一般应高于初代培养；③培养条件，培养温度应大致与该植物原产地生长所需的最适温度相似；④继代周期；⑤继代次数
常见问题预防措施
防止玻璃化苗产生：①调节培养基生长调节剂浓度和配比；②减少培养基中含氮化合物的用量，选用低NH_4^+水平的培养基；③避免温度过高；④增加光照强度；⑤改善通透条件；⑥控制继代次数
合理利用体细胞无性系变异，但应降低扩繁过程中体细胞无性系变异的发生

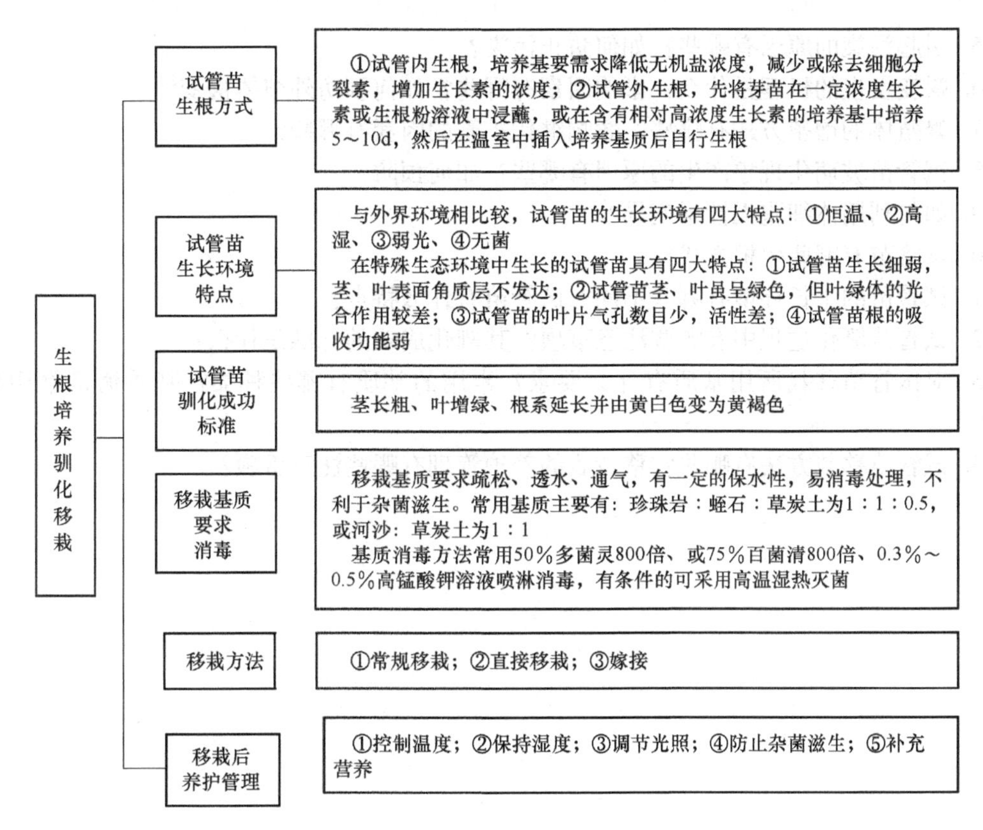

复习思考题

1. 名词解释：基本培养基、完全培养基、母液、接种、污染、褐变、玻璃化现象、驯化。

2. 培养基的主要成分有哪些？各有何作用？

3. 植物生长调节剂主要有哪几类？各有什么作用？

4. 如何解释细胞分裂素与生长素的比值控制器官发育模式？

5. 列举几种常用培养基，并谈谈各有什么特点。

6. MS 培养基母液和植物生长调节剂母液的配制过程中有哪些注意事项？

7. 固体培养基和液体培养基的成分主要有什么区别？培养基配制过程中有哪些注意事项？

8. 培养基内添加活性炭有什么作用？应注意哪些问题？

9. 培养基灭菌采用什么方法？如何操作？有哪些注意事项？

10. 外植体选择的基本原则有哪些？

11. 外植体消毒有哪些常用消毒剂？各有什么特点？并简述外植体消毒的一般过程。

12. 无菌操作过程中有哪些注意事项？

13. 外植体器官发生的途径有哪些？

14. 根据外植体取材不同，可将植物组织培养划分为哪些类型？

15. 引起污染的原因有哪些？如何防止污染？

16. 褐变发生的机理是什么？影响因素有哪些？如何预防外植体褐变？

17. 繁殖体的增殖方式有哪些？影响继代扩繁的因素有哪些？

18. 试管苗玻璃化现象产生的原因有哪些？如何预防？

19. 如何利用体细胞无性系变异？

20. 试管苗有哪些生根方式？

21. 试管苗的生长环境有哪些不同？试管苗有什么特点？

22. 试管苗驯化过程中有哪些注意事项？其驯化成功的标准是什么？

23. 对试管苗移栽所用基质有什么要求？常用的基质有哪些种类？基质消毒常用什么方法？

24. 试管苗移栽方法有哪些？移栽后的养护管理有哪些注意事项？

项目3

植物脱毒

学习目标

知识目标：

- 理解脱毒苗含义及脱毒苗培育的意义
- 理解茎尖培养脱毒、热处理脱毒和茎尖微体嫁接脱毒的原理
- 熟悉茎尖培养脱毒、热处理脱毒和茎尖微体嫁接脱毒的操作程序
- 熟悉脱毒苗鉴定的方法
- 熟悉脱毒苗快繁方法及繁育制种程序

能力目标：

- 能熟练进行热处理、微茎尖培养、花药培养等脱毒处理
- 能熟练进行指示植物法、酶联免疫吸附法鉴定脱毒效果

作物优良品种往往会由于病毒侵染而导致种性退化，表现为产量降低、品质下降，造成很大的经济损失。采取无性繁殖的植物，病毒在营养体内得以逐代积累，其危害将更加严重。研究发现，危害植物的病毒有几百种，而且目前生产上对病毒病的防治尚无特效药物。因此，国内外多采用组织培养脱毒方法来阻止病毒病的延续传播，以提高植物的产量和品质。

利用组织培养脱毒技术生产植物脱毒苗，可以消除病毒对植株的危害，恢复种性，提高产量和品质，是一种对植物病毒病预防的积极、有效措施，并且对减少环境污染、促进绿色产品生产也具有长远意义。目前，植物组织培养脱毒技术在生产实践中已得到广泛应用，并且有不少国家已将其纳入常规良种繁育体系，有的还专门建立了大规模的无病毒苗生产基地。

工作任务1 植物脱毒处理

植物脱毒处理方法有茎尖培养脱毒、热处理脱毒、茎尖微体嫁接脱毒、化学药剂处理脱毒、愈伤组织脱毒、珠心胚培养脱毒、花药培养脱毒等方法。

3.1.1 茎尖培养脱毒

茎尖培养是切取茎的先端部分进行无菌培养，根据培养目的和取材大小又可分为茎尖分生组织培养（微茎尖培养）和普通茎尖培养。普通茎尖培养主要用于优良品种的快繁，而微茎尖培养主要用于植物的脱毒。例如，百合利用微茎尖培养获得无病毒植株或脱毒种球，能有效消除潜伏的百合病毒（LSV）、黄瓜花叶病毒（CMV）等病毒病危害。微茎尖培养，即是对茎尖分生组织的培养。严格来说，茎尖分生组织仅限于植物茎尖顶端的圆锥区，其长度不超过0.1mm。现在，微茎尖培养脱毒法已经成为植物无毒种苗生产中应用最广泛的一种方法。

1. 微茎尖培养脱毒原理

据研究发现，在染病毒植株体内，其病毒分布并不均匀，越接近生长点的组织和细胞，其病毒含量越少，在生长点病毒含量最低。植物体内的病毒一般通过维管束和胞间连丝传播，但在分生组织区内无维管束，病毒扩散慢；加之分生组织区的细胞不断进行分裂增生，速度快于病毒繁殖，所以其病毒含量少，在茎尖生长点几乎检测不出病毒，因而切取微茎尖进行培养可以脱除大量病毒，如图3-1所示。在进行微茎尖培养时，切取的茎尖越小脱毒效果越好，但实际操作中茎尖太小不容易培养成活。例如，在葡萄微茎尖培养时，当切取茎尖长度为0.2~0.3mm时，存活率为21%~38%，脱毒率为91.4%~97%；当切取0.5mm以上时，存活率为75%~83%，脱毒率仅为70.6%~76.5%。因此，在植物微茎尖培养实际操作中，常常采用带有1~2个叶原基的生长锥进行培养。

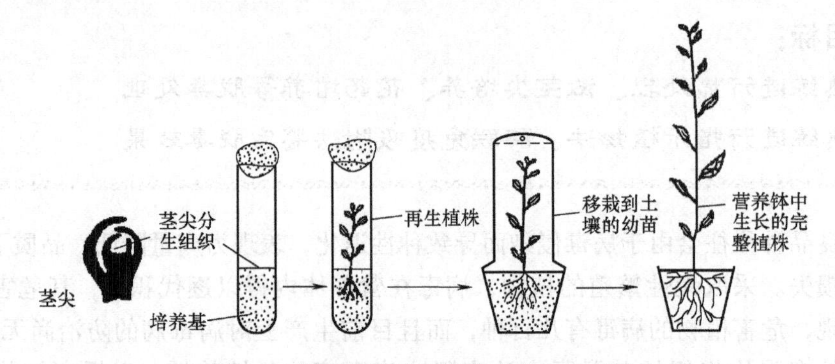

图3-1 微茎尖分生组织培养脱毒示意图

2. 微茎尖剥离方法

按照常规取材方法采取植物枝梢，约2~3cm长，去掉较大叶片，用自来水冲洗干净。在超净工作台上，对材料进行表面消毒，然后将材料置于20~40倍解剖镜下，用解剖针剥离幼叶和叶原基，切取0.1~1.0mm大小茎尖，并迅速接入培养基中。

对于多年生植物，休眠的顶芽或腋芽也可作为剥离茎尖的材料。

3. 影响微茎尖培养的因素

（1）外植体大小和生理状态　在最适培养条件下，外植体的大小决定茎尖的存活率，

外植体越大，产生再生植株的机会也就越多，而外植体越小脱毒效果越好。除了外植体的大小之外，叶原基的存在与否也影响分生组织形成植株的能力。一般认为，叶原基能向分生组织提供生长和分化所必需的生长素和细胞分裂素，所以带有1~2个叶原基的微茎尖比较容易成活。当然不同的植物材料茎尖剥取的方法和最适合脱毒的茎尖大小是有所不同的。

外植体的生理状态也是影响微茎尖培养的重要因素，茎尖分生组织最好取自活跃生长的茎芽。例如，在香石竹和菊花茎尖培养中，取自顶芽的茎尖比腋芽的培养效果更好。但这种差异在草莓茎尖分生组织培养中不明显。

（2）培养基和培养条件　一般以White、Morel和MS培养基作为基本培养基，较高浓度的钾盐和铵盐有利于茎尖的生长。植物激素的种类与浓度对茎尖生长和发育具有重要的影响作用。被子植物中，茎尖分生组织顶端不能自主合成生长素。据研究报道，生长素大概是由第2对幼叶原基合成。因此，在培养基中添加外源植物生长激素对成功培养无叶原基的茎尖分生组织外植体是必不可少的。一般在培养基中添加生长素与细胞分裂素的浓度为0.1~0.5mg/L。选择生长素时，应避免使用易促进外植体愈伤组织化的2，4-D，宜选用稳定性较好的NAA或IBA；细胞分裂素可选用KT或BA。

有研究报导，在大丽花茎尖分生组织培养中，GA_3能抑制愈伤组织形成，有利于再生苗生长和分化。但另有研究发现，GA_3对分生组织培养没有促进作用，在高浓度下甚至会产生抑制作用。

茎尖分生组织培养可采用固体培养基，操作较方便；但液体培养基效果更好。使用液体培养基时须制作一个滤纸桥，将两臂浸入试管内的培养基中，桥面悬于培养基上，外植体放在桥面上，如图3-2所示。

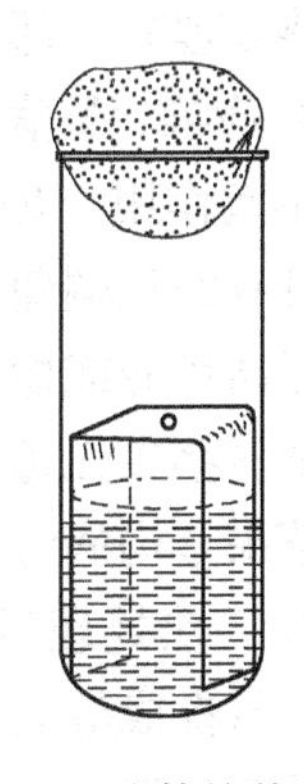

图3-2　液体培养基中培养茎尖的滤纸桥技术

通常将接种好的茎尖置于温度22℃左右，每日光照16h，2000~3000lx的条件下培养。在低温和短日照下，茎尖有可能进入休眠，所以较高的温度和充足的光照时间有利于微茎尖的培养。如马铃薯茎尖培养时，当茎尖长到1cm时，光照强度应增加到4000lx。一般微茎尖培养比较困难，需数月培养才开始萌动。

（3）褐化和玻璃化　一些植物微茎尖培养可能出现褐化、玻璃化等现象，这会严重影响其成活率。活性炭可以吸附外植体在培养过程中的有害物质，从而达到防止褐化的目的。据报道，在香蕉茎尖分生组织培养时，在培养基中加入活性炭或与VC配合使用均能改善外植体褐变情况。另据报道，采用强光10000~20000lx，在培养基中提高糖和琼脂的浓度，降低细胞分裂素的用量，对克服香石竹茎尖培养玻璃化有明显效果。

3.1.2 热处理脱毒

1889年，印度尼西亚爪哇有人发现，将患枯萎病的甘蔗（现已知为病毒病）放在50～52℃的热水中保持30min，可去除病害，生长良好，以后这个方法便得到了利用，由此发展起来的热处理脱毒法也得到广泛利用。

1. 热处理脱毒原理

蛋白质是病毒的重要组成成分，高温可以使蛋白质变性，使病毒钝化，失去活性。病毒和寄主植物细胞对高温的忍耐性是有差异的。持续高温可延缓病毒扩散速度而抑制其增长，在植物体内不能生成或生成很少，并不断被破坏，以致病毒含量不断降低，甚至消失，从而达到脱毒的目的。

2. 热处理方法

热处理方法有热水浸泡和高温空气处理两种方法。热处理的材料可以是种子、母株（已长芽的块茎），或剥离到1cm左右的小植株等。

（1）热水浸泡　将剪下的接穗和种植材料在50℃的热水中浸泡数分钟或数小时。此方法操作简便，但易使材料受损伤，若水温到55℃时大多数植物会被杀死，适用于对甘蔗、木本植物的休眠芽处理。

（2）高温空气处理　将籽球或小苗放入恒温箱中，起点温度可稍低些，逐渐升至处理温度，一般在35～40℃条件下热处理数小时、几天甚至几个月。热处理之后要再切下茎尖，嫁接到无病的砧木上。此方法对活跃生长的茎尖效果较好，能消除病毒，对寄主植物的损伤较小，目前热处理大多采用这种方法。

热处理脱毒法要求的设备条件比较简单，操作也比较容易，但并非所有病毒都对热处理敏感。热处理只对那些球状的病毒（如葡萄扇叶病毒、苹果花叶病毒）或线状的病毒（如马铃薯X病毒、Y病毒，康乃馨病毒）有效果，而对杆状病毒（如牛蒡斑驳病毒、千日红病毒）不起作用。热处理与茎尖培养相结合能够提高脱毒效果，因为热处理可使植物生长本身所具有的顶端免疫区得以扩大，可切取较大的茎尖（长约0.5～1.0mm）进行培养，从而能够提高培养或嫁接的成活率。对于单用茎尖或热处理法难以脱除的病毒，可先进行热处理，使植株茎尖无毒化，再采用茎尖组织培养法，这样可以提高脱毒成功的几率。董雅凤等在梨树苹果茎沟病毒的脱毒技术研究中发现，梨茎尖培养比较困难，且脱毒效果差，成活率仅为28%。热处理后进行茎尖培养，成活率和脱毒率比单纯茎尖培养平均增加了11.7%和54.3%。赵祝成等人用水仙0.2～0.3mm微茎尖培养、37℃热处理30d，可以有效脱除水仙病毒。香石竹置于38℃环境中60d，其茎尖中的病毒即可被消除。

在热处理茎尖的过程中，通常温度越高、时间越长、脱毒效果就越好；但温度提高植物的生存率却呈下降趋势。所以温度选择应当考虑脱毒效果和植物耐性两个方面。洪霓等在梨病毒的脱毒研究中采用两种处理，一为恒温处理，温度控制在37℃；二为变温处理，温度为32℃和38℃每隔8h变换1次，发现变温处理比恒温处理植株死亡率低，脱毒效率高。

3.1.3 茎尖微体嫁接脱毒

在茎尖培养的基础上，Murashige 等提出了微体嫁接技术（micro-grafting），即将茎尖分生组织嫁接到经无菌培养的实生苗砧木上，再在试管内培养，愈合后得到完整植株。微体嫁接解决了某些木本植物利用茎尖培养发根困难、生长缓慢的问题，并可使复合侵染的病毒分离。1983 年 Navarro 等在试管培养 10～14d 的梨新梢上，利用长为 0.5～1.0mm 带 3～4 个叶原基的茎尖进行试管微体嫁接，最后获得无毒苗。利用这种方法以后相继在桃、柑橘、苹果等果树上也获得了无毒苗。日本用柑橘茎尖微体嫁接繁殖无病毒柑橘营养系，美国用此方法使苹果无病毒苗工厂化生产。另据报道，大丽花茎尖培养出来的新茎不生根，把脱毒的茎尖嫁接到健康的砧木上能得到完整的无病毒植株。

1. 砧木与接穗准备

用作微嫁接的砧木可以是试管内播种萌发成的无菌幼苗，也可直接选用试管苗。用镊子小心地将试管苗取出，在距子叶上方 1cm 处或距根部 2cm 的地方剪去其上部，用解剖刀去掉多余叶片及腋芽，切去过长的根。用作微嫁接的接穗可以取试管苗的枝芽，或是直接采田间或温室中旺盛生长的幼嫩枝条，经 0.1% 的氯化汞表面消毒后剥取茎尖作接穗。

2. 微嫁接方法

（1）腹接　将接穗用解剖刀削成楔形，并去掉切口表面上的表皮，削好后放在铺有无菌湿润吸水纸的培养皿中保存。在砧木上斜切一个长约 0.5cm 的切口，将接穗插入切口并用无菌铝箔固定，然后插入滤纸桥培养基中培养。

（2）劈接　在去头的砧木上纵切一个长约 1cm 的切口，将接穗用解剖刀削成楔形，削面长约 1cm，将接穗插入砧木的切口中，固定嫁接口，并插入滤纸桥培养基中培养。

（3）倒“T”形点接　在去头的砧木顶端切一个倒“T”形切口，将只含顶端分生组织和 2～3 个叶原基的微茎尖（0.2～0.4mm）插入切口中，使微茎尖的底部切口与砧木的水平切口上的皮层或形成层相接触。接好的植株转入盛有嫁接培养基的试管中，管内放置中央有孔的滤纸桥，接苗根部穿过小孔，以固定嫁接苗。

（4）微嫁接器嫁接法　由于上述方法嫁接成活率低，不易操作，费工且不实用，1991 年，Ahmed 等发明了一种微嫁接器，简化了微嫁接过程，并大大提高了嫁接苗成活率。微嫁接器由两层构成，外面是一层柔韧易弯曲的铝箔，里面是一层吸水纸。铝箔与吸水纸用一薄层乳胶粘合在一起，并裁成 1.3cm × 3.9cm 的长方形小块，在长方形的一边剪去一个 1.0cm × 1.3cm 的长方形，这样就形成了微嫁接器的一个臂。在相对的一边剪一个长约 1.3cm 的水平剪口，这样就形成了另一个臂。将剪好的铝箔卷成筒状就做成了带有两个臂的微嫁接器。为了促使愈伤组织的形成，里面的吸水纸可以用植物激素或其他化合物处理。嫁接时，将砧木的顶部插入微嫁接器的一端，使其顶部切口到达微嫁接器圆筒的中间位置，把微嫁接器下面的一个臂缠绕在砧木上。再把接穗从微嫁接器的上面插入，使其下部切口正好与砧木的上部切口相接，然后把微嫁接器上面的臂缠绕在接穗上，这样砧木与接穗便在微嫁接器的圆筒内被固定在一起。嫁接后再插入培养基中培养。

3. 影响微茎尖嫁接成活的主要因素

据试验研究报道，在柑橘的微嫁接过程中发现，培养基中蔗糖浓度对微嫁接的成活起非常关键的作用。培养基中的蔗糖浓度为 7.5% 时，微嫁接成活率最高为 90%；而蔗糖浓度为

2.5%时，成活率仅为55%。并且，蔗糖浓度为7.5%的微嫁接植株生长状况，如总叶片数、叶片大小、总的叶片生长量以及新发根植株的比例都明显大于生长在2.5%的蔗糖培养基上的微嫁接成活株。

植物生长调节剂和抗氧化剂可减轻氧化作用，促进接穗与砧木切口表面愈伤组织的形成。据报道，NAA、GA_3、6-BA等植物生长调节剂可促进苹果、樱桃、柑橘等嫁接植株愈伤组织的形成，提高成活率；嫁接前在切口处加1~2滴KT（激动素）或ZT（玉米素）能显著提高嫁接成活率；将嫁接苗插入含抗氧化剂二乙基硫代甲酸钠（DIECA）的培养基中，使其接口部位与培养基接触，可提高许多果树的微嫁接成活率。

据报道，砧木上的叶子有助于微嫁接植株的生长，而接穗上的叶子对微嫁接的成活必不可少。砧木带子叶嫁接成活率也高于不带子叶嫁接。

柑橘的苗龄对微嫁接的成活起非常关键的作用，2周苗龄砧木的嫁接成活率最高，较大与较小苗龄的嫁接成活率均较低；据研究报道，用作接穗的试管苗在培养基上的培养时间不能少于7周，否则在微嫁接1周后便会死亡。柑橘砧木苗龄以15d左右最为适宜，微嫁接成活率可达45%左右，均优于砧木苗龄12d和20d。砧木苗龄较老时，用作接穗的茎尖易变干、变褐以致死亡；砧木苗龄较小时，用作接穗的微茎尖易被砧木产生的愈伤组织埋没。因此，在选取用作砧木或接穗的试管苗时，一定要注意其培养时间，选用处于最佳状态的试管苗作砧木或接穗。

据试验研究报道，对葡萄微嫁接时，在1/2MS培养基中直立培养的微嫁接苗成活率比平直培养的高出38%。平直培养的微嫁接苗中大多数是砧木和接穗同时生根，接口处砧木张开；有的嫁接苗也形成愈伤组织，但愈伤组织越长越多，并各自生根，结合不紧密，成活率降低。其原因可能是形成的愈伤组织直接与培养基接触而致。

3.1.4 化学药剂处理及愈伤组织、珠心胚培养、花药培养脱毒

1. 化学药剂处理脱毒

近年来的研究表明，在带病毒植株茎尖培养和原生质体培养时，在培养基内加入抗病毒药剂，能抑制病毒复制，从而达到除去病毒的目的。常用的抗病毒药剂有三氮唑核苷（病毒唑）、5-二氢尿嘧啶、环乙酰胺、放线菌素D、碱性孔雀绿等。其中病毒唑是广谱性抗病毒药物，早在20世纪70年代末和80年代初，国外一些科学家就将这种抗动物病毒的药物应用于植物，成功地脱去了马铃薯X病毒、黄瓜花叶病毒和苜蓿花叶病毒等。据报道，在培养基中加入病毒唑，脱除了两种苹果潜隐病毒。抗病毒药剂常通过直接注射到带病毒的植株上，或加到植株生长的培养基中。经过抗病毒药剂处理的嫩茎，切取茎尖，再进行组织培养，就会提高脱毒率和成活率。采用病毒抑制剂与茎尖培养相结合的脱毒方法，可以较容易的脱除多种病毒，而且用这种方法切取茎尖可大于1mm，易于分化出苗，提高存活率。

据报道，三氮唑核苷对黄瓜花叶病毒、马铃薯X病毒、烟草花叶病毒等多种病毒的增殖有抑制作用，用添加三氮唑核苷的培养基培养带毒植株一段时间（2~3个月）后，取萌发的顶芽移植到不含三氮唑核苷的培养基中继代培养，可增加产生无病毒后代植株的百分率。在MS培养基上，附加5mg/L病毒唑培养唐菖蒲，再经38~40℃热处理，切取微茎尖2次，去除了危害唐菖蒲的3种主要病毒TMV（烟草花叶病毒）、CMV（黄瓜花叶病毒）和

TVY（马铃薯 Y 病毒）。

对于抗病毒药剂的应用效果，因病毒种类不同而有差异。目前，抗病毒药剂处理方法也不可能脱除所有病毒，且若使用不当，药害现象比较严重，因此在生产中应慎用。

2. 愈伤组织培养脱毒

愈伤组织脱毒的方法是通过植物器官或组织的培养来诱导产生愈伤组织，然后从愈伤组织再分化出芽长成植株而获得无毒苗的方法。愈伤组织脱毒的原理是由于细胞的增殖速度比病毒的复制速度快，或者是某些细胞通过突变获得了对病毒的抗性，使得受病毒侵染的愈伤组织中的某些细胞不带病毒。据报道，用唐菖蒲花蕾进行离体培养，可脱除烟草花叶病毒，脱毒率为60%。另据报道，以感染单一病毒（TAV）的菊花茎尖作为外植体进行组织培养，经愈伤组织分化而得到脱除病毒的植株。利用愈伤组织脱毒方法已先后在马铃薯、天竺葵、大蒜、草莓、枸杞等多种植物上获得成功。

愈伤组织培养脱毒方法也存在一些缺陷，如再分化植株的遗传性状不稳定，变异率高；并且一些植物的愈伤组织再分化困难，尚不能产生再生植株等。

3. 珠心胚培养脱毒

珠心胚培养脱毒也称为珠心组织培养脱毒，最早应用于柑橘类植物脱毒。柑橘类植物中温州蜜柑、甜橙、柠檬等80%以上的种类都具有多胚现象，即种子中除含有受精卵发育形成的合子胚之外，还含有由多个珠心组织细胞发育形成的无性胚，称为珠心胚。病毒是通过维管组织移动传播的，而珠心组织与维管组织没有直接联系，一般不带或很少带毒，故可以通过珠心组织（珠心胚）培养获得无病毒植株。1976 年，Millins 通过珠心组织培养获得柑橘、葡萄的无病毒植株。

珠心胚大多不育，必须经分离培养才能发育成正常的幼苗，而且常常会发生 20% ~ 30% 的变异，童期长，要 6 ~ 8 年才能结果，所以可将珠心胚培养获得的脱毒植株嫁接到 3 年生砧木上，以促使其提早结果。

4. 花药培养脱毒

1974 年，日本大泽胜次等首先发现草莓花药培养出的植株可以脱除病毒，并得到了植物病理学家和植物生理学家的证实。此外，还有采用花药培养（Niimi，2001）、花芽组培（Zhola，1992）获得无毒百合植株的报道。

工作任务2　脱毒苗鉴定与保存

经过脱毒处理后的植株是否还存在病毒，必须经过严格的检测才能确定。由于培养物中许多病毒具有延迟复苏特性，常在最初的1~2次病毒检测中呈阴性，因此在前18个月需对植株进行多次检验。脱毒植株还可能重新感染，在繁殖过程中应注意隔离，并进行重复检验。

3.2.1　脱毒苗鉴定

病毒检测有性状观察鉴定法、指示植物鉴定法、抗血清鉴定法、电子显微镜鉴定法和分子生物学鉴定法等多种方法。

1. 性状观察鉴定法

性状观察鉴定法是指直接观察待测植株生长状态是否异常，茎叶上有无特定病毒引起的可见症状，从而可判断病毒是否存在。脱毒苗叶色浓绿，均匀一致，长势好；而带毒株长势弱，叶片常出现褪绿条斑、卷叶、花叶、明脉坏死、植株矮缩等。表现出病毒病症状的植株可初步定为病株。根据症状诊断时要注意区分病毒病症状与植物的生理性障碍、机械损伤、虫害及药害等表现。如果难以分辨，需结合其他诊断及鉴定方法，进行综合分析、判断。

2. 指示植物鉴定法

指示植物鉴定法是指利用病毒在其他植物上产生的枯斑作为鉴别病毒种类的标准，也即为枯斑和空斑测定法。这种对病毒敏感并能产生专一性枯斑症状的植物即为指示植物，又称为鉴别寄主。由于病毒的寄主范围不同，所以应根据不同的病毒选择适合的指示植物。此外要求所选指示植物一年四季都容易栽培，且在较长的时期内保持对病毒的敏感性，容易接种，并在较广的范围内具有同样的反应。一些常用的指示植物及感病症状表现见表3-1、表3-2。

表3-1　几种马铃薯病毒的指示植物及症状表现

病毒种类	指示植物	症　状
马铃薯X病毒（PVX）	千日红、曼陀罗、心叶烟	脉间花叶
马铃薯S病毒（PVS）	苋色藜、千日红、昆诺阿藜	叶脉深陷、粗缩
马铃薯Y病毒（PVY）	野生马铃薯、洋酸菜	轻微花叶、粗缩或坏死
马铃薯卷叶病毒（PLRV）	洋酸菜	叶淡黄色或呈紫色、红色

表3-2　一些常用指示植物及检测的病毒

植物病毒种类	主要指示植物
草莓斑驳病毒（SMoV）	UC-4、UC-5、Alpine
马铃薯S病毒（PVS）	UC-10、UC-4、UC-5
马铃薯Y病毒（PVY）	UC-4、UC-5、UC-10、Alpine
马铃薯卷叶病毒（PLRV）	UC-4、UC-5、UC-10、Alpine
柑橘裂皮病毒（CEV）	Etro香橼
柑橘碎叶病毒（TLV）	Rusk酸枳
柑橘衰退病毒（CTV）	墨西哥来檬

（续）

植物病毒种类	主要指示植物
苹果茎沟槽病毒（SGV） 苹果茎痘病毒（SPV） 苹果褪绿叶斑病毒（CLSV）	弗吉尼亚小苹果 弗吉尼亚小苹果、君柚 俄国苹果、大果海棠、杂种温隙
葡萄扇叶病毒（GFV） 葡萄卷叶病毒（GLRV） 葡萄栓皮病毒（GCBV） 葡萄茎痘病毒（GSPV）	Rupestris. St. George 黑比诺、赤霞朱、品丽珠等 LN_{33} LN_{33}、Rupestris. St. George

指示植物鉴定方法有汁液涂抹法和嫁接法。

（1）汁液涂抹法　用于检测以汁液传染的病毒，其操作流程，如图3-3所示，具体操作方法见实训3-3。

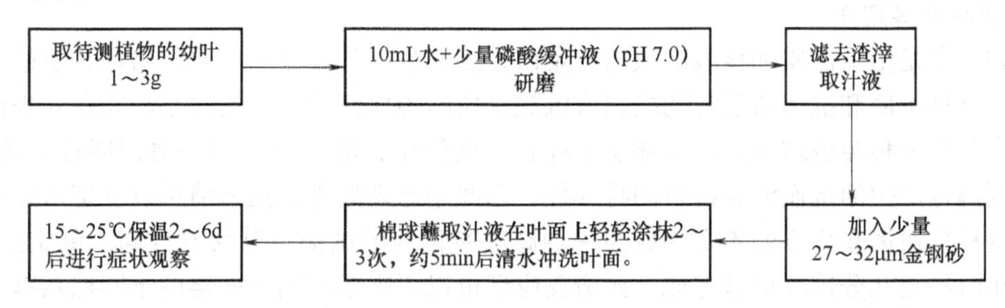

图3-3　汁液涂抹法操作流程图

（2）嫁接法　将被鉴定植物的芽或幼叶嫁接在指示植物上，4～6周后根据指示植物的症状表现来判断是否脱去病毒。此法用于非汁液传播病毒的鉴定，如草莓黄化病毒、丛枝病毒等。一般木本植物和一些无性繁殖的草本植物的脱毒鉴定采用此法。常用嫁接方法有以下3种：①小叶或嫩枝嫁接，即在指示植物上直接嫁接待检植物的小叶或芽片，如图3-4所示，具体操作方法详见实训3-3。②双芽切接法，在休眠期剪取指示植物和待检植物的接穗，萌芽前将两个芽同时切接在实生砧木上，指示植物的接穗在待检植物接穗上方，如图3-5所示。③双重芽嫁接法，先将指示植物的芽接到实生砧木上，接口离地面约10cm，再将待检植物的芽接在指示植物芽的下方2～3cm处。接芽成活后剪去指示植物上部砧干，如图3-6所示。一般夏秋嫁接，次年春季可观察结果。

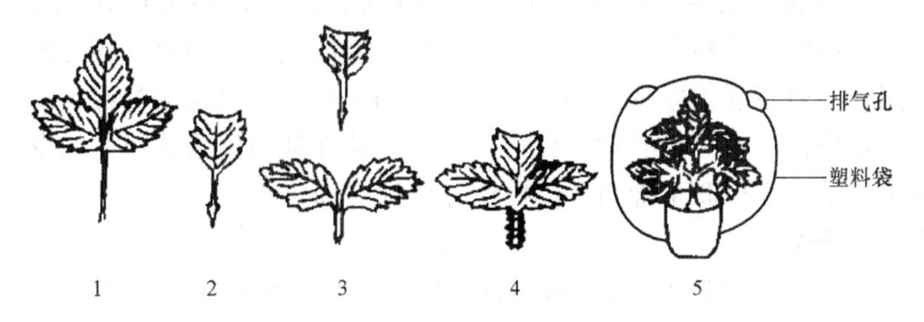

图3-4　草莓小叶嫁接法示意图

1—待检苗复叶　2—待检接穗　3—指示植物　4—嫁接

5—套袋保湿，促进接穗成活

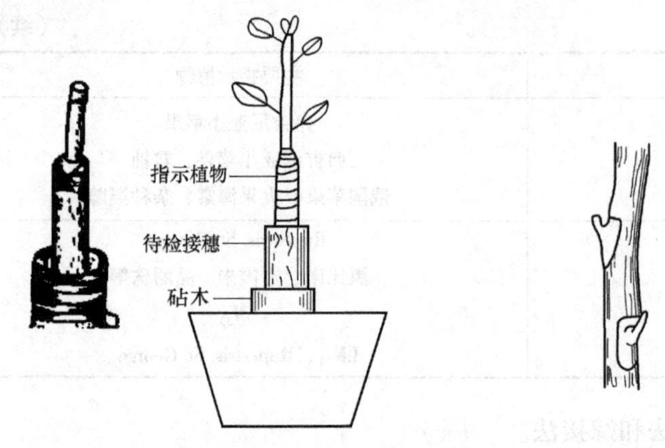

图 3-5 双芽切接法示意图

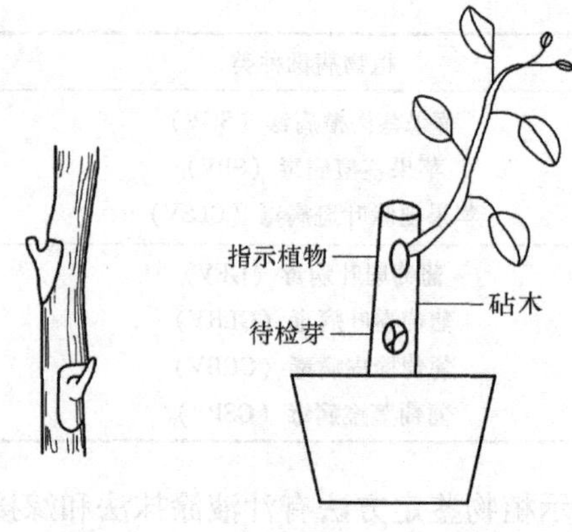

图 3-6 双重芽嫁接法示意图

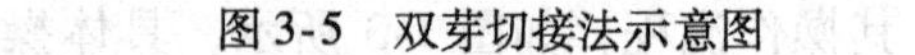

3. 血清学鉴定法

植物病毒是由蛋白质和核酸组成的核蛋白，因而是一种较好的抗原，给动物注射后会产生抗体，这种抗原和抗体所引起的凝集或沉淀反应称为血清反应。抗体是动物在外来抗原的刺激下产生的一种免疫球蛋白，抗体主要存在于血清中，故含有抗体的血清即称为抗血清。由于不同病毒产生的抗血清有各自的特异性，因此用已知病毒的抗血清可以鉴定未知病毒的种类。这种抗血清在病毒的鉴定中成为一种高度专化性的试剂，其特异性高，测定速度快，一般几小时甚至几分钟就可以完成。血清反应还可以用来鉴定同一病毒的不同株系以及测定病毒浓度含量。所以，抗血清法是植物病毒鉴定中最有用的方法之一。

血清鉴定方法检测时，利用抗原和抗体的体外结合产生特异性沉淀（试管深沉、微量沉淀、凝胶扩散），应用荧光素、酶标记（荧光抗体、酶联免疫吸附）或在电子显微镜下直接观察抗原和抗体结合等方法来提高反应的灵敏度。血清鉴定方法关键技术在于取得高效价抗血清、高效率试验体系和高精密度的结果判定仪器。抗血清的制备专化性要求高，但目前有商业产品（或试剂盒），使血清鉴定易于操作。利用植物病毒衣壳蛋白的抗原特异性，可以制备病毒特异性的抗血清。先用纯化的植物病毒注射小动物（兔子、小白鼠、鸡等），一定时间后取血，获得抗血清。

酶联免疫吸附法（ELISA）是近年来最常用于植物病毒检测的一种血清鉴定方法。该方法利用了酶的放大作用，使免疫检测的灵敏度大大提高。与其他检测方法相比较，其优点是：①灵敏度高。检测浓度可达 1～10ng/mL；检测速度快，结果可在几个小时内得到。②专化性强、重复性好。③检测对象广。可用于粗汁液或提纯液检测，对完整的和降解的病毒粒体都可检测，一般不受抗原形态的影响。④适用于处理大批量的样品，所用基本仪器简单，所需试剂价格较低，且可较长时期保存。ELISA 具有自动化及试剂盒的发展潜力，是最好的病毒检测手段之一。ELISA 检测具体操作方法见实训 3-4。

4. 电子显微镜鉴定法

人的眼睛不能直接观察到小于 0.1mm 的微粒，借助于普通光学显微镜也只能看到小至 200nm 的微粒，通过电子显微镜分辨能力可达 0.5nm。因此，利用电子显微镜直接观察，比生物学鉴定更直观，可见病毒颗粒的大小、形状和结构，而且速度更快，这是目前较为先进的方法，但需一定的设备和技术。目前，利用电子显微镜鉴定有以下 3 种技术：

(1) 超薄切片技术　由于电子的穿透力很低，样品切片必须很薄，10～100nm。通常做法是将包埋好的组织块用玻璃刀或金刚刀切成20nm厚的薄片，置于铜载网上，在电子显微镜下观察。

(2) 负染色技术　负染色是指通过重金属盐在样品四周的堆积而加强样品外围的电子密度，使样品显示负的反差，衬托出样品的形态和大小。与超薄切片（正染色）技术相比，负染色不仅快速简易，且分辨率高。

(3) 免疫电镜技术　免疫电镜技术是将血清免疫检测与电镜技术结合，在电镜下可以区别出形态相似的不同病毒，配合免疫胶体金标记还可进行细胞内抗原的定位研究。这一方法的优点是灵敏度高，能够在植物粗提取液中定量检测病毒。

5. 分子生物学鉴定法

血清学方法检测病毒的基础是利用病毒外壳蛋白的抗原性，检测的目标是蛋白。但是，核酸才是有侵染性的，仅检测到蛋白并不能肯定病毒有无生物活性，如豆类、玉米种子中的病毒大多失去侵染活性，但保持血清学阳性反应。据研究发现，有些果树病毒在某些情况下缺乏外壳蛋白，而类病毒则没有外壳蛋白，而且目前多数果树病毒未能制备出特异抗血清。所以，血清学方法无法检测某些病毒或株系，也不能检测类病毒。分子生物学鉴定是进行核酸检测，是鉴定植物病毒的更可靠方法。与血清学方法比较，分子生物学鉴定灵敏度更高，特异性强，检测速度更快，操作也比较简便，可用于大批量样品的检测。另外，该法适应范围广，其应用对象既可是DNA病毒和RNA病毒，也可以是类病毒。目前，在病毒检测与鉴定方面应用的分子生物学鉴定主要有核酸分子杂交技术和聚合酶链式反应技术。

(1) 核酸分子杂交技术　RNA与互补的DNA之间存在着碱基互补关系，在一定条件下，RNA-DNA形成异质双链的过程称为杂交。其中预先分离纯化或合成的已知核酸序列片段制作杂交探针，由于大多数植物病毒的核酸是RNA，其探针为互补的DNA（complementary DNA），也称为cDNA探针。核酸检测不仅可以检测到目标病毒的核酸，而且还可以检测出相近病毒（或核酸）间的同源程度。该技术在马铃薯纺锤块茎类病毒（PSTVd）、柑橘裂皮类病毒（CEVd）等检测中有广泛的应用。

(2) 聚合酶链式反应（PCR）技术　PCR技术是一种选择性体外扩增DNA或RNA的方法，在正常反应条件下，经25～30个反应循环可使目的DNA或RNA扩增倍数达百万。PCR技术是由美国科学家Mullis等人在1985年发明的，目前在检测标本中的核酸序列、由少量RNA生成cDNA文库、生成大量DNA或RNA以进行序列测定、突变的分析等方面已经得到广泛的应用。PCR技术的特异性极强，研究表明其产物的碱基错配率一般只有2×10^{-4}。国内外学者相继采用PCR技术检测了苹果褪绿叶斑病毒、苹果茎痘病毒、苹果茎沟病毒、苹果花叶病毒、李属坏死环斑病毒、李矮缩病毒，葡萄卷叶病毒等。

3.2.2　脱毒苗保存与繁育

1. 脱毒苗保存

脱毒苗并非具有额外的抗病性，可被病毒重复感染。所以，一旦培育得到脱毒苗，就应很好地隔离与保存。植物病毒的传播媒介主要是昆虫和土壤，如蚜虫、叶蝉或土壤线虫。在生产上，脱毒苗原原种和原种的生产应在防虫网室或温室中进行，一般用300目尼龙网覆盖或作窗纱，栽培用的土壤也应进行消毒，并及时喷施农药防治虫害，以保证脱毒苗在与病毒严密隔离的条件下栽培。大规模繁育生产用种时，可在田间隔离区内进行。海岛或高岭山地的气候凉爽、虫害少，有利于植物生长，可利用其进行脱毒苗的繁殖保存。将脱毒苗的器官或幼小植株进行离体培养，并置于低温、低光照下或用液氮进行冷冻保存，可更长时期保存植物无病毒原种。

2. 无病毒苗繁殖和应用

脱毒苗的扩繁主要是利用无性繁殖方法，主要有以下几种：

（1）嫁接繁殖　从通过鉴定的无病毒母本植株上采集穗条嫁接到实生砧木上。

（2）扦插繁殖　硬枝扦插应于冬季从无病毒母本植株上剪取芽体饱满的成熟休眠枝，经沙藏后，于次年春季切段扦插。

（3）压条繁殖　将无病毒母株上的1～2年生枝条水平压条，土壤踩实压紧，保持湿润，压条上的芽眼萌动长出新梢，不断培土，至新梢基部生根。

（4）匍匐茎繁殖　草莓、甘薯等植物的茎匍匐生长，匍匐茎上的芽易萌动生根长成小苗，繁殖速度快。

（5）微型鳞茎（或微型小薯、原球茎）培育　将脱毒苗按茎节切段，接种到筛选好的生根或微型鳞茎（或微型小薯、原球茎）培养基上，也可将无根苗蘸上生根剂（通常用NAA或IBA等与滑石粉混合），然后扦插到育苗箱砂土中，保持湿度，1～2月后即可长出微型薯块，即可用作原原种薯。大蒜快繁簇生芽整丛移栽效果更好。

生产上利用脱毒苗繁育良种，即制种过程可分为脱毒苗培育、原原种生产、原种生产、良种生产等四个阶段，如图3-7所示。

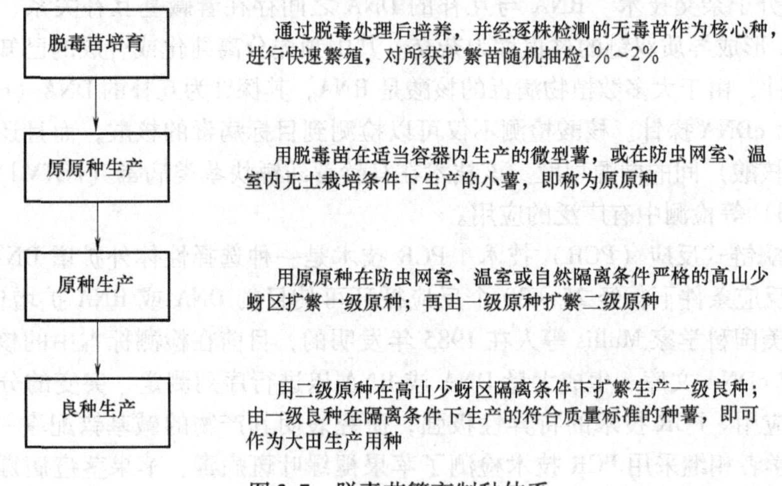

图3-7　脱毒苗繁育制种体系

实训3-1　香石竹热处理与茎尖培养脱毒

● 实训目的

1. 掌握微茎尖的剥离方法。
2. 掌握热处理脱毒方法。

● **实训要求**

1. 切取茎尖准确、大小适宜。

2. 热处理控制温度和处理时间适当。

● **实训准备**

1. 材料与试剂

香石竹盆栽苗（定植后1~2个月）或组培苗（15d苗龄）。

75%酒精、脱脂棉、95%酒精、0.1%氯化汞、2.5%次氯酸钙或次氯酸钠溶液、吐温-20、MS母液、激素母液、蔗糖、琼脂、蒸馏水、0.1mol/L的NaOH、0.1mol/L的HCl等。

2. 培养基

（1）茎尖诱导及增殖培养基：MS+6-BA1.0mg/L+KT1.0mg/L+NAA0.5mg/L或MS+6-BA0.5~1.0mg/L+NAA0.2mg/L。

（2）诱导生根培养基：1/2MS+IBA0.2mg/L（或NAA0.2mg/L）+蔗糖20~30mg/L。

3. 仪器与用具

人工气候箱或恒温箱、超净工作台、解剖镜（8~40倍）、镊子、解剖刀、解剖针、平底试管、酒精灯、培养皿、滤纸、磁力搅拌器、烧杯、标签纸、记号笔等。

接种器械使用前均进行灭菌处理。

● **方法及步骤**

1. 热处理

将盆栽植株或试管苗置于人工气候箱或恒温箱内，在36~38℃下处理2周，或每天在36℃、16h和30℃、8h处理30d，箱内湿度为60%~70%，光照时间为16h/d，光照强度为3000lx。

小贴士

香石竹热处理时最好带有成熟的老叶，以增加对高温的抵抗能力；为了防止花盆中水分蒸发，可将花盆用塑料膜包上，以增加空气湿度。

2. 取材与消毒

选取无病虫害、生长健壮的植株，取叶腋间生出的侧芽，自来水冲洗30min。在超净工作台上，用75%酒精消毒30s，再用2.5%次氯酸钙或次氯酸钠溶液浸泡消毒15min，用无菌水漂洗4~5次，无菌滤纸吸去多余水分备用。试管苗不需经过表面消毒。

3. 茎尖剥离

在解剖镜下层层剥离叶片使芽体暴露，用解剖针剥掉幼叶，直至只剩下2个最幼小的叶原基，用解剖刀切下茎尖（约0.3~0.6mm）放入培养基。

4. 培养

培养条件为23~25℃，光照时间16h/d，光照强度2000lx。2~3周进行1次转接，5~7周后可获得小植株，约2个月后长成2~3cm高、基部带小芽的丛生芽，即可进行生根培养。

注意事项

● 严格按照热处理方案操作，保证处理温度和处理时间。

● 为了防止茎尖失水，可在衬有无菌湿滤纸的培养皿内剥离茎尖，而且从剥离到接种的间隔时间越短越好。

● 茎尖剥离及接种过程应严格无菌操作，避免污染。

● 接种时最好使茎尖向上，不能埋入培养基内。

● 适当扩繁茎尖产生的试管苗，并对每个茎尖形成的无性系准确编号，以备病毒检测后能准确淘汰带毒无性系，保留无毒无性系。

5. 观察记载及结果统计

注意检查培养瓶，发生污染要及时清除。定期观察接种材料的生长情况，并做好记录。

● 实训指导建议

实训时间最好安排在香石竹生长季节，以便所取材料容易诱导成芽。由于在解剖镜下剥离茎尖难度较大，材料准备应适当多一些，让学生反复多次剥离训练，以提高操作准确性及熟练程度。

● 实训考核

考核重点为热处理过程中温度和光照控制正确性，茎尖剥离过程中操作规范性、准确性和熟练程度。考核方案见表3-3。

表3-3 香石竹茎尖培养脱毒实训考核方案

<table>
<tr><th rowspan="2">考核项目</th><th colspan="2">考核内容及标准</th><th rowspan="2">分值</th></tr>
<tr><th>技能单元</th><th>考核标准</th></tr>
<tr><td rowspan="6">现场操作</td><td>实训准备</td><td>培养基配制及灭菌、接种室及超净工作台消毒、药品及器械等准备齐全</td><td>10分</td></tr>
<tr><td>热处理</td><td>人工气候箱或恒温箱内温度、光照设置正确；材料摆放合理</td><td>10分</td></tr>
<tr><td>外植体取材及消毒</td><td>取材适当，消毒流程正确，每步操作到位</td><td>10分</td></tr>
<tr><td>茎尖剥离及接种</td><td>切取茎尖准确、大小适宜；接种迅速，无菌操作规范、熟练</td><td>20分</td></tr>
<tr><td>文明、安全操作</td><td>操作文明、安全，器皿和用具摆放有序，场地整洁</td><td>5分</td></tr>
<tr><td>团队协作</td><td>小组成员分工明确、相互协作、积极思考、认真讨论</td><td>5分</td></tr>
<tr><td rowspan="3">结果检查</td><td>产品质量</td><td>材料接种分布合理，方向正确，深浅适宜，无干枯现象；10d后统计污染率低于10%</td><td>20分</td></tr>
<tr><td>观察记载</td><td>定期观察，记载详细、准确</td><td>10分</td></tr>
<tr><td>实训报告</td><td>实训报告撰写内容清楚、数据详实、字迹工整</td><td>10分</td></tr>
</table>

实训3-2 草莓花药培养脱毒

● **实训目的**

掌握花药培养及花药培养脱毒方法。

● **实训要求**

花药取材恰当，接种操作正确，培养基选择适宜。

● **实训准备**

1. 材料与试剂

带花蕾的草莓植株。

75%酒精、95%酒精、0.1%氯化汞、2.5%次氯酸钙或次氯酸钠溶液、吐温-40、无菌水、醋酸洋红、MS母液、激素母液、蔗糖、琼脂、蒸馏水、0.1mol/L的NaOH、0.1mol/L的HCl等。

2. 培养基

（1）诱导愈伤组织和植株分化培养基：MS+6-BA0.5~1.0mg/L+NAA（或IBA）0.2mg/L+蔗糖30mg/L，或MS+6-BA2.0mg/L+KT2.0mg/L+IBA4.0mg/L+蔗糖30mg/L。

（2）小植株增殖培养基：MS+6-BA1.0mg/L+IBA0.05mg/L+蔗糖30mg/L，或MS+$GA_3$1.0mg/L+6-BA1.0mg/L+IBA0.2mg/L+蔗糖30mg/L。

（3）诱导生根培养基：1/2MS+IBA0.2mg/L+蔗糖20~30mg/L+活性炭3.0mg/L。

3. 仪器与用具

超净工作台、解剖镜（8~40倍）、镊子、解剖刀、解剖针、平底试管、酒精灯、培养皿、滤纸、磁力搅拌器、烧杯（500mL、100mL）、量筒（100mL）、容量瓶（500mL、1000mL）、移液管、标签纸、记号笔等。

所有仪器与用具均消毒或灭菌。

● **方法及步骤**

1. 取材与消毒

取花药发育期处在单核靠边期、尚未开放的小花蕾。检查花粉发育时期的方法：从田间采集花蕾数个，从每个花蕾取花药1~2枚置载玻片上，加醋酸洋红1~2滴，用镊子压碎花药，剔除碎片，加上盖玻片，于显微镜下检查。处于单核期的花粉尚未积累淀粉，被碘染成黄色，并且多数花粉细胞只有一个核，被挤向一侧，即为单核靠边期。外观上处于单核靠边期的草莓花蕾未开放，花萼略长于花冠或花冠刚露出，花冠白色或淡绿色且不松动，花药微黄而充实。

材料先用自来水冲洗数分钟，置于4~5℃低温条件下放置24h，然后进行表面消毒。在超净工作台上，先用70%酒精浸泡30s，再用0.1%~0.2%氯化汞或6%~8%次氯酸钠溶液浸泡5~10min，然后倒出消毒液，再用无菌水冲洗3~4次，沥干备用。

草莓花药接种培养20d后，即可诱导出小米粒状乳白色大小不等的愈伤组织。有的愈伤组织不经转移，在接种后50~60d可有一部分直接分化出小植株，但不同品种花药愈伤组织诱导率不同，直接分化植株的情况也有差异。附加0.1~0.2mg/L 2，4-D对有些品种的诱

导率和分化率有提高的效果。

草莓瓶外生根效果较好，移栽成活率高，在生产中已成功应用，降低了无毒苗的生产成本，而且缩短培养时间。

2. 接种与培养

在超净工作台上，用镊子小心剥开花冠，取下所有花药（不带花丝），接种到装有培养基的培养瓶中。

培养温度20～25℃，光照强度1000～2000lx，每天光照10h。

3. 观察记载及结果统计

注意检查培养瓶，发生污染要及时清除。定期观察接种材料的生长情况，并做好记录，并认真统计、分析试验结果。

注意事项

- 取材时要把握好花药发育时期，取处于单核期的花药培养较容易诱导分化成苗。
- 接种花药时注意不要将花丝带入，确保诱导分化发育材料来自花药。
- 剥取花药及接种过程应严格无菌操作。
- 花药培养过程中存在2%的变异率，但变异多属高产类型。应注意观察幼苗生长情况，若发现变异株及时进行分离培养，待结果期观察鉴定。

● **实训指导建议**

实训时间安排应根据草莓生长情况，于春季草莓现蕾时取材。花药培养简单，脱毒率高，但从花药培养到分化出再生苗需要时间较长，应安排学生定期观察培养物生长情况，及时进行转接，进入各个阶段培养。

● **实训考核**

考核重点为花药取材及剥离、接种过程中操作准确性和熟练程度。考核方案见表3-4。

表3-4 草莓花药培养脱毒实训考核方案

考核项目	考核内容及标准		分值
	技能单元	考核标准	
现场操作	实训准备	培养基配制及灭菌、接种室及超净工作台消毒、药品及器械等准备齐全	10分
	取材及消毒	取材适当，消毒流程正确，每步操作到位	20分
	花药剥离及接种	剥离花药准确，不带花丝；接种迅速，无菌操作规范、熟练	20分
	文明、安全操作	操作文明、安全，器皿和用具摆放有序，场地整洁	5分
	团队协作	小组成员分工明确、相互协作、积极思考、认真讨论	5分
结果检查	产品质量	材料接种分布合理，花药接触到培养基，但未被埋没；10d后统计污染率低于10%	20分
	观察记载	定期观察，记载详细、准确	10分
	实训报告	实训报告撰写内容清楚、数据详实、字迹工整	10分

实训3-3　脱毒苗的指示植物鉴定

● **实训目的**

1. 掌握汁液涂抹法进行脱毒苗的指示植物鉴定的操作方法。

2. 掌握嫁接法进行脱毒苗的指示植物鉴定的操作方法。

● **实训要求**

1. 指示植物选择准确。

2. 操作流程清楚，动作规范、准确、熟练、快捷，尽量降低汁叶涂抹损伤率和提高嫁接成活率。

● **实训准备**

1. 材料与试剂

经脱毒处理的香石竹和草莓待检组培苗；苋色藜、EMC 系草莓、UC 系草莓、King 或 Ruden 等指示植物种子。

栽培基质与肥料、各种杀虫剂和杀菌剂、0.1mol/L 磷酸缓冲液（pH7.0）等。

2. 仪器与用具

300 目防虫网室、花盆、研钵、500～600 目金刚砂、医用小剪刀、嫁接刀、嫁接夹、塑料条或封口膜、纱布、棉球等。

● **方法及步骤**

1. 采用汁液涂抹法进行香石竹组培苗脱毒鉴定

（1）指示植物栽植　在防虫网室内提前播种石竹、苋色藜等指示植物，培育实生苗。待苗龄达 8～10 周时，即可用于鉴定。

（2）叶片研磨　取经脱毒处理的香石竹组培苗幼叶 1～3g 置于研钵中，加入 10mL 水和等量的 0.1mol/L 磷酸缓冲液（pH7.0），研碎后加入少量 600 目金刚砂作为摩擦剂，制成匀浆。

（3）汁液涂抹　用手指或纱布或棉球蘸取匀浆液轻轻涂抹石竹、苋色藜的叶片表皮接种。两种指示植物各涂抹 2 组，每组 5 盆，每盆处理 3 片叶。

（4）观察记载　汁液涂抹 1 周后检查新生叶是否产生病斑。若有枯斑或花叶等症状，表明所取材料脱毒效果不佳，需进一步进行脱毒处理；若无病毒病症状出现，则表明所取材料已脱去病毒。

2. 采用嫁接法进行草莓组培苗脱毒鉴定

（1）指示植物栽植　提前培育 EMC 系草莓、UC 系草莓、King 或 Ruden 等指示植物，方法同上。

（2）嫩枝嫁接　取经脱毒处理的草莓组培苗嫩枝（芽），削成接穗，用劈接法或插接法嫁接在指示植物匍匐茎上。各种指示植物各嫁接 2 组，每组 5 盆，每盆 3 枝。

（3）小叶嫁接　操作步骤如下：①削接穗。取经脱毒处理的草莓组培苗叶片，草莓的叶为三出复叶，去掉两侧小叶，留中央小叶，保留叶柄长约 1.5cm，削皮层成楔形；②砧木处理。在生长良好的指示植物盆栽实生苗中，挑选健全叶片，剪去中央小叶，用单面刀片自剪口处向下纵切 1.5～2cm；③嫁接。将接穗小叶的叶柄插入砧木苗切口，用封口膜缠绕包扎嫁接部位，然后用喷雾器向植株喷少许清水，用开有小孔的塑料袋将指示植物罩上，保持较高的空气湿度，以免嫁接叶片过多失水，如图3-4所示。各种指示植物各嫁接2组，每组5盆，每盆处理3片叶。

（4）养护管理及观察记载　将嫁接后的指示植物移至防虫网室，置于散射光下，按常规方法养护。嫁接10d后去掉塑料袋，观察指示植物新老叶上有无病斑，并以此判定所取草莓组培苗是否脱去病毒。

注意事项

● 汁液涂抹法操作时，涂抹叶片力度要适当，既要使汁液浸入指示植物叶片，又不使叶片受损严重。

● 嫩枝或小叶嫁接操作时，用锋利的刀片，接穗和砧木切口一刀削成，保持切面平整，有利接穗和砧木贴合紧密、尽快愈合。为了防止接穗干枯，可在接口处涂抹凡士林防止失水。

● 对每瓶被测组培苗（无性繁殖系）进行准确编号，以备病毒检测后能准确淘汰带毒无性系，保留无毒无性系。

● 实训指导建议

指示植物和经脱毒处理的香石竹和草莓组培苗要提前准备。指导教师现场操作示范，并强调技术要领及注意事项。学生分组实训，若指示植物种类较多，可分组采用不同材料，比较其效果。

● 实训考核

考核重点为汁液制备、涂抹过程、接穗和砧木削切及嫁接过程中操作准确性和熟练程度。考核方案见表3-5。

表3-5　脱毒苗的指示植物鉴定实训考核方案

考核项目	考核内容及标准		分值
	技能单元	考核标准	
现场操作	指示植物及待检苗准备	指示植物种类选择正确，栽植合理，实生苗生长良好，规格符合要求；待检组培苗（无性繁殖系）编号清晰	10分
	汁液涂抹	汁液制备及涂抹操作程序正确，动作熟练、迅速，力度掌握适当	20分
	嫁接	采用嫩枝嫁接和小叶嫁接两种方法，接穗材料选择恰当，接穗削面、砧木切口平整，贴合紧密，接口处理方法正确	20分
	文明、安全操作	操作文明、安全，器皿和用具摆放有序，场地整洁	5分
	团队协作	小组成员分工明确、相互协作、积极思考、认真讨论	5分
结果检查	产品质量	汁液涂抹损伤率不超过3%，嫁接成活率在80%以上	15分
	观察与判断	定期观察，对照标准正确判断病斑类型及待检苗脱毒情况	15分
	实训报告	实训报告撰写内容清楚、数据详实、字迹工整	10分

实训3-4 脱毒苗的酶联免疫吸附法检测

● **实训目的**

掌握间接法酶联免疫吸附（ELISA）法检测的基本操作技术。

● **实训要求**

1. 操作流程清楚，操作规范、准确、熟练。

2. 准确计算及分析测定结果数据。

● **实训准备**

1. 材料与试剂

经脱毒处理的马铃薯组培苗、健康马铃薯植株。

0.1mol/L 磷酸缓冲液、酶标抗体、NaCl、KH_2PO_4、$Na_2HPO_4 \cdot 12H_2O$、KCl、Tween-20、Na_2CO_3、$NaHCO_3$、牛血清白蛋白（或卵清蛋白）、柠檬酸、H_2O_2、邻苯二胺、浓硫酸、制备的特异抗体免疫球蛋白、辣根过氧化物酶标记的羊抗兔、蒸馏水等。

2. 仪器与用具

微量移液器、容量瓶、高速离心机及离心管、冰箱、恒温培养箱、聚苯乙烯反应板及酶联免疫检测仪等。

● **方法及步骤**

1. 试剂及溶液的配制

（1）磷酸盐缓冲液（PBS）（pH 7.4） 称取 NaCl 8.00g、KH_2PO_4 0.20g、$Na_2HPO_4 \cdot 12H_2O$ 2.93g、KCl 0.20g 溶于蒸馏水中，定容至1L，调 pH 至7.4，置于4℃冰箱中保存。

（2）PBS + 吐温 -20（PBST）（pH 7.4） 加 Tween -20 0.5mL 至 1L PBS 中。

（3）包被缓冲液（pH 9.6） 称取 Na_2CO_3 1.59g、$NaHCO_3$ 2.93g 溶于蒸馏水中，定容至1L，调 pH 至9.6，置于4℃冰箱中保存。

（4）结合缓冲液（pH 7.4） 取 1L PBS，加吐温 -20 0.5mL、0.1%（或0.2%）牛血清白蛋白（或卵清蛋白），置于4℃冰箱中保存。

（5）底物缓冲液 ①磷酸盐-柠檬酸缓冲液（(pH 5.0)：取0.1mol/L 柠檬酸（即称取1.93g 柠檬酸，加蒸馏水定容至 100mL）24.3mL、0.2mol/L Na_2HPO_4（即称取 7.17g $Na_2HPO_4 \cdot 12H_2O$，加蒸馏水定容至 100mL）25.7mL 混合；②30% H_2O_2；③邻苯二胺。使用时取①50mL、②30μL、③2 ~3g。

（6）终止液 2mol/L H_2SO_4，取96%浓硫酸 112mL，加水定容至 1L。

（7）1 抗 已制备好的特异抗体免疫球蛋白。

（8）2 抗 商品化的辣根过氧化物酶标记的羊抗兔。

2. 样品制备

取待检马铃薯叶片 5g，按 1∶10 的比例用包被缓冲液研磨、稀释，用 6000r/min 离心5min，取上清液备用。

3. 检测流程

（1）包被抗原 包被聚苯乙烯反应板，每孔中加入样品 200μL。用湿纱布或塑料袋包好后置于37℃培养箱，保温保湿 4h。

（2）洗板 用 PBST 缓冲液洗板 4 次。第 1 次冲洗时加入洗液后迅速倾出，其余 3 次将洗液放置3min后再倾出。洗后将板甩净，再用滤纸除去残余洗液和气泡。

(3) 加1抗　将1抗用1:20健康叶片的汁液（1g叶片加20mL PBS研磨后，6000r/min离心5min，取上清液）稀释至工作浓度，包被聚苯乙烯反应板，每孔中加入200μL。用湿纱布或塑料袋包好后置于37℃培养箱，保温保湿4h。

(4) 洗板　方法同(2)。

(5) 加2抗　将2抗用结合缓冲液稀释至一定工作浓度，包被聚苯乙烯反应板，每孔中加入200μL。用湿纱布或塑料袋包好后置于37℃培养箱，保温保湿4h，或置于4℃冰箱中过夜。

(6) 洗板　方法同(2)。

(7) 显色反应　每孔中加入150μL现配制的显色底物缓冲液，室温下避光显色处理10~30min。

(8) 终止反应　每孔中加入40μL终止液，终止反应。

(9) 检测　用酶联免疫检测仪检测各孔的吸光值〔D_{490nm}〕，计算检测的灵敏度。当$\frac{\text{检测样品D值}}{\text{阴性对照D值}} \geqslant 2$时，可判定此样品带有病毒。

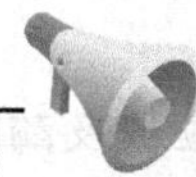
注意事项

● 试剂及溶液配制准确，标注清楚，切不可混淆。

● 严格按照检测流程，操作规范。

● 对每瓶被测组培苗（无性繁殖系）进行准确编号，以备病毒检测后能准确淘汰带毒无性系，保留无毒无性系。

● **实训指导建议**

指导教师讲解血清学基本知识及基本原理，仔细分析间接法酶联免疫吸附（ELISA）检测各步骤及试剂的作用。学生分组实训，完成目标植物的检测，并计算检测的灵敏度。

● **实训考核**

考核重点为试剂及溶液的配制、样品制备及检测过程中操作准确性和熟练程度。考核方案见表3-6。

表3-6　脱毒苗的酶联免疫吸附法检测实训考核方案

考核项目	考核内容及标准		分值
	技能单元	考核标准	
现场操作	试剂及溶液配制	药品称量准确，配制方法正确，所配试剂及溶液标注清楚	10分
	样品制备	待测组培苗（无性繁殖系）标注清晰，研磨、离心等操作方法正确，动作熟练、迅速	20分
	检测	流程清楚，操作规范、准确。酶联免疫检测仪吸光值计数准确	20分
	文明、安全操作	操作文明、安全，器皿和用具摆放有序，场地整洁	5分
	团队协作	小组成员分工明确、相互协作、积极思考、认真讨论	5分
结果检查	结果判断	测试记录准确、规范，结果分析判断正确	30分
	实训报告	实训报告撰写内容清楚、数据详实、字迹工整	10分

知识链接

茎尖分生组织培养消除病毒以外的病原体

茎尖分生组织培养及愈伤组织培养主要用于消除植物中的病毒。有研究报道，这些培养也有利于消除感染植物中的真菌、细菌和类菌质体。Baker 和 Phillips（1962）成功地利用茎尖分生组织培养，消除了康乃馨植株上的真菌粉红色镰刀菌（Fusarium roseum f. cerialis）。另一个重要的球根观赏花卉唐菖蒲，在法国通常受到 F. oxysporium gladiol 的侵害。Tramier（1965）从唐菖蒲茎尖分生组织培养获得了脱去这种真菌的植株。从一些植物的培养中消除真菌，涉及的重要属包括轮枝孢菌属、疫霉属和丝核菌属。按类似的方式，从天竺葵中消除了细菌诸如假单孢菌和果胶杆菌。

一些类菌原体似的微生物引起胡萝卜植株感染紫菀黄化病（aster yellow）。Jacli（1978）表明，取这些植物的外植体反复继代培养，使这些类菌原体微生物逐渐钝化，最终在 80d 后消失。

（摘于 M. K. Razdan，2006）

知识小结

- 植物脱毒方法
  - 微茎尖培养脱毒：利用病毒在植株体内分布不均匀特点，越接近生长点的组织和细胞内的病毒含量越少，取茎尖0.1～0.5mm培养。影响微茎尖培养的因素有：①外植体大小和生理状态；②培养基和培养条件；③褐化和玻璃化
  - 热处理脱毒：利用病毒和寄主植物细胞对高温的忍耐性有差异的特点，持续高温可延缓病毒扩散速度而抑制其增长。热处理方法有：①热水浸泡，材料置于50℃的热水中浸泡数分钟或数小时；②高温空气处理，将籽球或小苗放入恒温箱中，在35～40℃条件下热处理数小时、几天甚至几个月
  - 茎尖微体嫁接脱毒：将茎尖分生组织嫁接在试管内无菌播种的实生苗砧木上培养脱毒苗。微嫁接方法有：①腹接、②劈接、③倒“T”形接、④微嫁接器嫁接
  - 其他脱毒方法有 ①化学药剂处理脱毒、②愈伤组织培养脱毒、③珠心胚培养脱毒、④花药培养脱毒

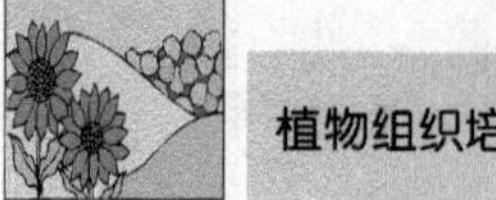

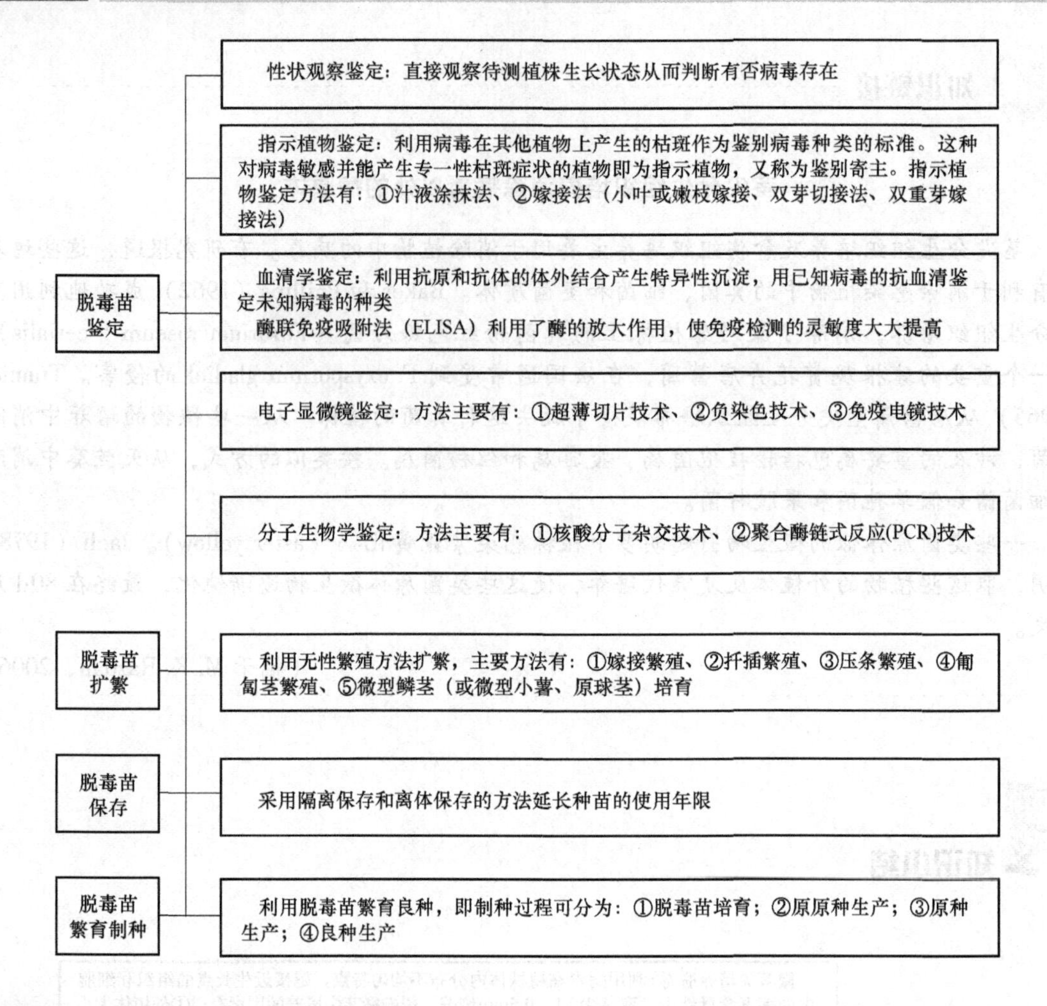

复习思考题

1. 名词解释：脱毒苗、指示植物、抗血清。
2. 植物脱毒的主要方法有哪些？其原理是什么？
3. 微茎尖嫁接技术脱毒的程序怎样？
4. 目前鉴定脱毒苗的方法有哪些？各有何特点？
5. 简述香石竹热处理和茎尖脱毒培养操作流程。
6. 简述草莓花药培养操作流程。
7. 脱毒苗指示植物鉴定有哪些方法？
8. 血清学鉴定的原理是什么？简述间接法酶联免疫吸附检测操作流程。
9. 脱毒苗保存有哪些方法？
10. 快速扩繁脱毒苗有哪些方法？
11. 脱毒苗繁育良种体系有哪几个阶段？

植物种质资源离体保存

学习目标

知识目标：

- 了解植物种质资源保存的应用现状及保存方法
- 理解植物种质资源离体保存的概念及意义
- 掌握植物种质资源离体保存的基本方法

能力目标：

- 能够进行植物离体材料的限制生长保存操作
- 能够进行植物离体材料的超低温冷冻保存操作

种质是指生物亲代传递给子代的遗传物质。种质资源又称为遗传资源，是物种进化、遗传学研究及植物育种的物质基础。未来的农业生产在很大程度上取决于对种质资源的占有程度。植物遗传多样性是保护人类生存环境和维持农业持续稳定发展的一个重要因素。随着人口的急剧增长，不合理的开垦荒地，环境生态平衡遭到严重破坏，一些珍贵、稀有的物种以及具有抗虫、抗病、抗不良环境的地方栽培品种已经灭绝或濒于绝种。此外，随着植物育种技术的发展，高产品种单一化日益明显，植物遗传基础范围越来越狭窄，物种流失的势态非常严峻。目前，在全世界约25万种植物中，有2万~2.5万种处于稀少或受严重威胁的状况。分布我国的高等植物3万多种，受到灭绝威胁的有4000~5000种，约占总数的12%~15%。因此，植物种质资源保存已成为全球性关注的课题。

植物种质资源传统保存方法有原境保存和异境保存两类，前者包括建立自然保护区、天然公园等，后者包括各种基因库，如种子园、种植园等田间基因库以及种质库、花粉库等离体基因库。原境保存需要大量的土地和人力资源，成本高，且易遭受各种自然灾害的侵袭。种子库只能保存种子植物形成的“正常型”种子，对于“顽拗型”、脱水敏感的种子以及无性繁殖植物则难于保存。20世纪60年代以来，世界各国特别是经济发达国家对植物种质资源的收集和保存工作都加大了投入和研究力度，许多国家已建立了比较完善的田间基因库。但是，田间种植保存占地广，需要耗费大量的人力、物力和财力，易受自然灾害影响。因此，许多科技工作者在寻求更经济、实用和安全的保存方法。

1975年Henshaw和Morel等首次提出植物种质离体保存的概念，它是指对离体培养的小植株、器官、组织、细胞或原生质体等种质材料，采用限制、延缓或停止其生长的处理使之保存，在需要时可重新恢复其生长，并再生植株的方法。迄今为止，离体保存种质已应用于多种植物，取得了很好的效果。离体保存具有占用空间小、受外界条件影响小、节省人力和物力、易于国际间交流等特点，克服了田间种质保存的缺点，从而得到了世界各国的重视。常用的离体保存方法有限制生长保存和超低温保存。

工作任务1　限制生长保存

限制生长保存是指改变培养物生长的外界环境条件或培养基成分以及使用生长抑制物质，使细胞生长速率降至最低限度，而达到延长种质资源保存的方法。限制离体培养物生长速度的方法有低温、提高渗透压、使用生长延缓剂、降低氧分压和干燥等。这些方法的基本原理类似，即严格控制某种或某几种培养条件，限制培养物的生长。

4.1.1　低温保存

降低培养温度是限制生长保存最常用的方法。大量试验研究表明，不同植物乃至同一种植物不同基因型对低温的敏感性不一样。植物对低温的耐受性不仅取决于基因型，也与其生长习性有关。多数植物的培养物最佳生长温度为20～25℃，当降至0～12℃时生长速度明显下降，如草莓茎培养物在4℃的黑暗条件保持其生活力长达6年之久，期间只需每3个月加入几滴新鲜的培养液。芋头茎培养物在9℃的黑暗条件下保存3年，仍有100%的存活率。葡萄和草莓茎尖培养物分别在9℃和4℃下连续保存多年，每年仅需继代1次。一些热带、亚热带植物最佳生长温度为30℃左右，一般在15～20℃时可降低生长速度。柑橘离体保存的试管苗，可以在普通的培养室温度和光照条件下长期处于生长停滞状态，转移到新鲜培养基上可以迅速恢复生长。如在普通培养室温度（25℃）下保存四季橘胚培养试管苗，可连续无继代保存3年以上；在20℃下保存四季橘花培养试管苗，不需转移继代培养，可保存长达8年之久，但在15℃下培养，保存时间反而明显缩短，并发生落叶等症状。

小贴士

低温保存植物离体材料一般是在1～9℃下培养，而一些热带、亚热带植物在10～20℃下培养，并同时提高培养基的渗透压。在这种条件下，培养物的生长受到抑制，继代培养时间可间隔数个月至1年以上。

4.1.2　高渗透压保存

在培养基中添加一些高渗化合物，如蔗糖、甘露醇、山梨醇等，可达到抑制培养物生长速度的效果。如在马铃薯茎尖培养研究中，培养物在含有脱落酸和甘露醇或山梨醇的培养基上保存1年后，转移至MS培养基上可生长正常。高渗化合物提高了培养基的渗透势负值，造成水分逆境，降低细胞膨压，使细胞吸水困难，新陈代谢活动减弱，细胞生长延缓，达到限制培养物生长的目的。大量研究表明，虽然适宜不同植物培养物保存的渗透物质含量不

同，但试管苗保存时间、存活率、恢复生长率受培养基中高渗物质含量影响的变化趋势基本相同，呈抛物线型。因此，适宜浓度的高渗物质对特定植物培养物提高质量、长时间的保存是必要的。

通过增加琼脂的用量也可提高培养基的渗透压。据研究报道，对猕猴桃离体种质资源保存时，在离体茎尖培养成功后，把琼脂的用量由原来的0.55%提高到0.8%～0.9%，能明显延缓培养物的生长，可使继代的时间延长到3～6个月。

4.1.3　生长抑制剂保存

生长抑制剂是一类天然的或人工合成的外源激素，具有很强的抑制细胞生长的生理活性。研究表明，调整培养基中的生长调节剂配比，特别是添加生长抑制剂，不仅能延长培养物在试管中的保存时间，而且能提高试管苗素质和移植成活率。目前，常用的生长抑制剂有矮壮素、多效唑、高效唑、脱落酸、三碘苯酸、膦甘酸、甲基丁二酸等。这些生长抑制剂可单独使用，也可与其他激素混合使用，如马铃薯茎尖培养物在含有ABA培养基上保存1年后，生长健壮，转移到MS培养基上生长正常。高效唑能显著抑制葡萄试管苗茎叶的生长，适宜试管苗的中长期保存。而多效唑与6-BA、NAA等配合使用，也能明显抑制水稻试管苗上部生长，促进根系发育，延长常温保存时间。

4.1.4　降低氧分压保存

Caplin首先提出用低氧分压保存植物组织培养物，其原理是通过降低培养容器中氧分压，改变培养环境的气体状况，能抑制培养物细胞的生理活性，延缓衰老，从而达到离体保存种质的目的。

降低培养容器内的氧分压应适度，若太低则会产生缺氧毒害作用。据报道，Bridgen等在烟草离体茎和愈伤组织保存时，把培养容器内可利用氧气降低到60%，6周内培养物生长量减少60%～80%；但氧的含量如果降得过低，则培养物基本停止生长，并产生毒害。

4.1.5　干燥保存法

干燥保存法是指将植物离体培养材料进行适度脱水预处理后，再移入低温、低湿条件下进行保存的方法。目前对植物离体培养材料进行脱水处理的方法主要有：①胶囊化处理。将愈伤组织块等植物组织材料用灭菌的明胶密封制成胶囊，然后放置在室内干燥脱水。②无菌风干。将植物离体材料放在滤纸上，置于空气流动的无菌箱中干燥脱水。③高浓度蔗糖培养。大幅度提高培养基中的蔗糖浓度，对植物离体材料进行预培养脱水。Dumet等1993年在高浓度蔗糖（250g/L）的培养基中将7个油棕榈品种的体细胞胚预培养7d后，再经10h干燥脱水过程（无菌空气流或硅胶干燥），使体细胞胚含水量降至37%~44%。并且，将培养基中的蔗糖浓度增高，可提高干燥培养物的存活率。

经过脱水处理的材料，可置于低温（一般不低于0℃）或室温环境下培养。Arumugam等1990年将足叶草体细胞胚胶囊化处理后，常温下贮藏4个月不继代，仍能正常成苗。

小贴士

利用限制生长方法进行植物无性系的离体保存，简便易行，材料恢复生长快。但值得注意的是，由于不同植物、不同基因型或同一品种的不同材料其特性有差异，适于的保存方法也有所不同。因此，在植物离体种质资源保存的实际操作中，通常是把两种或两种以上的保存方法结合使用，更有助于延长保存年限。

工作任务2　超低温保存

超低温保存是指在-80℃（干冰温度）到-196℃（液氮温度）甚至更低温度下保存植物种质的方法。1973年Nag和Street首次使保存在液氮中的胡萝卜悬浮培养细胞恢复生长，促进了植物种质超低温保存的研究和应用。迄今为止，用超低温保存成功的植物已超过100种，涉及保存的种质材料有原生质体、悬浮细胞、愈伤组织、体细胞胚、胚、花粉胚、花粉、茎尖（根尖）分生组织、芽、茎段、种子等。

4.2.1　超低温保存的原理

植物的正常生长、发育是一系列酶反应活动的结果。植物细胞处于超低温环境中，细胞内自由水被固化，仅剩下不能被利用的液态束缚水，酶促反应停止，新陈代谢活动被抑制，植物材料将处于“假死”状态。如果在对植物离体材料进行降温和升温处理过程中，没有改变化学成分，而物理结构变化是可逆的。那么，经超低温保存的植物细胞能保持正常的活性和形态发生潜力，且不发生任何遗传变异。

植物离体材料在低温冷冻过程中，如果细胞内水分结冰，细胞结构就会遭到不可逆的破坏，导致细胞和组织死亡。在冷冻过程中应避免细胞内水分结冰，并且在解冻过程中要防止细胞内水分的次生结冰。但是，植物细胞内含水量高，在冷冻过程中可能会有冰晶形成和过度脱水，在解冻过程中也可能会重新形成冰晶和遭受温度冲击，导致损伤。因此，植物种质资源离体保存应注意以下几点：①选择细胞内自由水少、抗冻能力强的植物材料；②采取一些预处理措施，提高植物材料的抗冻能力；③在冷冻过程中尽量减少冰晶的形成，避免组织细胞过度脱水；④在解冻过程中避免冰晶的重新形成以及温度变化导致的渗透冲击等。

4.2.2　超低温保存的基本程序及方法

超低温保存的基本程序包括植物材料或培养物的选取、预处理、冷冻处理、冷冻贮存、

解冻与洗涤和再培养与鉴定评价等，如图 4-1 所示。

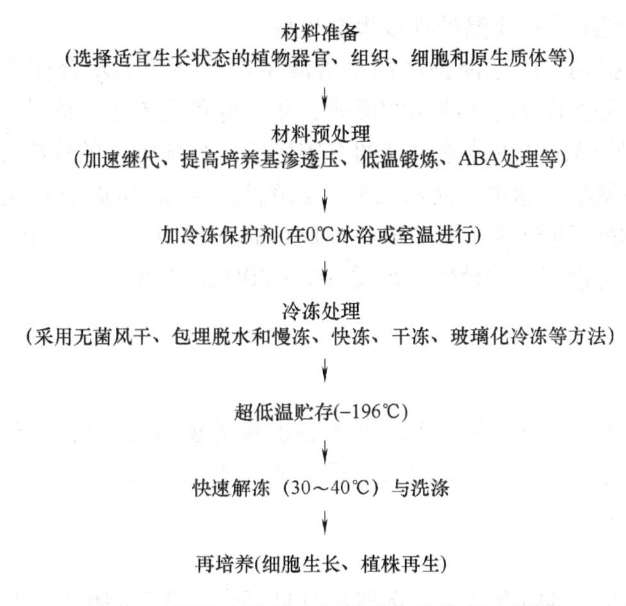

图 4-1　植物离体材料超低温保存的基本程序

1. 材料选择

常用的超低温保存植物材料类型有芽及茎尖分生组织、幼胚及胚状体、悬浮培养细胞及愈伤组织、原生质体和花粉等。材料选择应综合考虑培养物的再生能力、变异性和抗冻性。选择遗传稳定性好、容易再生和抗冻性强的离体培养物作为保存材料是超低温保存离体种质成功的关键。

在早期的离体种质保存研究中，主要用悬浮细胞和愈伤组织作为保存材料，但发现其存在普遍的变异现象，且经过长期保存后再生能力差。而采用茎尖、腋芽原基、胚及幼龄植株等有组织结构的离体材料，其遗传稳定性好，易于再生，且细胞体积小，液泡小，含水量低，细胞质较浓，比含有大液泡的愈伤组织细胞更抗冻，因此是更理想的离体保存材料。

2. 材料预处理

预处理的目的是使材料适应将遇到的超低温环境，提高分裂相细胞的比例。因为新分裂细胞体积小，胞内自由水含量少，不易在冷冻过程中形成大冰晶而造成伤害。预处理常用的方法有低温锻炼和加入冷冻防护剂。

（1）低温锻炼　将离体培养物置于一定的低温环境中，使其接受低温锻炼，逐渐提高抗寒能力。这对某些植物材料，尤其是对低温敏感植物的超低温保存显得尤为重要。在低温锻炼过程中细胞膜结构可能发生变化，蛋白质分子间双硫键减少，硫氢键含量提高，而细胞内蔗糖及其类似的具有低温保护功能的物质也会积累，从而增强了细胞对冷冻的耐受性。不同材料适宜处理的温度与时间不同。通常是将保存的材料放在0℃左右温度下处理数天至数十天，也可分不同温度组进行变温处理效果会更好。

（2）加入冷冻保护剂　冷冻保护剂在水溶液中产生强烈的水合作用，提高水溶液的黏稠性，从而降低细胞内盐的浓度和冰晶的形成，使细胞免受冻害。此外，冷冻保护剂还可以直接或间接作用于细胞膜，减少冰冻对其的有害影响。目前常用的冷冻保护剂有甘油、二甲基亚砜（DMSO）、脯氨酸、糖类、聚乙二醇、乙酰胺、糖醇和福美氧化硫等。对大多数植物来说，DMSO是最好的防护剂，用于培养细胞的适宜浓度是5%～8%。浓度太高会干扰RNA和蛋白质代谢，但也有一些植物可耐受5%～20%的浓度。

经研究发现，冷冻保护剂用量过大时可能会出现对植物材料的毒害作用。实际操作时，常把几种冷冻保护剂混合使用，使之相互协调、共同作用，以降低冷冻保护剂的毒性效应，提高细胞存活率和再生能力。

冷冻前材料预处理的具体方法是：选取具有良好生理状态的植物材料，先在合适的固体或液体培养基中培养一段时间，使其细胞达到旺盛的分裂生长状态。然后，把茎尖或细胞等培养物放在提高蔗糖浓度、添加DMSO、脯氨酸等冷冻保护剂培养基中，并置于接近0℃的条件下培养数日。

3. 冷冻处理

冷冻处理常用方法有慢冻法、快冻法、分步冷冻法、干冻法等。

（1）慢冻法　先以1～5℃/min的速度降温。降至－40～－30℃或－100℃，平衡1h左右，此时细胞内的水分减少到最低限度，再将样品放入液氮中（至－196℃）保存。慢冻法可以使细胞内的自由水充分扩散到外面，避免在细胞内部形成冰晶。此法适合于大多数植物离体种质资源保存，对茎尖和悬浮培养物尤其适用。

（2）快冻法　对预处理过的材料以100～1000℃/min的速度降温，直至－196℃冷冻保存。快速冷冻使冰晶增大的临界温度很快过去，使细胞内形成的冰晶体达不到使细胞致死的程度。该方法对高度脱水的植物材料，如种子、花粉及抗寒力强的木本植物枝条或冬芽较适宜，但对含水量较高的细胞培养物一般不适合。

玻璃化冷冻保存法也属于快冻法，是将经预处理、有较高含量的复合保护剂的材料直接投入液氮中快速冷冻，降温速度约1000℃/min，使植物细胞进入玻璃化状态，避免在冷冻过程中冰晶形成造成的细胞损伤。

（3）分步冷冻法　将植物材料放入液氮前，先经几个阶段的预冻处理，如－20℃、－30℃、－40℃、－50℃、－70℃，然后再转入－196℃液氮中。

（4）干冻法　将样品在高含量渗透性化合物（甘油、糖类物质）培养基上培养数小时至数天后，经硅胶、无菌空气干燥脱水数小时，再用藻酸盐包埋样品进一步干燥，然后投入液氮中；或者用冷冻保护剂处理后吸去表面水分，密封于金箔中进行慢冻。这种方法适合于某些不易产生脱水损伤的植物材料。

由于液氮有挥发性，必须定时补充以保证植物材料的持续保存。一个可保存4000个培养瓶（容量为2mL）的液氮冰箱大约每周消耗20～25L液氮。

4. 解冻与洗涤

解冻是将液氮中保存的材料取出，使其融化，以便恢复培养。解冻的速度是解冻技术的关键。解冻可分为快速解冻和慢速解冻两种方法。

（1）快速解冻法　将冷冻的材料从液氮中取出后，放入35～40℃（该温度下解冻速度一般为500～700℃/min）温水浴中解冻。快速化冻能使材料迅速通过冰融点的危险温度区，从而防止降温过程中所形成的晶核生长对细胞造成损伤。通常做法是待冰完全融化后立即移出样品，以防热损伤和高温下保护剂的毒害。

（2）慢速解冻法　将冷冻的材料从液氮中取出后，置于0℃或2～3℃的低温下缓慢融化。对于采用干冻处理和慢速冷冻处理的材料，如木本植物的冬眠芽，因其经受了脱水和低温锻炼过程，细胞内的水分已最大限度地渗透到细胞外，若解冻速度太快，则细胞吸水过猛，细胞膜易破裂，进而导致材料死亡。

解冻速度的选择应参考冷冻速度。另外，不同植物及不同类型材料所适宜的化冻时间也有所差异，应通过反复试验，摸索最佳解冻方法。

除了干冻处理的生物样品外，解冻后的材料一般都需要洗涤，以清除细胞内的冷冻保护剂。一般是在25℃下，用含10%蔗糖的基础培养基大量元素溶液洗涤2次，每次间隔不宜超过10min。对于玻璃化冻存材料，化冻后的洗涤不仅可除去高含量保护剂对细胞的毒性，而且以此来进行温度变化过渡，有利于防止渗透损伤。但在某些材料研究中发现，不经洗涤直接投入固体培养基中培养，数天后即可恢复生长，洗涤反而有害。如玉米冷冻细胞不宜洗涤，将融化后的材料直接置于培养基中培养，1～2周后培养物即可正常生长。香蕉的超低温保存也不需经过洗涤防护剂的步骤。

5. 再培养与鉴定评价

化冻和洗涤后应立即将保存的材料转移到新鲜培养基上进行再培养。

通过超低温保存可能有一部分材料被冻死，因而需要测定培养物的活力，以剔除没有生活力的材料。测定方法有TTC还原法、FDA染色法、伊文思蓝（Evans Blue）染色法等，还可直接检测花粉发芽率及其授粉结实率，种子萌芽率及小苗生长发育状态，离体繁殖器官、组织形态发生能力，愈伤组织的鲜重增加、颜色变化及植株分化率，细胞数目、体积、鲜重、干重增加，铺展系数及有丝分裂系数等生长和分裂指标，生理活性维持、次生代谢能力的恢复，原生质体形成能力等。其中存活率是检测保存效果的最好指标。存活率的计算公式如下：

$$存活率=\frac{重新生长细胞（或器官）数目}{解冻细胞（或器官）数目}\times 100\%$$

进一步评价超低温保存后材料的恢复效果，包括细胞物理结构和生化反应变化以及遗传特性的保持等，可进行冷冻细胞的超微结构观察，气相层析法分析保存后材料释放的烃产量，红外分光光度计检测细胞的生活力，PCR 技术检测保存后再生植株特定基因的存在，核糖体 DNA 分子探针研究保存后再生植株的限制性片段多态性，用细胞流量计数器检测细胞倍性等。

实训 4-1　柑橘、葡萄试管苗的生长抑制剂保存

● 实训目的

学习并掌握植物试管苗的生长抑制剂保存方法。

● 实训要求

选择适宜的贮藏培养基成分和适宜的生长抑制剂，培养物延缓生长明显，保存时间长，并且不能出现毒害现象，转接后恢复生长良好。

● 实训准备

1. 材料与试剂

柑橘、葡萄试管苗。

MS 母液（GS 母液）、激素母液、多效唑、蔗糖、琼脂、蒸馏水、酒精、0.1mol/L 的 NaOH、0.1mol/L 的 HCl 等。

2. 仪器与用具

高压灭菌锅、超净工作台、镊子、解剖刀、解剖针、酒精灯、磁力搅拌器、烧杯（500mL、100mL）、量筒（100mL）、容量瓶（500mL、1000mL）、移液管、标签纸、记号笔等。

所有仪器与用具均消毒或灭菌。

● 方法及步骤

1. 培养基制备

（1）柑橘试管苗保存培养基：1/4MS＋1.0mg/L 多效唑＋20g/L 蔗糖＋6g/L 琼脂。

对照培养基（CK）：1/4MS＋20g/L 蔗糖＋6g/L 琼脂。

（2）葡萄试管苗保存培养基：1/4MS＋IBA 0.2mg/L＋2.0mg/L 多效唑＋20g/L 蔗糖＋6g/L 琼脂或 GS＋IBA 0.2mg/L＋2.0mg/L 多效唑＋6g/L 琼脂。

对照培养基（CK）：1/4MS（或 GS）＋IBA 0.2mg/L＋20g/L 蔗糖＋6g/L 琼脂或 GS＋IBA 0.2mg/L＋6g/L 琼脂。

培养基经高压蒸汽灭菌后置于无菌室备用。

2. 试管苗转接

在超净工作台上，取生长约 45d 的柑橘、葡萄试管苗，切除基部愈伤组织部分及根，分别接种在含有多效唑的保存培养基和对照培养上。

3. 保存培养

接种好的培养物置于温度为 25℃ ±2℃，光照强度为 1000lx，光照时间 12h/d 的培养室内进行保存。

4. 观察记载及结果统计

接种后45～60d后观察记录柑橘和葡萄试管苗在保存培养基与对照培养基上的生长差异。更明显的保存效果观察可在保存半年以后进行。

注意事项

● 培养基制备时对各种不同培养基应标识清楚，以免混淆。

● 试管苗转接后应在培养瓶上注明接种时间，并测量和记录试管苗茎高、小叶数、生长情况等形态、生理指标，以便保存后比较效果。

● 转接过程中应严格无菌操作，避免污染发生。

● **实训指导建议**

各校可根据条件及需要选择不同植物作为实训材料，并选择适宜的贮藏培养基和生长抑制剂。学生分组实训，各组可采用不同浓度的生长抑制剂，以比较其对培养物生长的影响作用及保存效果。

由于比较保存效果所需时间很长，应安排学生定期记录试管苗生长情况，并做好记录。

● **实训考核**

考核重点为培养基配制、无菌转接过程中操作准确性、规范性和熟练程度。考核方案见表4-1。

表4-1 柑橘、葡萄试管苗的生长抑制剂保存实训考核方案

考核项目	考核内容及标准		分值
	技能单元	考核标准	
现场操作	实训准备	培养基配制及灭菌、接种室及超净工作台消毒、接种器械等准备齐全；各种培养基编号清晰	25分
	转接	材料剪取正确，无菌操作规范、熟练	25分
	文明、安全操作	操作文明、安全，器皿和用具摆放有序，场地整洁	5分
	团队协作	小组成员分工明确、相互协作、积极思考、认真讨论	5分
结果检查	产品质量	接种5d后检查污染率不超过3%；培养瓶中材料接种数量及摆放位置合适	20分
	观察与记录	操作流程记录及定期观察记录准确	10分
	实训报告	实训报告撰写内容清楚、数据详实、字迹工整	10分

实训4-2 大蒜茎尖玻璃化法超低温保存

● **实训目的**

学习和掌握玻璃化法超低温保存植物种质资源的基本原理及操作方法。

● **实训要求**

严格按照植物离体材料玻璃化法超低温保存工艺流程操作，各阶段培养基配制准确、标注清楚，转接无菌操作规范，预处理、冷冻、解冻及洗涤操作正确，恢复培养幼苗生长良好。

● **实训准备**

1. 材料与试剂

大蒜。

MS 培养基母液、蔗糖，琼脂、1mol/L NaOH、1mol/L HCl、酒精、无菌水、次氯酸钠消毒液、PVS_2（玻璃化溶液为甘油和乙二醇）、液氮等。

2. 仪器与用具

高压灭菌锅、光照培养箱、振荡培养箱、液氮罐、天平、酸度计、超净工作台、镊子、手术刀、接种针、细菌过滤器、记号笔、三角瓶、培养瓶、培养皿、量筒、容量瓶等。

● **方法及步骤**

大蒜茎尖玻璃化法超低温保存操作流程：培养基的制备→外植体取材、消毒及预培养→玻璃化保护剂处理→材料的冷冻保存→材料冻洗涤→恢复培养→观察记录和检测茎尖成活率→填写操作记录。

1. 培养基制备

采用 MS 基本培养基，初次培养时培养基中加蔗糖 3g/L、琼脂粉 5g/L，用 1mol/L 的 NaOH 或 HCL 调至 pH 5.8，高压蒸汽灭菌后置于无菌室备用。

2. 外植体取材、消毒及预培养

（1）取材及消毒　选取无病虫危害、生长健康的大蒜茎尖为外植体。剥去蒜瓣外围鳞片，用自来水冲洗干净。在超净工作台上，用 2% 次氯酸钠溶液浸泡 15min，无菌水反复冲洗，置于无菌滤纸上沥干后备用。

（2）预培养　分两个阶段：①在超净工作台上，剥取已消毒的大蒜茎尖 5 ~ 8mm，接种到培养基上，置于 20℃下培养，建立无性繁殖系。②通过预培养为 3d、5d 和 7d 的天数处理，培养基中蔗糖的浓度为 0.3mol/L、0.7mol/L、0.9mol/L 条件下进行处理。

3. 玻璃化保护剂处理

首先切取经过不同预培养天数处理的茎尖长度为 1.5 ~ 2.5mm、3.0 ~ 3.5mm 和 4.0 ~ 4.5mm 的材料，在 20℃下用 60% PVS_2（0.15mol/L 蔗糖液体培养基与 PVS_2 溶液体积比为 40:60）溶液进行预处理，时间组合为 5min、15min、30min、60min；再在 0℃下用 PVS_2（300g/L 甘油 + 150g/L 乙二醇 + 150g/L DMSO，以含 0.4mol/L 蔗糖的 MS 液体培养基配制）溶液进行预处理为 5min、15min、30min、60min。

4. 材料冷冻保存

将玻璃化保护剂处理过的材料，在冷冻管中换上新鲜的 PVS_2，装入纱布袋，迅速放入液氮中，保存 2d 至 1 个月。

5. 材料化冻洗涤

冻存一定的时间后取出茎尖，37℃水浴解冻 2min，再转到室温下用 MS 液体培养基（1.2mol/L 蔗糖，pH5.8）洗涤 2 次，每次 10min。

6. 恢复培养

将化冻洗涤后的茎尖转接至不同的恢复培养基中进行恢复培养。先转接到 MS + 0.3mol/L 蔗糖的固体培养基（4g/L 琼脂，pH5.8）上暗培养 4d；再转接到 MS + 0.1mol/L 蔗糖培养基（7g/L 琼脂，pH5.8）上，正常光照、(20 ± 2)℃条件下培养。

7. 观察记录和检测茎尖成活率

大蒜茎尖经过冻存 2d 或 1 个月后取出，再进行恢复培养，15d、30d、45d 定期观察和记录生长情况及检测茎尖成活率。

注意事项

- 实训各阶段需配制添加不同蔗糖浓度的培养基，制备过程中应反复核对，并标识清楚，以免出错混淆。
- 实训各阶段需反复转接材料，应严格无菌操作，避免污染发生。
- 用 60% PVS_2 和 PVS_2 进行玻璃化保护剂处理时，处理顺序及时间应准确把握，不可出错。
- 经冻存的材料在化冻洗涤时，操作应细心，尽量避免损伤材料。

● **实训指导建议**

指导教师应认真讲解，让学生熟悉实训操作流程及注意事项，特别强调溶液的浓度和剂量、温度、时间、速率等的准确性。由于实训所需时间较长，应作好每步操作时间安排，对每次操作作好记录。

● **实训考核**

考核重点为培养基配制、无菌转接、预处理、冷冻、解冻及洗涤等过程中操作正确性、规范性和熟练程度。考核方案见表 4-2。

表 4-2　大蒜茎尖玻璃化法超低温保存实训考核方案

考核项目	考核内容及标准		分值
	技能单元	考核标准	
现场操作	实训准备	培养基配制及灭菌、接种室及超净工作台消毒、接种器械等准备齐全；各种培养基编号清晰	10 分
	预培养	外植体取材正确、消毒及接种操作规范、熟练	10 分
	保护剂处理	试剂配制正确，处理流程及时间准确	15 分
	化冻洗涤	处理流程及时间准确，不损伤材料	15 分
	文明、安全操作	操作文明、安全，器皿和用具摆放有序，场地整洁	5 分
	团队协作	小组成员分工明确、相互协作、积极思考、认真讨论	5 分
结果检查	产品质量	每次转接无污染，培养瓶标识清晰	20 分
	观察与记录	操作流程记录及定期观察记录准确	10 分
	实训报告	实训报告撰写内容清楚、数据详实、字迹工整	10 分

知识链接

培养细胞活力的测定方法

1. 四唑盐还原法（TTC 法）

活细胞由于呼吸作用可产生还原力，可将三苯四唑氯化物（TTC）还原成红色染料，据

此可测定细胞的呼吸效率，反应细胞的代谢强度。一般可在显微镜下观察被染色细胞的数目，计算出活细胞的百分率。也可以将还原的TTC红色染料用乙酸乙酯提取出来，用分光光度计进行测定（520nm），计算细胞的相对活力，定量分析观察结果。

2. 荧光素二乙酸法（FDA法）

此法可以对活细胞百分数进行快速目测。用丙酮制备0.5%的FDA贮备液，置于0℃下保存。测定时将FDA贮备液加入到细胞或原生质体悬浮液中，加入的数量以使最终含量为0.01%为准。为了保持细胞或原生质的稳定性，可适当加入一种渗透压稳定剂，保温5min后，置于带有适当激发片和吸收片的荧光显微镜下观察。FDA本身不发荧光也不产生极性，它能自由穿越细胞膜进入细胞内。在活细胞内FDA被酯酶分解，产生有荧光的极性物质——荧光素。由于荧光素不能自由穿越细胞膜，在死细胞中不能积累，因而在活细胞中积累起来。所以，在荧光显微镜下观察到产生荧光的细胞，表明是有活力的细胞；相反，不产生荧光的细胞则是无活力的细胞。细胞活力以发绿色荧光的活细胞百分数表示。

3. 伊思蓝（Evans Blue）染色法

这种方法是FDA的互补法。当用伊思蓝的稀溶液（0.02%）对细胞进行处理时，只有死细胞和活力受损伤的细胞能够吸收这种染料，而完整的活细胞难以摄取或积累这种染料。因此，凡是不染色的细胞均为活细胞。但染色时间不宜过长，否则活细胞也会逐渐积累染料而染上色。细胞活力以未染色细胞数占总观察细胞数的百分数来表示。

知识小结

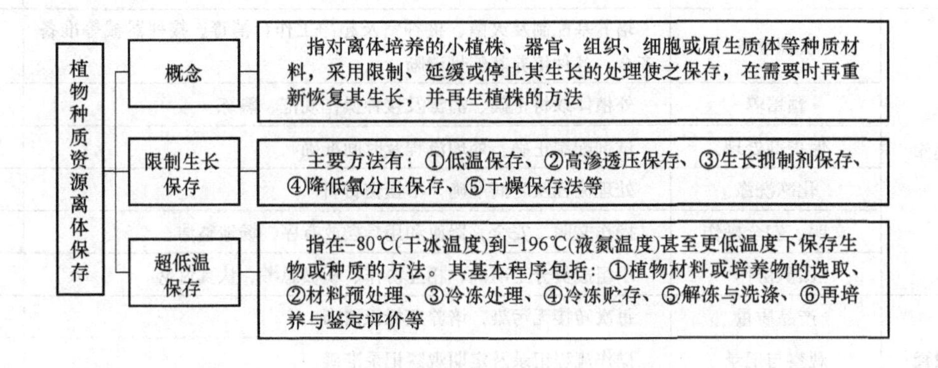

复习思考题

1. 什么是种质？种质资源的意义和作用有哪些？
2. 种质离体保存与传统的种质资源保存方式有何不同？
3. 植物种质资源限制生长保存有哪些方法？
4. 什么是超低温保存？其原理是什么？请简述操作程序。

项目5 植物组培苗工厂化生产与管理

学习目标

知识目标：

- 熟悉植物组培苗生产工厂的设计要点
- 熟悉植物组培苗工厂化生产的工艺流程，组培苗生产计划的制定与实施
- 了解组培苗的简化培养技术
- 掌握植物组培苗的质量鉴定方法与运输方式
- 掌握植物组培苗生产成本核算与效益分析，熟悉提高植物组培苗生产效益的措施

能力目标：

- 能正确提出组培育苗工厂的厂址选择和厂区规划方案
- 能正确进行植物组培苗生产成本核算及效益分析

植物组培苗的工厂化生产是指在人工控制的最佳环境条件下，充分利用自然资源和社会资源，采用标准化、机械化、自动化技术，高效率地按计划批量生产优质植物苗木。组织培养工厂化育苗主要应用于植物快繁和脱毒苗生产，目前已有不少花卉、果树、蔬菜等经济作物采用组织培养技术，利用具有规模生产条件的组培苗生产线进行大规模的工厂化生产。

进行植物组培苗的工厂化生产需要一定的基础设施和设备，在生产过程中应优化设计生产工艺流程，根据市场需求安排生产计划，并加强生产和销售过程中的科学管理，最大限度降低生产成本，才能获取良好的经济效益。

工作任务1　植物组培苗生产工厂的设计

进行植物组培苗大规模生产，首先需要建立生产工厂。植物组培苗生产工厂应根据培养目标和规模来设计，其规模的确定应以市场需求、年预期产量、投资额、现有条件等因素综合考虑。植物组培苗生产工厂设计重点是要做好厂址的选择和厂区规划。

5.1.1　厂址选择

厂址选择应因地制宜，主要有以下几点要求：

1）交通便利，既方便各种物资采购，也有利于产品销售，一般是选择在城市近郊建厂。

2）远离各种污染，尤其避免粉尘和有毒气体污染源，要求周边环境清洁，空气清新，以有利于植物生长。

3）水、电供应系统畅通，排水方便，地下水位在1.5m以下。

5.1.2 厂区规划

厂区规划要体现系统性、适用性，符合生产工艺流程要求，各生产车间流水线式设计布局合理，便于操作，有利于提高生产效率。植物组培工厂化育苗生产车间一般由洗涤车间、培养基制备车间、接种车间、培养车间、组培苗驯化车间、育苗圃等部分组成。另外，还可根据条件修建办公室、仓库、冷藏室等管理和生产辅助设施。

1. 洗涤车间

洗涤车间的主要功能是进行玻璃器皿、培养容器的洗涤、干燥和植物材料的预处理。车间面积根据工作量确定，室内应铺设水泥地面，安装换气通风扇，排水畅通，并配备水槽、洗瓶机、立体多层器皿架、烘箱、器械柜、医用小推车、工作台等设施设备。

2. 培养基制备车间

培养基制备车间的主要功能包括母液及试剂存放、培养基的配制、分装、灭菌，有条件的可在此车间内单设药品存放室、称量（天平）室及灭菌室。车间内应配有药品架、工作台、高压蒸汽灭菌锅（手提式、全自动立式或大型卧式等不同规格）、医用器械柜，冰箱、电炉、培养基分装器、恒温箱、纯水机等。此车间面积根据工作量确定，可适当稍大些，以方便操作。

由于高压灭菌锅用电量大，应考虑设置专用线路和配电板（盘）。车间内还需配备消防设施。

3. 接种车间

接种车间的主要功能是用于植物材料的消毒及接种、试管苗的转接等无菌操作。接种车间应配套有缓冲间。车间面积根据生产量确定，但不宜过大，可以内设几个小接种间，要求地面平坦，墙壁光滑，易于进行清洁和消毒处理，有利无菌环境控制。缓冲室、接种室内应安装紫外线杀菌灯，用于环境消毒。接种车间应配套一定数量的超净工作台、医用小推车、接种工具等设施设备。为了提高劳动生产率和降低生产成本，可以引进自动化设备生产线，如图5-1所示，可省去大量的人工洗瓶、烘瓶、灌装等复杂工序，显著提高工作效率。

4. 培养车间

培养车间的主要功能是进行试管苗的培养。应根据生产规模确定培养车间的面积大小，最好设计多个培养间，便于对培养条件的均匀控制。若要进行细胞培养，需设液体振动培养间。培养车间墙壁最好使用保温隔热材料，位置安排在向阳面，多安装玻璃窗

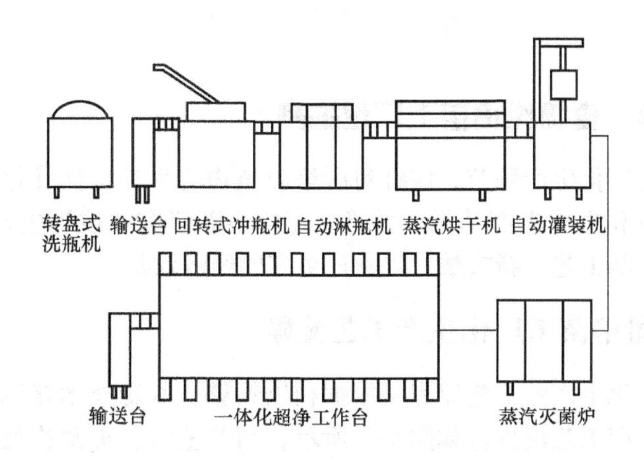

图5-1　组培自动化设备生产线示意图

户透光，充分采用自然光线，这样既有利幼苗生长，又可减少补光时间，节约能源，降低生产成本。培养室内摆放光照培养架，安装空调、除湿和加湿设备，以及自动控时开关、紫外线杀菌灯等。

培养车间内最好还设有检测室，配备显微镜等检测仪器，以便观察培养物生长情况。植物脱毒苗生产还应增加病毒鉴定室。

5. 组培苗驯化车间

组培苗驯化车间的主要功能是进行组培苗的移栽炼苗驯化。一般是采用配套温室，温室应有防虫、控温、控光及喷雾设施。温室内采用电热温床，对于大批量的育苗移栽操作更方便，并有利于提高移栽成活率。

6. 育苗圃

育苗圃可分为原种圃和繁殖圃。原种圃主要用于引进和保存育苗所需的优良的种质资源（母本株），并作为组培生产的取材圃，采用防虫网室内种植，部分种质资源还可采用离体冷藏方式保存；繁殖圃用于扩繁组培苗及培育商品苗，用于脱毒苗繁殖应采用防虫网室隔离繁殖，繁殖圃内还应适当配备喷雾加湿、遮阳设施。

7. 冷藏室、仓库等附属用房

冷藏室主要用于对一些材料进行低温处理，以延缓其分化和生长速度，便于根据市场需求安排生产计划，调节供应种苗。特别是大规模生产一些鲜切花时，配备冷藏室尤其重要。另外，一些球根花卉，如唐菖蒲、郁金香等的小球茎需要置于冷藏室，在3～5℃下冷藏1个月以打破休眠。

仓库用于存放备用的玻璃器皿、培养容器、器械用具及药品等。可以选择背阳的房间作仓库，其中药品仓库要求干燥、通风、避光，配备药品柜等设施，对有毒有害药品应安排专人保管，加强安全管理措施。

工作任务2　植物组培苗工厂化生产

在植物组培苗工厂化生产环节，应针对所培养植物的生长特性优化设计生产工艺流程，并根据市场需求制定和实施生产计划。并且，还应不断研究和改进生产技术，采用更加简便、高效的新技术、新工艺、新方法，以获取更好的经济效益。

5.2.1　植物组培苗工厂化生产工艺流程

植物组培苗工厂化生产的工艺流程是根据植物快繁、脱毒技术路线建立起来的。例如，葡萄试管苗商业化生产工艺流程，如图5-2所示，菊花茎尖脱毒及快速繁殖生产工艺流程，如图5-3所示。

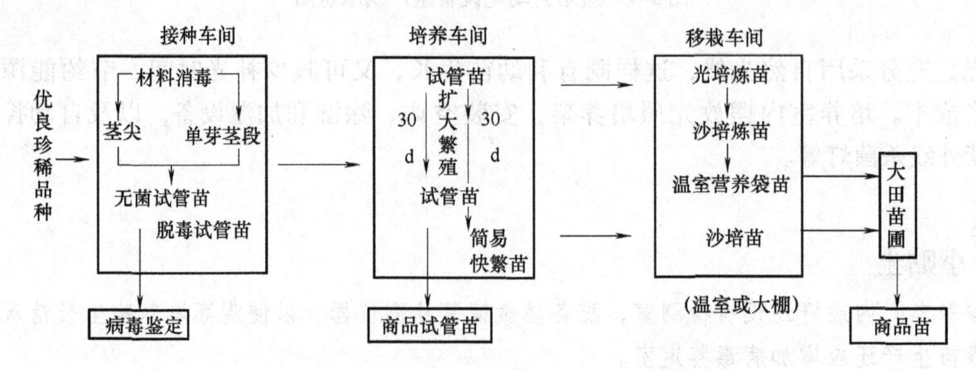

图5-2　葡萄试管苗商业化生产工艺流程

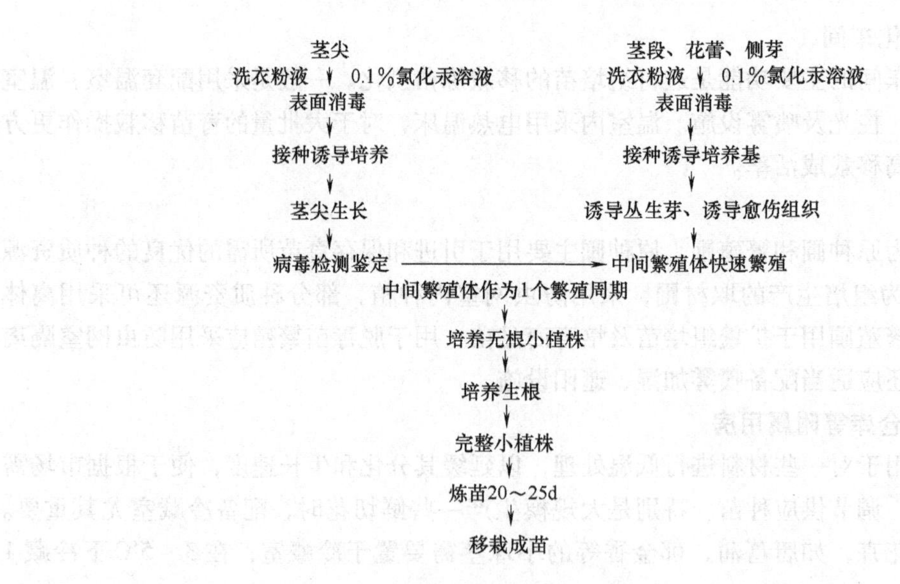

图5-3　菊花茎尖脱毒及快速繁殖生产工艺流程图

5.2.2　组培苗生产计划的制定与实施

生产计划是根据市场需求和经营策略，对未来一定时期的生产目标和活动所做的统一安排。生产计划的制定是进行组培苗规范化生产的关键，生产量不足或过剩都会直接影响经济效益。在实际生产中，首先应对植物材料的增殖率做出一个切合实际的估算，再根据生产能力和市场需求制定相应的生产计划，并有效组织生产。

1. 试管苗增殖率的估算

试管苗增殖率是指植物快速繁殖中间繁殖体的繁殖率。通常试管苗增殖率的估算多以芽或苗为单位，原球茎或胚状体以瓶为单位。

（1）试管苗的理论增殖值计算　试管苗理论增殖值是指接种一个芽或一块增殖培养物，经过一定时间的培养后得到的芽或苗数量，也即是试管苗理论上的年繁殖量，其计算公式为：

$$Y = mX^n$$

式中　Y——年繁殖数；

m——无菌母株苗数；

X——每个培养周期的增殖倍数；

n——全年可增殖的周期次数。

例如，一株高6cm的马铃薯试管苗，被剪成4段转接于继代培养基上，30d后这些茎段平均又再生出3个6cm高的新苗。如此反复培养，一株马铃薯试管苗半年后的理论繁殖量计算方法为：

$$Y = mX^n = 1 \times (4 \times 3)^6 \text{株} = 2985984 \text{株}$$

即一株马铃薯试管苗经半年的继代培养后，理论上可以获得2985984株新生试管苗。

又如，在葡萄试管苗的生产中，若一株无菌苗每周期增殖3倍，一个月为一个繁殖周期，生产时间为每年8月至次年的2月。那么，欲培育5000株成苗应当从多少株无菌苗开始进行培养？根据上述公式可知 $m = Y/X^n$，即得：

$$m = (5000/3^6)\text{株} = 6.86 \text{株}$$

即欲培育5000株成苗，理论上应当从6.86株无菌苗开始进行培养。

（2）试管苗的实际增殖值计算　试管苗的实际增殖率是指接种一个芽或转接一个苗，经过一定的繁殖周期所得到的实际芽或苗数。由于在继代扩繁过程中可能会出现污染苗、弱苗，移栽过程中出现死苗等现象，以及其他一些不确定因素的影响，试管苗生产的理论增殖率与实际产量会有很大差异。据曹孜义等（1986）报道，葡萄一个芽理论上一年可繁殖出23万至220万株小苗，而实际上只能得到3万株成活苗。由此可见实际值远比理论值低，虽然理论计算可以作为一个参考指标来计算产量和制订生产计划，但其可参考性较低。

试管苗的实际增殖率计算方法需要通过生产实践的经验积累而获得。为了使计算数据更接近实际生产值，有必要引入有效苗和有效繁殖系数等概念。有效苗是指在一定时间内平均生产的符合一定质量要求的能真正用于继代或生根的试管苗；有效苗率是指有效苗在繁殖得到的新苗数中所占的比率；有效繁殖系数是指平均每次继代培养中由一个苗得到有效新苗的个数。

若设 N_e 为有效苗数，N_0 为原接种苗数，N_t 为新苗数，L 为损耗苗数，C 为有效繁殖系数，P_e 为有效苗率，则有：$N_e = N_t - L$，$P_e = N_e/N_t$，$C = N_e/N_0 = N_t \cdot P_e/N_0$。

那么，m 个外植体连续 n 次继代繁殖后所获得的有效试管苗数 Y 为：

$$Y = mC^n = m(N_e/N_0)^n = m(N_tP_e/N_0)^n$$

式中 Y——有效试管苗数；

m——无菌母株苗数；

n——全年可增殖的周期次数。

例如，一株高 6cm 的马铃薯试管苗，被剪成 4 段转接于继代培养基上，30d 后这些茎段平均又再生出 3 个 6cm 高的新苗，其中可用于再次转接繁殖的苗为新生苗的 85%。如此反复培养，半年后一株马铃薯试管苗的繁殖量为：

$$Y = m(N_tP_e/N_0)^n = 1 \times (4 \times 3 \times 4 \times 85\%/4)^6 \text{ 株} \approx 1126162 \text{ 株}$$

由试管苗到合格的商品苗，一般还要经过生根培养、炼苗与移栽等程序，其中也客观存在消耗。若有效生根率（有效生根苗占总生根苗的百分数）为 R_1，生根苗移栽成活率为 R_2，成活苗中合格商品苗率为 R_3。那么，m 个外植体经过一定时间的试管繁殖后所获得的合格商品苗总量 M 为：

$$M = Y \times R_1 \times R_2 \times R_3$$

例如，若马铃薯试管苗的有效诱导生根率为 85%，移栽成活率为 90%，合格商品苗的获得率为 95%。那么，上例中所得的试管苗最终可以培养出的合格商品苗数量为：

$$M = Y \times R_1 \times R_2 \times R_3 = 1126162 \times 85\% \times 90\% \times 95\% \text{ 株} \approx 818438$$

相比之下，理论估算值比有效增殖值高出 2.65 倍，比合格商品苗总量高出 3.65 倍。可见，引入有效苗和有效繁殖系数等概念后，组培苗增殖值与合格商品苗产量等数值的计算更加符合生产实际。

小贴士

销售目标应包括确定供货数量和供货时间。如果有稳定的订单可以根据其要求安排生产；在无大量订单之前一定要限制增殖的瓶苗数，控制瓶内幼苗的增殖和生长速度。通常可通过适当降温或在培养基中添加生长抑制剂和降低激素水平等方法控制。另外，虽然在理论上讲组培育苗可周年生产，任何时候都能出苗。但在实际生产中，由于受大田育苗的季节性限制，一般试管苗出瓶时间多集中安排在秋季和春季，尤其是在早春。春季出瓶的组培苗在温室或塑料大棚中经过短时间的驯化后即可移栽入大田苗圃，成活率较高。

2. 生产计划的制定

商业化生产计划制定应考虑市场对试管苗的种类和数量的需求及趋势，以及自身具备的生产能力（生产条件及规模）。首先应提出全年的销售目标，再根据实际生产中各个环节的消耗制定出相应的全年生产计划。即：

$$\text{计划生产数量} = \frac{\text{计划销售数量}}{(1-\text{损耗率}) \times \text{移栽成活率}}$$

一般情况下，若生产过程中损耗率为 5% ~10%，实际生产数量应比计划销售数量增加 20% ~30%。

销售计划和生产计划应按月份做出，并依据当年总计划进行确认和调整。生产日期则根据销售计划拟定。当然，根据市场需求拟定的生产计划，在实际生产过程中还应根据市场变化及时调整，以促进试管苗的适时生产和有效销售。

由于刚出瓶的试管苗不能成为商品苗出售，所以试管苗的出瓶日期应比销售日期提前40～60d。试管苗的成活及质量与苗龄有一定相关性，过小或过老的试管苗都不应进入市场销售，以确保企业信誉。

3. 生产计划的实施

组培苗生产计划实施步骤主要为：①准备繁殖材料，建立无性繁殖系。繁殖材料必须是来源清楚、无检疫性病害、无肉眼可见病害症状、具有典型品种特性的优良单株或群体。当初代培养外植体增殖形成5～10个繁殖芽时，需及时进行品种危害性病毒检测，淘汰带病毒材料。②试管苗繁殖材料的快速增殖。当其增殖达到所需基数时，存架增殖总瓶数的控制就成为影响试管苗生产效益的关键因素。存架增殖瓶数过多，易产生人力和设备不足，增殖材料积压并老化，影响出瓶苗质量和移栽成活率，增加生产成本；反之则使基本苗不足，延误出苗时期，不能完成生产计划，同样会造成经济损失。根据增殖的总瓶数及操作人员的工作效率，还可计算出生产过程中需投入的人力，保证商业化生产顺利进行。

存瓶增殖总瓶数＝月计划生产苗数/每个增殖瓶月可产苗数

月计划生产苗数＝每个操作人员每天可接苗数×月工作日×操作人员数

有效控制试管苗的增殖总瓶数，便于在一个生产周期内全部转接、更新1次培养基，使增殖材料处于不同生长阶段的最佳状态，提高其质量。

5.2.3　组培苗的简化培养技术

植物组培快繁技术应用于植物种苗生产比一般传统农业常规繁殖方式具有繁殖率高、扩繁速度快等明显优势，但是在生产实际应用中也还普遍存在一些难题，如材料污染、变异，长期继代培养后幼苗生长不良，驯化移栽过程中死苗率高且生长缓慢等，并因此造成生产成本较高，这些问题也是植物组培快繁技术在商业化生产中仍然受到一定限制的重要原因。因此，在市场竞争中，迫切需要通过不断改善技术，降低生产成本，提高产品质量和产量，获取更佳的经济效益。

1. 植物无糖组织培养技术

20世纪80年代末期，日本千叶大学园艺学部环境调节工学研究室的古在丰树教授发明了无糖组织培养技术，这是一种将环境控制技术与传统组培技术有机结合的新的植物组织培养模式。

（1）植物无糖组织培养技术的概念、原理及特点　植物无糖组织培养技术即光独立培养技术，是指在组织培养过程中，培养基中不含有糖，而通过输入可控制量的 CO_2 气体作为碳源，并且由试管内（小容器）培养改为箱式大容器培养，采用人工手段控制培养环境因子，促进植物光合作用，使组培苗由异养型转变为自养型。

传统的组织培养技术认为培养容器中的试管苗光合能力很弱，甚至没有光合能力，因此培养基需加入糖作为植物生长的碳源。但是，培养基中加糖容易引起微生物的污染，而且试管苗长期以异养生长为主，导致叶片表层结构发育差、气孔开闭功能减弱、叶绿素含量低、植株生长细弱。植物无糖组织培养技术作为一种新型的培养方法，是根据光合作用原理和植物的生理特性，采用环境控制的方法，用 CO_2 代替蔗糖作为植物体的碳源，为植株的生长提供充足的 CO_2 和光照以及适宜的温度等条件，促进植株自身的光合作用，并通过改善自身的生理和能量代谢，促进其加快生长。

与传统组织培养技术相比较，无糖组织培养技术具有以下特点：①培养周期缩短。通过人工控制，对植物生长环境进行动态调整优化，为种苗繁殖生长提供最佳的 CO_2 浓度、光照、湿度、温度等环境条件，促进了植株的生长发育，一般能缩短培养周期40%，且幼苗生长整齐、植株健壮。②污染率降低。培养基中不含糖，显著降低了组培苗生产过程中的微生物污染率。③种苗质量提高。无糖培养组培苗生长健壮，生根率、成苗率显著提高，简化了驯化移栽过程，提高种苗质量。④培养技术简化，节省投资，降低生产成本。无糖组培技术简化了植物组织培养工艺，生产流程缩短，技术和设备的集成度提高，降低了操作技术难度和劳动作业强度，节省人力、物力，更便于在规模化生产上推广应用。

（2）植物无糖组织培养的技术关键　植物无糖组织培养的技术关键主要有：闭锁型培养室设计、培养容器改进、CO_2 供应系统配置、反光设施配置、培养基质环境改善。

1）闭锁型培养室设计。常规的组织培养室是半开放型的，自然光、外界空气和微生物能通过门窗进入培养室，因而增大了污染率和能源的消耗。无糖组织培养技术采用闭锁型培养室设计，门窗全封闭，墙体内加入保温材料，墙面光滑，防潮反光性好，便于清洁灭菌。培养室内进行全方位的人工环境控制，温度、湿度、气体浓度等均不受任何外界干扰，并有效地防止病菌、微生物的进入，为植物生长提供最适宜的环境条件。闭锁型设计还可以将培养室内外热量交换降至最低限度，所以能降低空调的能源消耗，有效控制运行成本。

2）培养容器改进。在常规的植物组织培养中，由于培养基中有糖分存在，为了防止微生物污染，一般是采用较小的培养容器如试管、三角瓶等。容器中的植株生长在高湿度、低光照、CO_2 浓度稀薄的条件下，而且培养基中高浓度的糖和盐以及植物生长调节剂，有毒物质容易累积，降低植株的蒸发率、光合能力以及水和营养的吸收率；而小植株的暗呼吸却很高，结果引起小植株生长细弱瘦小。而无糖组培在培养基中除去了糖，污染率降低了，可以使用各种类型的培养容器。为了改善小植株的生长状况，培养容器的设计要考虑透光性、空气湿度、气体的流动、容器的散热性等因素。昆明市环境科学研究所开发了一种大型的培养容器，用有机玻璃制作，尺寸是根据日光灯管的长度和培养架的宽度确定的，体积为130L，培养面积5610cm^2，可放在培养架上多层立体培养，能有效地利用光源和培养室面积，进一步降低能耗、投资和运行成本。

3）CO_2 供给系统的配置。无糖组培技术用 CO_2 代替糖作为植物体的碳源，单靠容器内的 CO_2 浓度远远不能满足植株生长的需求，需要补充 CO_2。人工输入 CO_2 的方式有两种：一种是自然换气，培养室的空气通过培养容器的微小缝隙或透气孔进行培养容器内外气体的交换；另一种是强制性换气，利用机械力的作用进行培养容器内外气体的交换。在强制性换气条件下生长的植株，一般都比自然换气条件下生长的要好。国内现在较为成熟的 CO_2 输入系统是采用箱式无糖培养容器和强制性管道供气系统，如图5-4所示。供气系统由 CO_2 浓度控制装置、混合配气装置、消毒、干燥、强制性供气装置、供气管道等构成。其运行结果可适合于工厂化生产，CO_2 浓度、混合气体的构成、气体的流速、气体的灭菌都容易控制。至于通入 CO_2 混合气体的次数、流速及浓度等，要根据培养的植物种类、生长状况及其培养周期确定。

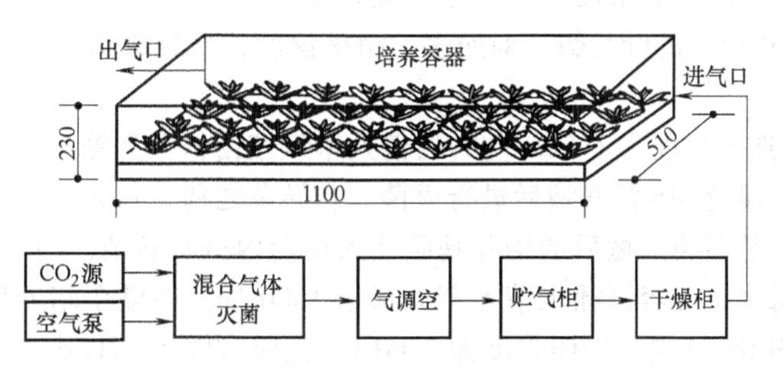

图5-4　箱式无糖培养容器和强制性管道供气系统

4）反光设施配置。一般培养室用于照明电能的消耗约占总用电量的70%，通常培养室内非常明亮，但很多光不是照射到植物上，而是照射在培养室的墙壁上、培养瓶壁上，很大一部分光源被浪费。采用透光性强的材料制作培养容器或加反光铁片等，可最大限度地使光源集中用于小植株上，显著提高光能的利用率。据测定2支40W日光灯，不设置反光设施时，光照强度为2200lx；而增加反光设施后，光照强度可达3400lx。

小贴士

CO_2 浓度和光照强度是植物进行光合作用的两个重要因素，两者之间的量必须配合好。在5000～6000lx的光照条件下，C^3 植物 CO_2 浓度以 $294mg/m^2$ 为宜；在5000～8000lx的光照条件下，C^4 植物 CO_2 浓度以 $392～588mg/m^2$ 为宜。

5）培养基质环境改善。无糖组织培养中不但培养基无糖化，并且不用琼脂等凝胶状物质，主要是采用塑料泡沫、蛭石、珍珠岩、岩棉、陶粒、纤维素等无机材料。在常规的植物组培中，通常在培养基质中使用琼脂、卡拉胶等物质。但植株的根系在琼脂中发育一般瘦小且脆弱，移栽时容易受到损伤，从而影响成活率，并且生长缓慢。试验表明，采用多孔的无机材料作基质，空气扩散系数高，植株的根区环境中有较高的氧浓度，从而能促进小植株的生长，根系发育良好。在工厂化组培种苗的生产中可以简化或省略驯化过程，易于直接进行大田种植的驯化。而且，多孔的无机材料价格较琼脂成本低。

小贴士

据试验研究报道，在无糖组织培养中由于植株生长健壮，在生根培养阶段，加生长调节剂和不加生长调节剂对植株的生根率没有显著的影响。但在增殖阶段，由于初期外植体叶面积较小，需加入细胞分裂素以促进细胞的分裂。

(3) 植物无糖组培技术的应用实例

1) 非洲菊。切取非洲菊组培苗分单株培养在无糖的 MS 和 Hoagland 培养基质上，通入 CO_2 浓度 1500mg/L，光照强度 8000lx，培养 23d 后出瓶。以传统组培方法作对照，无糖培养生根率达到 100%，且根系发达呈白色，而对照根系生长相对缓慢，根短且稀少呈黄黑色。叶面积 1.5cm^2 以上的叶片数比对照多，植株健壮，移栽成活率达 91%，较对照的成活率 78% 提高了 13%。

2) 情人草。选取高度为 1.5cm 左右的情人草组培苗，在无糖条件下进行生根培养。培养基质为珍珠岩，浸透 MS 营养液后进行灭菌。在转苗之前，首先对培养容器和培养室进行严格的消毒处理，然后将灭菌后的培养基质装入苗盘内进行转苗。每一个大型的培养容器，装入 3 个苗盘，每个培养容器插入情人草无根苗 1500 株。在整个培养期间，培养室的温度为 (24 ±1)℃。开始 7d 内，光照强度为 2700lx，光照时间为 12h/d。7d 后光照强度增加为 8000lx，光照时间为 14h/d，补充 CO_2 浓度为 1500mg/L，补充 CO_2 的时间和光照同步进行。培养 20d 后出苗，直接将苗移栽到营养土上，进行过渡炼苗，20d 后成活率达到 95%。其长势为植株高 8.4cm，叶片数 (12.8 ±1.7)、叶面积 2145mm^2、鲜重 750mg、干重 68mg。

2. 液体培养技术

液体培养技术即是在培养基中不加入琼脂、卡拉胶等凝固剂。与固体培养方法相比较，液体培养具有以下特点：

(1) 降低成本　由于在培养基中省去琼脂，一般可降低成本约 40%。

(2) 简化培养基制作　配制固体培养基需要加热融化琼脂，且要趁热分装，而液体培养基无需熬制，分装方便，可节省时间和能源。

(3) 充分利用培养基中的营养成分　液体培养基中营养物质处于流动状态，养分吸收面积大，养分流动补充快，便于植物充分利用。并且植物组织排出的代谢产物易分散，自体抑制效应减弱，有利植物生长。

(4) 移栽操作简便，成活率高　液体培养的苗粗壮，生根早，根多且粗壮。并且液体培养的组培苗移栽时用清水冲洗 1 次即可，不易伤根，既提高工作效率，成活率也显著提高。

生产上采用液体静置培养方法，无需添置震荡摇动设备。在培养过程中，要按照液体培养的特点调整培养基中的植物激素浓度，适当提高 BA 等细胞分裂素的用量，以增加苗分化的数目。否则增殖阶段促进生长的效应大于促进苗芽分化的效应，会造成苗相对较高、芽相对较少的情况。同时，培养液注意保持浅层，并及时继代培养，以适应培养物快速生长繁殖的需要。液体培养技术应用中进一步解决好培养物的支持、通气等问题，如采用耐高温无毒的塑料网架垫片或泡沫片或异垫底容器等，允许适当多加培养液，以推特较长时间的生长，

效果会更好。

工作任务3 植物组培苗的质量鉴定与运输

商业化生产组培苗的质量鉴定是保证苗木质量和保护种植者利益的重要环节，也是确定销售价格的重要依据，直接关系到生产企业的经济效益和产品信誉，必须认真检验，严格把关。工厂化异地生产培育组培苗可发挥技术优势，在技术优势较强的地区培育价廉、质优的种苗，然后运输到生产区进行销售，这种经营方式不但有广阔的市场空间，也会有较大的经济效益和社会效益。此外，工厂化生产培育组培苗可利用纬度差、海拔高度差或地区间小气候差异进行育苗，节省能耗，降低成本。工厂化异地生产培育组培苗，必须解决好组培苗的包装、运输问题，才能最终获得经济效益，否则会功亏一篑。

5.3.1 植物组培苗的质量鉴定

根据种苗的用途不同，其质量标准也有所不同。

1. 生产性组培瓶苗的质量标准

用于生产的组培瓶苗质量，主要依据苗的根系状况、整体感、出瓶苗高、叶片数及叶片颜色等四个方面进行判定。

（1）根系状况　根系状况是指种苗在瓶内的生根情况，包括根的有无、多少、长势和色泽。一般通过目测评定，合格的组培瓶苗必须有根，根量适中，并且长势好、色白健壮。

（2）整体感　整体感是指组培苗在容器内的长势和整体感观，包括长势是否旺盛、种苗是否粗壮挺直等。此项指标是一个综合的感观评判项目，靠目测评定，应由熟悉组培生产及各种类组培瓶苗形态特征的人员进行检测。

（3）出瓶苗高　出瓶苗高是指出瓶时组培苗的高度。组培苗过矮过小，移栽难以成活。但并不是说苗高度越高越好，多数种类组培苗的高度超过指标后，其质量反而下降，继续生长会变成徒长、瘦弱的超期苗，降低移栽成活率。

（4）叶片数及叶片颜色　叶片数是指组培苗进行光合作用的有效叶片数。通常通过目测评定，适当数量和形态正常的叶片表明植株生长健壮。叶片颜色直接表明组培苗的健壮状况，叶色深绿有光泽，表明生长势强壮，光合能力强，适宜移栽；叶片发黄、发脆、透明及局部干枯都是组培苗病态的表现，移栽难以成活。

小贴士

组培苗鉴定时要注意识别莲座化现象和已发生变异的组培苗。莲座化苗后期无法抽苔开花，而变异苗会引起产量下降或品质变劣，影响产品的商品价值。

几种常见花卉组培苗的出瓶质量标准见表5-1。

2. 原种组培苗的质量标准

原种组培苗是指用于扩繁生产种苗的组培苗，它是种苗生产的源头与基础。原种组培苗的质量标准不仅需要用生产性组培瓶苗的质量标准来进行检测，同时还需要在生产过程中进行健康状况和品种纯度的检测，只有通过这两项指标的严格检测，才能从源头上真正保证组培瓶苗的质量。

表 5-1　几种常见花卉组培苗的出瓶质量标准

植物品种		根系状况	整体感和叶片颜色	出瓶苗高/cm	叶片数/片	苗龄/d
非洲菊	1 级	有根	苗直立单生，叶色绿，有心	2～4	≥3	15～20
	2 级	有根	苗略小，部分叶形不周正，有心	1～3	≥3	15～20
勿忘我	1 级	有根或无	苗单生，有心，叶色绿	2～3	≥3	15～20
	2 级	有根	苗单生，有心，叶色绿	2～4	≥3	15～20
满天星	1 级	有根	粗壮硬直，叶色深绿	2～3	4～8	10～13
	2 级	根原基	粗壮硬直，叶色深绿	1.5～3	4～8	10～13
菊花	1 级	有根	苗粗壮硬直，叶色灰绿	2～4	≥4	15～25
	2 级	有根	苗粗壮硬直，叶色灰绿	1～2	≥4	15～25
马蹄莲	1 级	有根	苗单生，叶色绿	3～5	≥3	15～25
	2 级	根少或无	苗单生，苗色稍浅	2～4	≥3	15～25
龙胆草	1 级	有根	苗单生，叶色绿	3～4	≥6	15～25
	2 级	有根	苗单生，叶色绿	1.5～3	4～6	15～25
百合	亚洲	有根	叶色不定，基部有小球	不定	有叶	15～25
	东方	有根	叶色正常，基部有小球	不定	2～5	15～25

（1）品种纯度　品种纯度是指原种组培苗是否具备品种的典型性状。品种纯度是非常重要的一个质量指标。因为一旦原种苗发生混杂，则用其生产的种苗也会发生大规模的混杂。在生产过程中应对品种纯度进行严格检测和监控。外植体进入组培室后，在扩大繁殖前须对每个外植体材料进行编号；生产过程中所有的材料在转接后要及时做好标记，分类存放；若发现可能有材料混杂，须全部丢弃。品种纯度鉴定可根据外观性状判断，有条件的可利用分子检测技术进行鉴定。

（2）健康状况　健康状况是指原种组培苗是否携带病菌，包括真菌、细菌、病毒等。在生产过程中，首先对需繁殖的外植体材料进行病毒和病原菌检测，若为带毒植株，可通过微茎尖离体培养、热处理等方法脱除病毒，并经鉴定脱毒后再大量扩繁。组培苗出瓶后需在防虫网室或温室中繁殖，在此期间对多发性病原菌要进行两次或两次以上的检测，当检测出感染有病原菌的植株时，须连同其室内扩繁的无性系同时销毁，以保证原种组培苗处于安全的健康状况。

3. 出圃苗的质量标准

出圃种苗的质量影响到种植后的成活率、长势、产量和病虫害的防治。组培出圃苗的质量标准很难统一，主要原因是由于植物产品特殊性，现阶段不同植物组培出圃苗的质量标准参考实生苗质量的标准进行。主要从以下几个方面进行考虑：

（1）商品特性　苗高、冠幅、地径、叶片数、芽数、叶片颜色、根的数量、长度等。

（2）健壮情况　抗病性、抗虫性、抗逆性。

（3）遗传稳定性　品种典型性状、是否整齐一致。

5.3.2　植物组培苗的运输

1. 育苗方法及苗龄

一般采用水培或以多孔材料（如沙砾、炉渣等）作基质培育的苗木，起苗后根系全部裸露，须采取保湿措施处理，否则经长途运输后成活率会受到影响。采用岩棉、草炭作基质，重量轻，保湿性好，又有利于护根，效果较好。近年来推广应用的穴盘育苗，基质使用量少，护根效果好，便于装箱运输，适合苗木长途运输。一般远距离运输应以小苗为宜，尤其是带土的秧苗。因为小苗龄植株苗小，叶片少，运输过程中不易受损伤，单株运输成本低。

2. 组培苗的包装

为了保证苗木的成活率，应注意对根系保护处理。采用穴盘育苗运输时带基质，应先振动秧苗，使穴内苗根系与穴盘分离，然后将苗取出，带基质摆放于箱内，以提高定植后的成活率及缓苗速度。水培苗或基质培苗，取苗后基本上不带基质，可由数十株至百株扎成一捆，用水苔或其他保湿包装材料将根部裹好再装箱。包装箱的质量可因苗木种类、运输距离不同而异。近距离运输可选用简易纸箱或木条箱，以降低包装成本；远距离运输，需多层摆放，应考虑箱体容量和强度，保证能经受压力和颠簸。

3. 对运输工具及运输适温的要求

根据运输距离的远近选择运输工具。同一城市或同一区、乡内近距离运输多采用小型运输车；远距离运送时则应选用大容量运输工具，如火车或大吨位汽车等。种苗生产企业可将种苗直接运送到异地定植场所，这样可以减少搬动次数，减少种苗受损，有效提高成活率。对于珍贵的种苗或有紧急时间要求者也可选择空运。

小贴士

在苗木长距离运输前，育苗企业应当按照销售合同和生产量确定具体的送货日期，并及时通知育苗场和用户，请他们注意天气预报，做好运前或货到后的防护准备。特别在冬春季，应做好秧苗防寒防冻准备。起苗前几天应进行秧苗锻炼，逐渐降温，适当少浇或不浇营养液，以增强秧苗抗逆性。

在种苗运输过程中应注意调节温度、湿度，苗木运输工具最好应具有调温、调湿装置，防止因过高或过低温、湿度损伤幼苗。多数植物种苗适宜的运输温度为9～18℃；果蔬秧苗（如番茄、茄子、辣椒、黄瓜等）的运输适温为10～21℃，低于4℃或高于25℃均不宜；但是结球莴苣、甘蓝等耐寒类叶菜种苗运输适温为5～6℃。

工作任务4　植物组培苗生产成本核算与效益分析

商业化生产的最终目的是要获取经济效益，因此需要进行生产成本核算与效益分析。生产成本核算也是组培苗产品价格制定的主要依据。并且，通过成本核算可以反映组培苗生产企业经营管理状况，也可以了解生产过程中各种消耗，以便改进工艺流程，改善生产中的薄弱环节，提高生产效益。

5.4.1 植物组培苗生产成本核算

组培苗工厂化生产既有工业生产的特点，可周年在室内生产；又有农业生产的特征，在温室或田间种植，受季节和气候等因素的影响；还存在植物种类间、品种间的繁殖系数和生长速度的差异。因此，组培苗生产成本核算方法较为复杂。一般情况下，组培苗商业化生产成本核算应包括直接生产成本投入、固定资产折旧、市场营销和经营管理开支。

1. 直接生产成本

按生产50万株组培苗的全过程中（包括诱导、继代、生根诱导等），约消耗8000~10000L培养基计算，制备培养基的药品、技术人员工资、电能消耗及各种消耗品约需直接生产成本4.0万元。其中，组培苗培养过程中温度、湿度和光照的控制以及培养基制备及灭菌的电能消耗常占极大比重。一般情况下每株组培苗的直接成本可控制在0.45元以内。

2. 固定资产折旧

按年产50万株组培苗的工厂规模，约需厂房和基本设备投资150万元左右计算，如果按每年5%折旧推算，即7.5万元的折旧费，则每株组培苗将增加成本费0.15元左右。

3. 市场营销和经营管理开支

一般指销售人员工资、差旅费、种苗包装费、运输费、保险费、广告费、展销费等。如果市场营销和各项经营管理费用的开支按苗木原始成本的30%运作计算，每株组培幼苗的成本约增加0.10~0.12元左右。

以上各项成本合计，每株组培幼苗的生产成本约在0.40~0.70元左右。因此，组培育苗工厂在决定生产种类时一定要慎重，避免盲目投入。要选择有发展潜力、市场前景看好、售价较高的品种进行规模生产。否则，可能造成亏损。表5-2为北京某种苗公司年产130万株安祖花商品组培苗的成本核算。

表5-2 安祖花商品组培苗的成本核算表

培养月份	培养株数	培养基费用/元	人工费用/元	水电费与取暖费/元	设备折旧费/元	合计/元	单价/元
3	5	0.9	600	1350	0	1951	
4	20	0.9	600	600	0	1201	
5	80	4	600	600	0	1204	15.05
6	320	15	600	600	5	1220	3.81
7	1280	55	600	1170	20	1845	1.44
8	5120	221	1200	1360	80	2861	0.56
9	20480	887	1800	2110	320	5117	0.25
10	81920	3538	6750	5200	1278	16766	0.20
11	327680	14155	27000	17680	5119	63954	0.20
12	1310720	56622	108000	67500	20880	253002	0.19

从表中可看出，年产130余万株安祖花商品组培苗的生产成本中（直接费用和部分间接费用），培养基费用、人工费用、水电费与取暖费、设备折旧（包括维修和损耗）费分别占

生产成本的22.38%、42.69%、26.68%、8.25%（管理费用、销售费用及财务费用等不包括在内），生产规模越大、产量越高，单株成本越低。

5.4.2 提高植物组培苗生产效益的措施

要提高植物组培苗商品化生产效益，一方面应注意选择珍稀、名特优和脱毒种苗生产，取得市场产品优势；另一方面应针对试管苗生产所需的费用，采取相应措施降低生产成本，增强产品竞争力，提高经济效益。

1. 严格管理制度，提高劳动生产率

实行责任制，生产分段承包、责任到人、定额管理、计件工资、效益与工资挂钩，激励生产员工的工作热情与责任心，奖优罚劣是提高劳动生产率的有效措施。作为组培苗的生产企业可以利用经济欠发达地区的廉价劳动力，降低劳动成本，增强企业竞争力，加强工人的技能培训，优化工艺流程，以提高劳动生产率。

2. 减少设备投资，延长使用寿命

组培工厂化生产所需的仪器设备价格昂贵，一般企业在仪器设备上投资，少则数万元，多则数十万元。且仪器设备的折旧费在组培苗的生产成本中少则10%，多则20%以上。正确使用仪器设备，及时维修，延长使用寿命，是降低成本、提高效益的一个重要措施。

3. 降低消耗

组培苗生产中使用量最大的是培养器皿，如用玻璃三角瓶，则价格较高，又容易破损，可使用耐高温高压的塑料培养器皿或果酱瓶、罐头瓶，可大大节省费用。水电费用在组培苗的生产成本中占20%～40%，应尽量利用自然光照和温度，将培养室建成自然采光、利用太阳能加温的节能培养室。此外，充分利用培养室空间，合理安排培养架和培养瓶，减少能源消耗。生产上尽量用自来水、井水、泉水，减少蒸馏水的用量，用食糖代替蔗糖，电费价格高的地区可改用锅炉蒸汽、煤炉、煤气炉或柴炉等进行高压蒸汽灭菌，这些措施都可节省费用，降低生产成本。

生产上用自来水代替蒸馏水配制培养基时。若自来水中含有大量的钙、镁、氯和其他离子，最好将自来水煮沸，经过冷却沉淀后再使用。

4. 减少污染，提高繁殖率和移栽成活率

生产中的污染不仅造成人力、财力的浪费，还会造成环境污染。所以必须控制好各个环节，严格无菌操作规范，减少污染，一般进行正式生产时污染率应当控制在5%以内。同时，通过生产技术改进，提高增殖率，保证组培苗生根率达95%以上，炼苗成活率达90%以上，并提高试管苗和商品苗的质量，也是降低成本、增加效益的有效措施。

实训5-1 植物组织培养育苗工厂规划设计

● **实训目的**

1. 熟悉植物组培苗生产工厂设计过程，能提出正确的厂址选择和厂区规划方案。

2. 熟悉植物组培苗生产工厂主要设备、仪器配置及安装。

● **实训要求**

1. 规划布局和生产工艺流程设计体现科学性、合理性，符合技术要求，并且能因地制宜，经济实用。设计图符合制图规范，美观大方、比例协调。

2. 根据生产规模合理配置设备、仪器。

● **实训准备**

联系组培苗生产企业或准备组培苗工厂化生产实例光盘或录像带、皮尺等测量工具、相机、绘图纸、绘图笔、计算机等。

● **方法及步骤**

1. 集体参观组培苗生产企业，根据生产工艺流程绘制厂区和车间布局草图。

2. 集体观看组培苗工厂化生产实例光盘或录像带，组织讨论，比较和分析现有组培苗生产工厂设计特点，尤其对不足之处应提出切实可行的改进方案。

3. 完成设计方案，包括厂区平面设计图、工艺流程设计图，并附设计说明。

4. 编制组培苗生产企业设备投资预算书。

● 参观组培苗生产企业，应强调纪律，自觉遵守企业规章制度，在允许范围内进行调查，切不可影响企业生产和违反规定。

● 现场参观时及时绘制草图，对大型仪器设备的安装位置也要作好标注，以便设计时参考。

● 厂区平面设计图、工艺流程设计图绘制符合制图规范。

● 编制设备投资预算书时应考虑市场需求、企业生产规模，力求有效利用、节省投资，降低成本。

● **实训指导建议**

尽可能利用组培苗生产企业进行实地现场教学，并利用光盘或录像带资料增加案例，比较各个生产企业的工厂及车间设计特点。

要求学生上网查询组培苗生产所需仪器设备型号、性能、价格等资料，力求所作方案切合实际，真实可信。

● 实训考核

考核重点为工厂设计图及设备投资预算书规范性、科学性、合理性。考核方案见表5-3。

表5-3　植物组织培养育苗工厂规划设计实训考核方案

考核项目	考核内容及标准		分　值
	技能单元	考核标准	
现场操作	现场参观	遵守纪律，调查认真，记录草图绘制准确、详细	30分
	团队协作	小组成员分工明确、相互协作、积极思考、认真讨论	10分

（续）

考核项目	考核内容及标准		分　值
	技 能 单 元	考 核 标 准	
结果检查	厂区平面设计图	布局合理、符合工厂化生产技术要求；设计图格式正确，美观大方、比例协调	15分
	工艺流程设计图	针对性强、科学、实用，符合技术要求	15分
	设备投资预算书	配置合理、数据准确	20分
	实训报告	实训报告撰写内容清楚、数据详实、字迹工整	10分

实训5-2　植物组培苗生产成本核算与效益分析

● **实训目的**

1. 掌握组培苗生产成本核算的方法。
2. 熟悉提高组培苗生产效益的措施。

● **实训要求**

1. 生产成本核算项目准确、方法正确。
2. 能有针对性的对具体生产企业提出合理化建议，以提高其生产效益。

● **实训准备**

联系组培苗生产企业或准备组培苗工厂化生产案例、相机等。

● **方法及步骤**

1. 集体参观组培苗生产企业，了解企业产品种类、生产规范、设备投资、劳务用工、材料消耗以及经营管理开支等情况。

2. 根据直接生产成本、固定资产折旧、市场营销和经营管理费用等项目进行生产成本核算。

3. 组织讨论，比较和分析企业生产工艺流程设计、仪器设备配置、器皿用具选择、生产组织管理及营销等环节是否合理，总结经验，对不足之处应提出切实可行的改进措施。

4. 完成企业生产成本核算与效益分析报告。

● 参观组培苗生产企业，应强调纪律，自觉遵守企业规章制度，在允许范围内进行调查，切不可影响企业生产和违反规定。

● 效益分析时应进行市场调查，切不可随意编造。

● **实训指导建议**

尽可能利用组培苗生产企业项目教学，并收集案例比较、分析，力求所作结论切合实际、真实可信、措施可行。

● **实训考核**

考核重点为数据调查真实性、计算方法正确性。考核方案见表5-4。

表 5-4　植物组培苗生产成本核算与效益分析实训考核方案

考核项目	考核内容及标准		分　值
	技 能 单 元	考 核 标 准	
现场操作	现场参观	遵守纪律，调查认真，记录详细	30分
	团队协作	小组成员分工明确、相互协作、积极思考、认真讨论	10分
结果检查	成本核算	核算项目准确，计算方法正确	20分
	效益分析	市场调研准确、分析结论可信	20分
	实训报告	所作企业生产成本核算与效益分析报告书格式正确，数据详实，并能有针对性地提出提高生产效益的有效措施	20分

知识链接

植物开放式组织培养技术研究

植物开放式组织培养技术是以一次性塑料饮水杯和食品保鲜膜作为培养容器和封口材料，添加中药抑菌剂抑制培养基污染，在自然光的温室里就可以快速繁育出合格、健壮的植物组培苗。此项技术是由山东金秋种业有限公司资助立项，山东农业优质产品开发服务中心主任、高级农艺师单文修历时5年主持完成、拥有完全知识产权。该课题于2005年在北京通过了由我国著名工程院资深院士陈俊愉等9位专家学者的鉴定审核。

植物开放式组织培养研究针对植物组织培养必须在严格的无菌环境下操作的限制，研制出了中药抑菌剂。加入中药抑菌剂后使培养基具有抑制真菌和细菌生长的功能，并在有限抑菌浓度范围内，对植物生长无不良影响。因此，在植物组织培养过程中，可以省去培养基高压灭菌程序，不需应用超净工作台即可接种；由普通的聚乙烯塑料水杯代替传统的耐高温高压的玻璃和聚丙烯塑料制品，由食品保鲜膜代替封口膜。该研究所提出的完善的植物开放式组织培养规程，开发的中药抑菌剂生产性商品培养基，大幅度降低了植物组织培养的成本，将推动我国植物组织培养产业化发展步伐。

植物非试管快繁技术

植物非试管快繁技术是将现代计算机智能控制技术与生物技术有机结合，运用植物生长模拟计算机为植物生长创造最适的温、光、气、热、营养、激素等环境，使植物的生理潜能得到最大限度发挥，植物的生根基因尽快表达，从而实现植物的快速生根繁殖。

植物非试管快繁技术的主要技术特点：①智能化程度高，育苗过程数字化、智能化、自动化，植物的环境参数通过智能植物感知环境的湿度、温度、光照、二氧化碳、基质湿度、营养EC值等，把各项环境因子数字化，通过计算机的运行计算，把人为设定的最佳参数与环境参数比较运算，然后作出执行信号，指挥苗床设施进行弥雾、加温、补光、增气等反应，使整个育苗过程智能化、自动化，节省大量的管理用工。②投资省、效率高、适用性强。植物非试管快繁技术是目前投资最省、效率最高的工厂化育苗新技术。投资数万元即可建一个年产100～1000万株苗的工厂化育苗基地。育苗过程对环境实施智能控制，可在大田露天全光照环境下进行，也可在室内、棚内进行，育苗可用基质，也可水繁、气繁；操作简单，取植物一叶一芽，

通过药剂处理后插入苗床，启动植物生长模拟计算机智能系统即可，一般通过几天至几十天的培育即可生根移栽。一般植物每平方米每批可繁400~1000株，每亩即可产40~60万株，周年生产，一年可繁10~30批，亩产即可达400~2000万株。③快繁苗适应能力强，移栽成活率高。植物非试管快繁是在大田开放的环境下进行，在炼苗阶段植物快繁模拟计算机可以调控和模拟一个自然的环境，比室内组培快繁的种苗适应性大大增强。并且，运用该项技术生产的种苗根系特别发达，移栽成活率很高，克服了组培育苗移栽成活率低的难题。非试管快繁育苗的基质是无糖分的沙、珍珠岩、空气或水，很少有真菌感染与滋生。④适用范围广。其适合花卉、林木、药材、果树、蔬菜等各种绿色植物的快繁，对一些传统方法难以繁殖的植物类型，特别是用室内组培方法难以培育的木本植物类型，皆可用非试管快繁方法培育成功。

目前，由浙江丽水市农科所与国防科技大学、中国农科院联合研究开发的植物快繁模拟计算机是一种农业智能计算机系统，采用专业设计的硬件和软件可实现远程控制及上网控制、集中控制等，并支持功能扩展与升级，用于快繁的计算机系统除了快繁的基质繁殖外，还适用于植物的气繁、水繁、植物水耕栽培、组培的试管外生根及炼苗、土壤智能灌溉、无土栽培及大棚温室环境控制与管理、芽苗菜工厂化生产等。植物非试管快繁技术在农业、林业、花卉、药材等方面的应用十分广泛，它给中国农业种苗工程带来了一次革命，加快了我国数字化、智能化农业的进程。该项目已于2004年列为国家星火计划项目。

资料来源：http：//www. zwkf. net/INDEX. ASP

知识小结

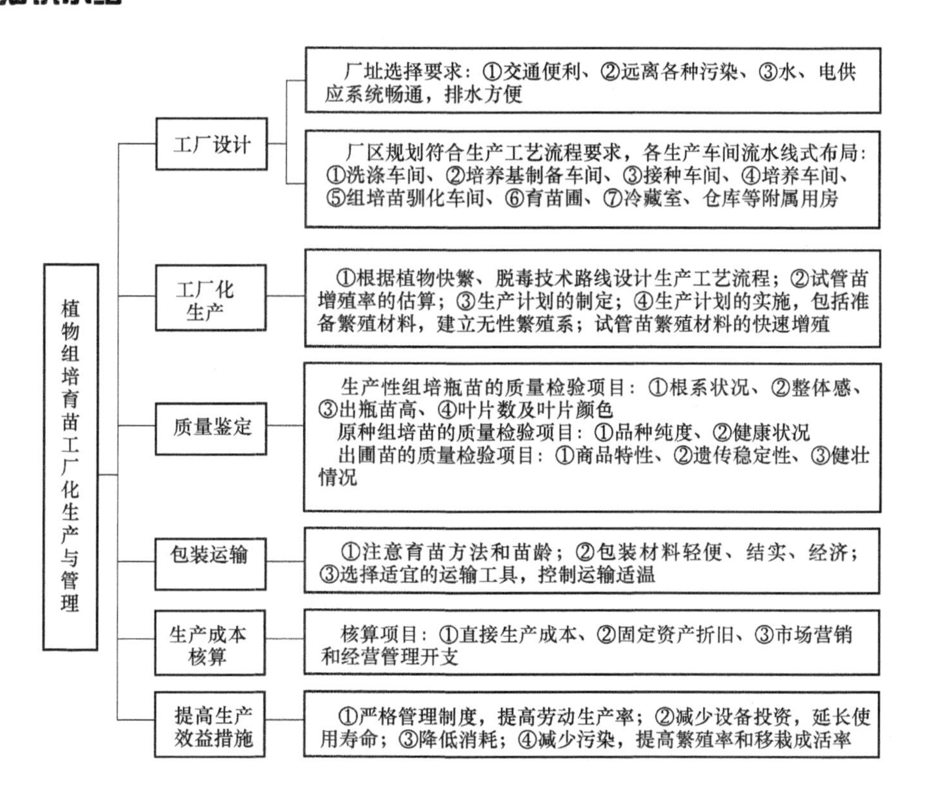

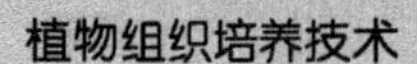

复习思考题

1. 如何进行组培苗生产工厂的设计？
2. 以葡萄、菊花为例说明组培苗工厂化生产工艺流程。
3. 如何计算组培苗的繁殖增值率？
4. 目前有哪些组培苗简化培养技术？与常规组织培养技术比较各有什么特点？
5. 组培苗质量鉴定的标准有哪些？
6. 组培苗工厂化生产成本核算项目有哪些？选择案例进行生产成本核算和效益分析。
7. 通常提高组培苗生产效益的措施有哪些？

常见植物组织培养

学习目标

知识目标：

- 了解植物组织培养技术在观赏花卉、园林树林、果树、蔬菜及药用植物生产中的应用情况。
- 掌握常见植物的脱毒与快繁方法。
- 了解植物愈伤组织、细胞悬浮培养及培养物次生代谢产物生产、提取原理及方法。

能力目标：

- 能够有针对性的合理设计各种植物的离体快繁及脱毒苗生产方案。
- 掌握愈伤组织、细胞悬浮培养及培养物次生代谢产物的含量分析与分离纯化操作方法。

植物组织培养研究领域的形成，不仅丰富了生物科学的基础理论，还表现出了巨大的实际运用价值。目前，广泛运用的植物离体快繁技术和脱毒苗培育技术，在观赏花卉、园林树林、果树、蔬菜及药用植物等生产上发挥了极大的作用，产生了良好的经济效益。

工作任务1　观赏花卉脱毒与快繁

随着社会经济的发展，以及人们消费水平的逐步提高，花卉业已成为农业的支柱产业之一。采用常规的种子、扦插、嫁接、分株等方法繁殖花卉种苗，已远远不能满足生产的需要。组织培养技术为花卉种苗快速繁殖和脱毒苗培养提供了一条经济有效的途径，为花卉业实现工厂化、规模化生产创造了有利条件。

6.1.1　兰科花卉组培快繁

兰科（Orchidaceae）是单子叶植物中最大的一个科，约有450个属20000余种，在世界各国均有分布，特别是热带、亚热带的一些国家和地区。兰花花色鲜艳、形态各异、品位幽雅，珍奇名贵品种价格昂贵，备受人们的喜爱。传统的兰花栽培方法主要靠分株繁殖，繁殖

速度慢，贮藏和运输困难，易带病毒，严重阻碍了在世界范围内的流通。大部分兰花种子很难发芽，发芽率仅有5%左右，难以满足生产需要。20世纪60年代，法国人葛雷尔(Morel)最早利用茎尖培养方法繁殖兰花获得成功。到70年代就基本解决了兰属植物组织培养快速繁殖的关键技术，并很快发展成为现代化兰花工业。目前，已有近70个属数百种兰花可用组织培养方法进行快速繁殖，兰花生产工厂也遍布世界各地。

1. 兰花器官离体快繁

（1）外植体取材与消毒　兰花的茎尖、叶片、花器官、种子（幼胚）等都可作为外植体用于组织培养，诱导再生植株。若需经过脱毒处理，一般取茎尖分生组织进行培养。其操作方法为：首先从生长健壮的植株上切取约10cm长的茎尖，去掉苞叶，先用自来水冲洗，可适当加入洗衣粉（粉涤剂）表面去污。在超净工作台上，用75%酒精浸泡数秒，再用5%的漂白粉液消毒约10min，或用0.1%氯化汞溶液消毒4～5min，然后用无菌水冲洗5～6次，沥干水分备用。

在兰花叶片组织培养中，应选择带有嫩叶的花梗，消毒方法同茎尖。

（2）茎尖剥离与接种　在超净工作台上，借助体式显微镜，用镊子或解剖针将已消毒茎段的幼叶剥下，露出生长点，用解剖刀切取0.5～0.8mm大小的茎尖，并即刻接种到培养基上。

兰花叶片外植体的切取方法是从茎段切下的幼叶连同花梗上的幼叶一起，切割成0.3～0.5cm^2的小片，接种到培养基上。诱导叶片形成原球茎的培养基组成为：改良Kyoto + NAA1.0mg/L + 6 - BA1.0mg/L + 肌醇100mg/L + 烟酸0.1mg/L + 维生素$B_1$0.05mg/L + 腺嘌呤20mg/L + 蔗糖2% + 尿素0.2%。叶片接种后约30d即可见到原球茎形成。

（3）原球茎的诱导培养　诱导茎尖形成原球茎的培养基组成为：MS或B_5 + NAA0.5～1.0mg/L + 6-BA0.1～1.0mg/L + 椰子汁10%。茎尖生长点或叶片接种诱导形成原球茎，因兰花种类不同，可用固体培养基，也可用液体培养基（液体培养基中应加大蔗糖用量）。凡原球茎切口处不变褐或变褐物质排出量较小的种类，可用固体培养基；否则最好用液体培养基，以减轻褐变的影响。采用液体培养基时，液体量正好漫过培养物即可，震荡培养（速度为10r/min）。震荡有利于原球茎的形成，冲洗周围组织，防止组织老化和枯死。

诱导原球茎的培养温度一般低于23℃，光照强度1500～2000lx。茎尖通过2～3周的培养，生长点开始呈绿色，茎叶先开始生长，然后生长点基部开始肥大，形成原球茎。

（4）原球茎增殖培养　形成的原球茎可以不断分割，进行继代培养，加速其繁殖。原球茎继代培养所用培养基同诱导培养，培养条件也大致相同。原球茎的生长大致有4种类型：①极易增殖型。培养的原球茎很容易再生出新的原球茎。②增殖缓慢型。原球茎增殖

慢，但一般易分化成功。③分割的原球茎接种后停止生长。④原球茎转接后褐变，但不枯死，经几周培养后又可形成小的原球茎。对极易增殖型，应缩短培养周期，增加转代次数，加快繁殖，可用液体振荡培养，使其形成大量新的生长点，然后再分割接种到固体或液体培养基上繁殖。

小贴士

对原球茎增殖较慢的类型，应改变培养基配方，特别应降低离子浓度。原球茎增殖的初期阶段，分割极易产生褐色物质，应在离子浓度较低的培养基中培养。

（5）幼苗分化培养　不同种类及品种由原球茎分化成苗的难易程度差异很大，并且兰科植物不易受生长调节物质的影响，因此不能简单用改变激素浓度的方法来诱导再生植株。兰属植物一般是将原球茎转入离子浓度较低的培养基中，如1/3～1/2MS或3/4～4/5B_5，再加入一些椰子汁等天然提取物，效果较好，原球茎会很快再生成小苗。

（6）幼苗生长培养　新形成的小苗（约1cm高）必须转入较大的培养容器内，进入壮苗阶段培养3～6个月，使其长到约10cm高才可移栽。这个阶段幼苗的生长代谢较稳定，培养基成分可简单些，但培养基内离子浓度仍不能太高，否则会出现小老苗或畸形苗。

（7）幼苗移植　从培养瓶中取出带有3～4片叶、3～4条根、5～10cm高的瓶苗，将根部培养基洗净后再移栽，移栽基质可选用泥炭、水苔、蛭石等。栽后注意保湿，保持弱光，定期浇水施肥，以促进生长。

2. 兰花合子胚培养

兰花种子的胚发育不全，没有胚乳，不易发芽，不利于兰花的有性繁殖和有性杂交育种。用人工合成培养基促使种子无菌萌发，可以得到较高的发芽率。兰花的种子培养实际上是一种合子胚培养。

（1）种子消毒　在蒴果开裂时采下种子，用纸包好，置于干燥箱内保存。若在冷藏室内保存，5～6年后有些种子仍能发芽。经过冷藏保存的种子带菌少，可用7%漂白粉液处理20min，或按常规消毒方法处理即可。

（2）无菌培养　将无菌的兰花种子接种在培养基上，培养基可用MS、KC和Kyoto基本培养基，添加蔗糖20～35mg/L、琼脂10g/L，必要时加入复合肥料、苹果汁、生长调节物质（KT0.04～10mg/L、IAA1.0～3.0mg/L）。置于20～25℃培养室内培养，约半个月后种子开始膨大，约6周种子开始变绿，以后发育为原球茎，再从原球茎上长出根，经2～3个月后长出叶片，形成完整植株，培养9～10个月即可移栽。

3. 影响兰花组织培养的主要因素

（1）培养基成分　据试验研究报道，兰花组织培养使用过的培养基有10余种，但常用的仍为MS培养基。培养基的选择关键是要降低离子浓度，并注意根据不同培养阶段、不同种类及品种的不同要求适当添加生长调节物质、生物活性物质、氨基酸和植物天然提取物。

（2）材料的褐变　防止材料褐变是兰花组织培养成功的关键。2，4-D的使用、灭菌技术和培养过程中温、光条件对褐变都有影响。防止褐变的方法主要有降低培养基中的离子浓度和采用液体培养基，也可在培养基中加入维生素C、半胱氨酸等抗氧化剂，以减轻褐变。

(3) 原球茎幼苗分化　大部分种类及品种的原球茎一般可分化成苗，但有些种类难以分化成苗，或产生畸形苗。除了品种的差异外，培养条件也很关键，可在培养基中添加香蕉汁、椰子汁等植物天然提取物，或添加一定浓度的 KT、IAA、NAA 等，或降低培养基离子浓度来加以调整。

近年来国兰的组织培养有很大的发展。据报道，春兰、墨兰和建兰等传统名兰都可以进行组织培养。这类地生兰的组培与热带兰不同，是经过诱导产生根状茎，通过根状茎进行增殖，在根状茎前端生成小苗。也有愈伤组织诱导的报道，但都要通过根状茎的发生阶段。

(4) 无性系变异　兰花组织培养中的变异与高浓度的激素水平、长期继代培养、取芽部位和大小、自身芽变等因素有关。在兰花的良种繁育时，应慎重选择外植体、培养基和培养条件，在继代和扩繁过程中及时淘汰变异材料。当然，利用兰花组织培养变异的特性，可以从中选育出新品种。

为了防止变异，目前台湾的蝴蝶兰分生苗生产部分采用丛生芽的方式，即通过花梗诱导腋芽生成小芽，通过小芽诱导丛生芽并不断切割增殖，这样生产的种苗基本可以保证与母株性状一致。但生产成本较高，繁殖率较低，往往需要拥有一定数量的母株来采取花梗。

6.1.2　非洲菊组培快繁

非洲菊（Gerbera jamesonii）又名扶郎花，为菊科非洲菊属多年生常绿草本。非洲菊原产南非，1878 年英国人在南非脱兰士瓦地区发现后引入英国，以后逐渐推广至全世界。非洲菊的花朵硕大，花枝挺拔，花色艳丽多样，切花率高，在温暖地区能周年不断的开花。因此，在国际切花市场上发展很快，成为世界著名的四大切花之一。

非洲菊自然结实率低且种子极易丧失萌发率（一般发芽率仅为15%左右），种子繁殖不适用于规模化切花生产，采用分株繁殖速度慢，易退化和感染病毒病，也不能满足市场需求。因此，目前国内外一般都采用组织培养的方法来生产非洲菊种苗，其繁殖速度快，种苗质量高，且可实现周年生产。

1. 外植体取材、消毒与接种

由于非洲菊的茎尖剥取较困难，又容易被污染，所以常用花托作为外植体。取花梗长为 1～3cm、直径约 1cm 左右的花蕾，先用自来水冲洗干净。在超净工作台上，用 0.1% 氯化汞消毒 15～20min，可加几滴吐温，消毒效果更好。取出材料后用无菌水冲洗 4～6 次，沥干备用。

在超净工作台上，用镊子或手术刀剥去苞片，切除全部小花，留下花托，并将花托切成 2～3mm^2 的小块接种到培养基上。

2. 培养

初代培养的培养基组成可采用 MS + 6- BA2. 0mg/L + NAA0. 2mg/L + 蔗糖 3%，培养条件温度（25 ± 2）℃，光照强度 2000 ~ 3000lx，每天光照 12 ~ 14h。花托外植体接种后伤口处逐渐生成愈伤组织，6 ~ 7 周后由愈伤组织上分化形成不定芽。

将诱导产生的不定芽可转移到 MS + 6- BA0. 5mg/L + 蔗糖 3% 或 MS + KT3. 0mg/L + NAA0. 03 ~ 0. 05 mg/L + 蔗糖 3% 培养基中进行增殖扩繁，一般 20 ~ 25 天为 1 个继代周期。

待苗高长到 2cm 时，将丛芽切成单株芽苗，转移到 1/2MS + NAA0. 1mg/L 或 1/2MS + NAA0. 3mg/L + IBA0. 3mg/L 的生根培养基中，约 2 周后可发出 4 ~ 6 条根，不定根的诱导率可达 100%。

3. 驯化移栽

移栽时将瓶苗移至散射光下炼苗 3 ~ 5d，然后取出小苗，洗净根部培养基，移入苗床，基质可选用珍珠岩、蛭石、粗沙等。注意遮阴、保湿，移栽后约 15d 小苗开始形成新的根系，便可逐渐增加光照，并开始施肥，待苗生长健壮，发出 2 ~ 3 片新叶时，即可进行再次移栽。

非洲菊组培苗生产要依据各地大田栽植的时间和栽植量做出计划。如某地区大田栽植定在 4 月份，可在 9 ~ 10 月间植株开花上市，当年即可取得效益。如外植体分化出芽在上年 10 月中旬完成，那么试管苗增殖扩繁第 1 次应安排在上年 10 月中旬至 11 月中旬；第二次安排在上年 11 月中旬至 12 月中旬。每次增殖比例约为 1:10，时间约 1 个月，到次年 2 月可增殖扩繁 4 次。试管苗生根培养安排在 2 月下旬进行，为期 2 周；苗床移栽在 3 月进行，养护 1 个月，即可保证在 4 月初移栽至大田。批量生产时，可增加接种材料数量或提早增殖扩繁时期，以增加继代培养的次数，获得更多的生产用种苗。

6.1.3 红掌组培快繁

红掌（Anthurium andraeanum）又名安祖花、大叶花烛、红鹤芋等，为天南星科红掌属多年生常绿草本植物，原产于中、南美洲等地区的热带雨林中。红掌是观花、观叶两者皆宜的观赏植物，其花色艳丽、花姿奇特、花茎挺拔，且花期持久，叶型翠绿美观，是当今世界著名的切花和盆栽花卉之一。

红掌不易结实，一般采用分株繁殖，但其肉质根系生长缓慢、分蘖较少，繁殖率低。用分株繁殖难以扩大生产，组织培养是商业化生产中红掌快速繁殖的有效途径。

1. 外植体取材、消毒与接种

据报道，红掌组织培养外植体可选择叶片、叶柄、茎段、根等材料，但诱导愈伤组织的最有效部位是叶及叶柄部（Rosario，1998）。取红掌变色期（即新生叶展开后约 2 周）的幼嫩叶片或叶柄，或切取带 1 ~ 2 个节的茎段作为外植体，用自来水流水冲洗 10 ~ 15min。在超净工作台上，先用 75% 的酒精消毒 10s，再用 0. 1% 氯化汞溶液浸泡 6 ~ 10min，然后用无菌水冲洗 4 ~ 6 次，沥干备用。

接种时，先切除变色部分，把叶片切割成1cm×1cm的小块，叶背向下，接种到愈伤组织诱导培养基上；若取叶柄或茎段，则剪成0.5～1cm的小段，水平接种在培养基上。

2. 初代培养

适于红掌愈伤组织诱导的培养基为：MS+6-BA2.0mg/L+2，4-D0.2mg/L+蔗糖3%+琼脂6～7g/L，pH5.8～6.0；或MS+KT2.0mg/L+6-BA5.0mg/L+蔗糖3%+琼脂7g/L。愈伤组织诱导最初适宜在（26±2）℃黑暗环境中培养，半个月后增加光照强度1000～2000lx，每天光照10～14h。不同品种愈伤组织诱导的难易程度存在显著差异，一般需要40～50d，多数红掌品种的嫩叶愈伤组织诱导率为58%～100%，叶柄愈伤组织诱导率80%以上。

小贴士

由于红掌植株携带的细菌很难去除，不易消毒。因此，初代培养时可在培养基中添加链霉素、青霉素等抗生素物质来防止污染。

愈伤组织生长至直径约0.5cm左右时，切下并转接到不定芽分化诱导培养基上。不定芽分化诱导培养基为MS+6-BA2.0mg/L+NAA0.25mg/L+蔗糖3%+琼脂6～7g/L，pH5.8～6.0。置于温度为（26±2）℃、光照强度1000～2000lx、每天光照10～14h的环境中继续培养20～30d，愈伤组织会由黄色转为黄绿色，随后愈伤组织表面会出现许多不规则的小突起，再继续培养20～30d，或更长时间，部分突起由黄绿色转变为绿色，然后形成丛生状不定芽。

3. 继代培养

从生芽继代增殖培养基与不定芽分化培养基相同。转接时，将从生芽按其自然生长状态分割成基部带愈伤组织的单芽转接到新的分化增殖培养基中。培养条件也与不定芽分化培养相同。

小贴士

在红掌愈伤组织诱导及分化增殖培养阶段，光照强度都不能超过3000lx。否则，培养物会很快变褐死亡。

4. 生根培养

生根诱导培养基为1/2MS+NAA0.2～0.4mg/L+糖20g/L+琼脂7g/L，pH5.8～6.0。不定芽长至2.5～4.0cm、具有4～5片叶时，自基部切下并转接到生根培养基中进行培养。在适宜条件下培养2周开始生根，5周后不定根数量可达3～5条。

小贴士

据试验研究报道，红掌试管苗在1/2MS基本培养基中，NAA的浓度为0.2～0.4mg/L范围内有利于生根，其中以0.3mg/L为最佳，不但生根率高，且有效根数目也最多，当培养30d后，生根率可达100%。若再增加NAA的浓度，红掌试管苗基部易产生愈伤组织，形

成愈伤组织根，成为无效根，难以移栽成活。另外，红掌试管苗在增殖培养过程中，培养时间延长，也能自然生根。

5. 驯化移栽

红掌再生植株苗高3～5cm、不定根长2cm以上时即可进行移栽。将瓶苗移至温室大棚或塑料棚内炼苗4～7d，再揭开瓶盖或封口膜，在瓶中加入少量水，继续炼苗2～3d。移栽时，将生根苗小心从瓶中取出，用清水洗净根部附着的培养基，注意不要伤到根系和叶片，可用75%多菌灵800～1000倍溶液浸泡5s，再将小苗移植于苗床中，栽培基质以草炭:水苔:珍珠岩为1:2:1配制，或用切碎的花泥为好，基质应提前消毒。

小苗移植后应及时用塑料薄膜覆盖，保持空气相对湿度在80%～90%，温度控制在20～26℃，遮光60%～70%的条件下缓苗1周，之后开始逐渐通风，2周后可揭开塑料薄膜，但仍注意遮光。经常喷水，以维持较高湿度。10d后可每隔5～7d喷施1/4～1/3的MS大量元素营养液供给营养。在小苗生长过程中还要注意通风和防止滋生杂菌，避免造成小苗霉烂或根茎处腐烂，导致死亡。一般每间隔5～6d喷1次杀菌剂。经1个月左右的管理，待小苗长出3～5片新叶后，即可进行上盆或定植。

6.1.4 百合组培快繁

百合是百合科百合属（Lilium）的多年生草本植物，靠鳞茎宿存，主要分布在北半球的温带和寒带地区，少数种类分布在热带高海拔地区。百合属约94种，大多可供观赏或兼有药用、食用等多种用途。百合由于种类多、花形花色各异，因而杂交育种变异显著，新品种不断涌现，已成为花卉市场中重要的高档切花种类。

百合常规繁殖方法为分植小鳞茎，但繁殖率低。有些种类可用鳞片扦插，但往往易腐烂，成活率不高。百合因长期营养繁殖，容易因病毒积累而影响品质。目前，组织培养技术在百合的新品种选育、引种栽培、良种快繁及脱毒种苗生产等多个方面已得到了广泛的应用。

1. 外植体取材、消毒与接种

百合的鳞片、鳞茎盘、珠芽、叶片、茎段、花器官各部、根和种子等都可用作外植体，并能分化出苗。选择生长健壮、开花性状好的种球作为外植体，先在4～6℃的低温下处理6～8周。利用花器官作外植体，取未开放的花蕾。所取材料先用自来水冲洗，然后置于超净工作台上，用70%酒精浸泡30～60s，再用饱和漂白粉上清液或0.1%氯化汞溶液浸泡10～20min，无菌水漂洗4～6次，沥干备用。

据研究报道，在选择百合鳞片作外植体时应注意，同一鳞茎中外层鳞片、中层鳞片和内层鳞片诱导率有差异。外层鳞片由于受损伤大且带菌多，失水严重，其诱导率低，即使诱导成功，也多因内生菌极易污染，保存率低；内层鳞片诱导率极高，但主要是鳞片基部的切块分化成芽，中、上部的切块则分化成芽较少。因此，一般选取百合鳞茎的中层鳞片作外植体，诱导率高，容易分化成芽。

在超净工作台上，将经消毒后的材料切割成5～6mm的小块或切段接种，花蕾需切开，取内部花丝、子房、花柱等切割成3～5mm切段接种。

2. 培养基及培养条件

百合组织培养一般用固体培养基，基本培养基大多选择MS、蔗糖或白糖30g/L，各种植物生长调节剂种类和浓度根据外植体类型不同按需加入。一般有以下几种途径：

（1）无菌种子培养　用1/2MS培养基，不加任何外源激素，种子可萌发为无菌实生苗。

（2）鳞片和叶片培养　用MS＋6-BA0.1～1.0mg/L＋NAA0.1～1.0mg/L培养基，鳞片和叶片都可产生小鳞茎状突起而分化成苗。在较高浓度NAA、较低浓度6-BA的培养基上，可一次形成完整植株，但幼苗根部有肿胀现象；相反，在较高浓度6-BA、较低浓度NAA的培养基上，能形成大量小鳞茎状突起，从中分化出芽而无根。将这种小苗可转入生根培养基MS＋IAA1.0mg/L＋6-BA0.2mg/L（或用NAA、IBA代替IAA）上，使其壮苗生根。

（3）茎段、花柱和珠芽培养　用MS＋IAA1.0mg/L＋6-BA0.2mg/L培养基，可直接分化出芽。在花器官中以花丝为材料，优于花柱和子房。麝香百合花器官培养的植株，生长约6个月后即可开花。

（4）根培养　以毛百合根为材料在MS＋NAA0.5～1.0mg/L的培养基上培养，形成肿胀的粗根，再将其切成小段，转到MS＋6-BA2.0mg/L＋NAA0.2mg/L的培养基上培养，便能分化出苗。继续培养经5～6个月后，能形成直径17mm左右的鳞茎，移栽后成活情况良好。

（5）胚培养　在杂交育种工作中，为防止杂种胚与胚乳间不亲和而造成胚败育，可采取胚培养的方法获得杂种植株。培养时仍以MS为基本培养基，蔗糖浓度视胚的种类而异，常在20～80g/L之间，pH5.0较为适宜。NAA用量在0.001～0.01mg/L之间，加入适量的6-BA有利幼胚成活，高浓度6-BA会抑制胚根的产生，并促进胚组织愈伤化。通常先在MS＋6-BA1.0mg/L＋NAA0.1mg/L培养基中培养，促进愈伤组织生长，然后再将愈伤组织转接到1/2MS不加任何激素的培养基上，约2个月，可形成大量的不定芽，延长培养时间，就会生根，形成完整的杂种植株。

百合组织培养其培养温度20～25℃，光照强度为800～1200lx、每天光照9～14h。

3. 百合快速繁殖实例

天香百合、鹿子百合、杂种百合和麝香百合等大量繁殖的方法是：①把最初诱导培养得到的小鳞茎，每2个月用MS＋NAA0.1mg/L＋蔗糖9%＋活性炭0.5%＋琼脂0.8%的培养基继代培养1次；②2个月后将得到的小鳞茎鳞片切割，转移到MS＋KT10.0mg/L的琼脂培养基上培养，给予25℃和2.5W/m^2的连续光照；③2个月后，在原小鳞片的表面又再生出无数成堆的、新的小鳞片；④再将这些小鳞片转移到加100mL的液体培养基中，置25℃和0.5W/m^2的连续光照条件下，在180r/min的旋转摇床上培养1个月，可使小鳞片快速增长；⑤再将小鳞片转移培养在MS＋NAA0.1mg/L＋蔗糖9%＋活性炭0.5%＋琼脂0.8%的培养基上培养，可使小鳞片形成小鳞茎。

小贴士

据试验研究报道，外植体取材季节和部位对百合小鳞茎的形成影响很大。采自不同生长季节的鹿子百合鳞片，在LS+NAA0.03mg/L的培养基上培养6周，发现季节的影响十分明显。春季的鳞片分化能力最强；秋、夏季次之；冬季最差，几乎不能再生小鳞茎。另外，鳞片下部形成小鳞茎能力最强，中部次之，上部几乎不能形成小鳞茎。

组培小鳞茎可直接用于田间种植，但需要先破除休眠后才能播种。一般是在5℃低温下贮藏50~100d，通过低温处理以破除休眠。

6.1.5　香石竹脱毒与快繁

香石竹（Dianthus caryophyllus）又名康乃馨、麝香石竹，为石竹科石竹属多年生草本植物。香石竹原产于南欧，现已遍布世界各地，其品种繁多、花色丰富、花型各异、花期长，许多品种还兼具芳香，是世界四大切花之一。

香石竹主要靠侧芽扦插和压条繁殖，长期的营养繁殖使病毒病危害严重，切花质量变劣，产花量降低。危害香石竹的病毒已发现有数种，如香石竹花叶病毒、香石竹斑驳病毒、香石竹线条病毒、香石竹潜伏病毒、香石竹环斑病毒、香石竹蚀环病毒、香石竹脉斑驳病毒等。目前，采用茎尖组织培养繁殖香石竹脱毒苗，利用无性系变异培育香石竹新品种，以及香石竹品种资源离体保存等方面在生产上已广泛应用。

1. 外植体取材、消毒与接种

选择田间或盆栽生长健壮的植株，取带有2对成熟叶片和可见2~3对嫩叶的顶芽，剥去成熟叶片，留下未展开的嫩叶，用自来水冲洗干净。在超净工作台上，用70%的酒精消毒30~60s，再用2%的次氯酸钠溶液消毒15min，或用0.1%氯化汞消毒6~10min，消毒液中可按体积加入适量吐温。然后用无菌水漂洗4~6次，经无菌滤纸吸干水分后，放在干净的培养皿中备用。

在超净工作台上，借助双筒解剖镜剥取茎尖。可先用针将茎固定在橡胶塞上，再用解剖刀轻轻剥去外层的嫩叶，使茎尖露出，用刀片切取0.3~0.4mm茎尖，迅速接种到培养基上，防止茎尖失水干燥。

2. 培养基及培养条件

（1）分化培养　基本培养基一般选用MS，附加6-BA或KT 0.5~2.0mg/L、NAA或IAA0.2~0.5mg/L。培养方式有固体培养和液体培养，可用液体纸桥培养基培养茎尖分生组织，也可采用液体培养和固体培养交替进行。Earle等（1975）先将茎尖培养在MS+KT0.5mg/L+NAA0.01mg/L的固体培养基上，诱导形成多芽体；然后转接到MS+KT2.0mg/L+NAA0.2mg/L的液体培养基中，在水平旋转的摇床上继代培养，促使多芽体分离浮动，成为更多更大的多芽体，进行芽苗快速增殖。

小贴士

在香石竹离体快速繁殖，植株不需脱毒时，外植体除可选择顶芽，还可选择带腋芽茎段，材料更多，也容易培养。

植株脱毒一般采用热处理结合茎尖分生组织培养的方法。热处理过程为：将盆栽植株或试管苗置于人工气候箱或恒温箱内，在36～42℃下处理15～30d，或每天在36℃、16h和30℃、8h处理30d，箱内湿度为60%～70%，光照16h/d，光强为3000lx。

香石竹从茎尖诱导芽的发生通常有两种途径，一是诱导茎尖直接形成芽苗或芽丛；二是先诱导茎尖产生愈伤组织，再使愈伤组织分化产生不定芽。茎尖以何种途径产生芽苗或芽丛取决于所接种茎尖的大小以及培养基中激素的种类、浓度和配比。将较大的茎尖接种于附加6-BA2.0mg/L、IAA0.5mg/L的MS固体培养基上，经1个月以上的培养可形成芽头众多的芽丛；而若将较小的茎尖接种于附加6-BA0.5mg/L、2，4-D1.0mg/L的MS固体培养基上，经1个月左右的培养可诱导形成2～3mm大小的愈伤组织，再将愈伤组织转入附加6-BA2.0mg/L、IAA0.5mg/L的MS固体培养基上，经过2～3周培养可使愈伤组织分化形成不定芽。将茎尖直接形成的芽丛切割成单芽或用愈伤组织分化形成的不定芽接种于附加6-BA0.5～2.0mg/L、IAA0.5mg/L的MS固体培养基上，经3～4周的培养可诱导单芽增殖产生芽丛。

在香石竹芽丛增殖扩繁过程中，注意根据幼芽的生长状况，调节培养基中激素的浓度，以获得较多健壮的幼苗。

培养条件控制温度（23±2）℃、光照强度1200～1400lx，每天光照12～14h。

（2）生根培养　切取2cm以上的幼苗，接种在不添加任何激素1/2MS培养基上培养，15～20d即可生根，在培养基中适当添加少量的NAA、IBA（0.1～0.5mg/L）更有利于促进根系形成。培养温度20～25℃，光照强度约2000lx、每天光照14h。

3. 驯化移栽

香石竹喜凉爽气候，不耐炎热，生长适温为14～21℃。因此，香石竹组培苗和移栽过程中需要保湿透气。当瓶苗发出的新根长约0.5～1cm时即可进行移栽。移栽前将瓶苗移至温室适应2～3d，然后将瓶盖或封口膜打开炼苗3d。移栽时洗净根部琼脂，用细竹签在基质上打孔，将种苗小心插入。基质可采用珍珠岩、蛭石等，需提前进行消毒处理。

移栽后及时浇水，使根系与基质充分接触。可设置塑料小拱棚，用喷雾器间歇喷水，以保持一定的湿度，并将温度控制在14～21℃。2周后可完全不遮阴，进行正常养护，精心管理，补充肥水，及时防治病虫，培育壮苗。

6.1.6　唐菖蒲脱毒与快繁

唐菖蒲（Gladiolus huhridus）又名剑兰、十样锦、十三太保、菖兰等，为鸢尾科唐菖蒲属多年生球根草本花卉，原产于非洲及地中海沿岸，以南非好望角分布最广。唐菖蒲花色丰富、花形美艳，具有很高的观赏价值，有世界“切花之王”的美誉。

唐菖蒲通常采用分株小球茎的方法繁殖，增殖率低。目前栽培唐菖蒲所需种球大部分靠进口，价格偏高，并且种植中退化现象严重。唐菖蒲易受多种病虫危害，尤其是病毒病（如

黄瓜花叶病毒、烟草花叶病毒等）是引起退化的主要原因。通过组织培养技术进行脱毒和快繁，规模化生产优质种球，对唐菖蒲生产具有重要意义。

1. 外植体取材、消毒与接种

选取直径5～7mm的籽球作外植体，剥去籽球表皮，用自来水冲洗干净。在超净工作台上，用75%的酒精浸泡30s～1min，再用0.1%的氯化汞消毒10～15min，无菌水冲洗4～6次，沥干备用。

将经消毒的籽球接种到1/2MS+6-BA2.0mg/L+NAA0.5mg/L的培养基中，使其萌发，再取其茎尖作为诱导愈伤组织和不定芽分化的材料。唐菖蒲脱毒培养时需在解剖镜下剥离茎尖。

2. 愈伤组织诱导及分化培养

对唐菖蒲进行脱毒培养时，将切取0.2～0.5mm的茎尖接种到MS+2，4-D2.0mg/L+6-BA0.1mg/L的培养基上，约10d左右，茎尖外植体开始脱分化，逐渐形成质地疏松不规则的团块且表面有白色点状突起形成。将愈伤组织转接至MS+6-BA2.0mg/L+NAA0.2～0.5mg/L+PP_{333}3.0mg/L的培养基上诱导不定芽分化，其中的PP_{333}与6-BA、NAA配合使用，既可获得较高的成苗率，又可培育健壮的幼苗。

进行快繁培养时，可切取约5mm的茎尖接种到MS+6-BA0.5mg/L+NAA0.5mg/L的培养基上，约40d后生成质地致密的愈伤组织并陆续分化出不定芽，继续将不定芽转接到MS+6-BA2.0mg/L+NAA0.1mg/L的培养基上进行不定芽增殖培养。或者是将切取约5mm的茎尖接种到MS+NAA1.0mg/L+KT0.5mg/L+2，4-D2.0mg/L的培养基上，25d左右有无色半透明的愈伤组织形成，40d后可诱导出原球茎。

据试验研究报道，目前利用多层塔板径向流生物反应器进行唐菖蒲原球茎的培养，培养条件为温度25℃，每天光照10～12h，通气量0.5mL/min。在生物反应器中唐菖蒲原球茎增殖速度快，且生长健壮，以过25d培养，不定芽增殖7.2倍。

培养温度控制在（25±1）℃，光照强度1500～2000lx，每天光照10～14h。

3. 移栽驯化

唐菖蒲喜凉爽，不耐寒、畏酷热。移栽时应将环境温度白天控制在20～25℃，夜晚在10～15℃。采用蛭石、珍珠岩等与草炭或园土混合的栽培基质，提前进行炼苗，移栽时洗净原球茎上的培养基，移栽后注意保持基质湿润，但忌积水，适当遮阴，待移栽成活后逐渐增加光照，按照生产需要进行地栽培养。

6.1.7　郁金香脱毒与快繁

郁金香（Tulipa gesneriana）别名洋荷花、草麝香，为百合科郁金香属多年生草本花卉，原产于地中海沿岸及中亚细亚及土耳其等地。郁金香花色丰富，姿态亭亭玉立，以高贵、典雅著称。一直以来郁金香在欧美种植十分普遍，尤以荷兰栽培最盛。我国很早就有少量栽培，近年来国内各大、中城市从荷兰等国进口了大量种球举办花展，效益颇丰。

郁金香主要靠鳞茎增殖，1 株每年可增殖 3 ~5 个种球，繁殖速度缓慢，并且由于病毒感染，品种退化和植株逐渐死亡的现象严重。利用组织培养技术是郁金香脱毒、快繁的有效途径。

1. 外植体取材、消毒与接种

郁金香组织培养大多以鳞茎为外植体，也可以用叶片、花器官等作外植体，进行脱毒处理时取鳞茎萌芽后的茎尖分生组织为培养材料。选取健康无病斑的鳞茎，用自来水洗净，在超净工作台上，先用 70% 酒精浸摇 30 ~60s，用 0.1% $HgCl_2$ 消毒 10 ~15min，或用饱和漂白粉上清液消毒 10 ~20min，无菌水冲洗 4 ~6 次，沥干备用。需脱毒培养时，先将种球消毒后培养，待萌发后取茎尖。

据试验研究报道，郁金香离体培养时外植体取中层鳞片易诱导形成愈伤组织，而内层鳞片较易直接诱导生芽。

在鳞片的培养过程中，先在 25℃ 条件下培养 4 周，然后用低温处理 2 周，再回到 25℃ 培养，变温培养更有利于不定芽的分化。另外培养基中添加 50 ~200mg/L 的 VC 有利于直接再生芽，而不利于愈伤组织的诱导；在培养基中加入 200mg/L GA_3 有利于小鳞茎生长。

在超净工作台上，剥取经消毒鳞茎的鳞片，切成 (5 ~10) mm × (5 ~10) mm 的小块接种到培养基上。脱毒培养时需在解剖镜下剥离茎尖，约 0.1 ~0.2mm 大小，切取茎尖后应迅速接种到培养基上。

2. 培养基及培养条件

郁金香组织培养一般选用 MS 为基本培养基，加蔗糖 30%，再根据不同外植体类型、不同培养阶段按需添加不同配比的生长调节物质。

1）适宜诱导愈伤组织的培养基为 MS + NAA1.0mg/L + BA1.0mg/L。

2）诱导鳞片产生不定芽的培养基为 MS +6-BA2.0mg/L + NAA2.0mg/L。

3）诱导鳞片产生小鳞茎的培养基为 MS +6-BA1.0mg/L + NAA0.2mg/L。

4）丛芽增殖培养基为 MS + 6-BA0.4mg/L + NAA0.2mg/L 或 MS + 6-BA0.4mg/L + IAA0.2mg/L。

5）生根诱导培养基为 1/2MS + NAA0.1 ~1.0mg/L。

需脱毒培养时，一般是先诱导茎尖分生组织形成愈伤组织，然后进一步再分化形成小芽。接种鳞片可直接诱导产生不定芽和小鳞茎，不仅缩短了培养时间，还避免了因经过愈伤组织阶段而可能产生的变异。

诱导产生的鳞茎与不定芽的结构不同之处在于：不定芽由叶片、顶芽和茎构成；而小鳞茎由鳞片、鳞茎盘和芽构成。

培养条件控制温度23～26℃，光照度为1000～3000lx，每天光照12～16h。

3. 移栽驯化

郁金香移栽可采用不定芽诱导生根后移栽，也可将培养的小鳞茎直接移栽。选用蛭石、珍珠岩等与草炭混合的栽培基质。提前进行炼苗，移栽时洗净幼苗或小鳞茎上的培养基，移栽后注意保持基质湿润，但忌积水，适当遮阴，待移栽成活后逐渐增加光照，按照生产需要进行地栽培养。

6.1.8　观赏蕨类植物快繁

蕨类植物又称为羊齿植物，是世界上古老的植物之一，早在4亿年前就生存于地球上，其种类繁多，约有1.2万种，广泛分布于世界各地，其中我国是世界上蕨类植物分布最多的地区之一。蕨类植物多数四季常青、叶色浓绿、耐荫、病虫害少，许多蕨类植物具有较高的观赏价值，其株型奇特、叶姿飘逸，独具风韵。近年来，蕨类植物已快速进入花卉市场，成为观叶植物和切叶的重要种类，赢得了广大消费者的喜爱。

在自然条件下，蕨类植物通过叶腋及叶背产生的孢子进行繁殖，或通过根、根状茎、叶等部位产生芽孢和顶端分生组织产生新植株。但是，自然繁殖的蕨类植物远远不能满足人们的需要，而且有些蕨类植物也因自然生态环境的破坏而日益减少。组织培养作为快速繁殖手段运用于蕨类植物生产中，其对野生观赏蕨类植物的开发利用，蕨类植物的商品化生产，以及对濒危蕨类植物的资源保护等方面都具有极大的促进作用。目前，国内外已通过组培成功的蕨类植物有几十种，我国组培成功的蕨类植物也有十几种，其中桫椤是我国的一级保护植物，鹿角蕨、荷叶铁线蕨类是我国二级保护植物，其他组培成功的蕨类植物还有铁角蕨、星毛蕨、贯众、铁线蕨、卷柏、满江红、狼尾蕨、波士顿蕨等。

1. 外植体取材、消毒与接种

蕨类植物组织培养大多选择植株新萌发的幼嫩茎尖、幼叶或根茎作外植体，也可采集孢子进行培养。取材为嫩茎、幼叶或根茎消毒时，先将材料用自来水冲洗，然后在超净工作台上，用70%～75%的酒精浸泡20～30s，再用0.1%的氯化汞或2%的次氯酸钠液消毒5～10min（消毒时间视材料的幼嫩程度决定），再用无菌水冲洗4～6次，沥干后接种到培养基中。

蕨类植物组织培养过程中，孢子接种后多数于2～4周萌发，但有些种类如鹿角蕨的孢子具有休眠的特点，而使孢子萌发到形成原叶体的阶段延长，有些种类萌发时间长达1～2年。对于这类孢子可采用激素，如用GA_3处理来破除休眠，如桫椤孢子经50mg/L GA_3处理2～5min，能使孢子萌发时间从1年缩短至2个月。

2. 增殖途径及培养条件

以孢子体为外植体材料，可以通过以下3种途径进行增殖：

1）先诱导形成愈伤组织，再通过愈伤组织分化成苗，通常使用2，4-D配合适量细胞分裂素来诱导愈伤组织。

2）先用适量的细胞分裂素和生长素组合诱导形成绿色球状体（GGB），然后再用 GGB 来增殖、分化形成丛生芽。

3）直接诱导外植体成芽，包括诱导嫩叶产生丛生芽，然后通过丛生芽进行大量繁殖。

蕨类植物组织培养中诱导形成的绿色球状体（green globular bodies，GGB）其结构与愈伤组织不同，类似兰花的原球茎。

从国内蕨类植物组织培养成功的例子来看，大多数均以 MS 为基本培养基，少数以 N_6 为基本培养基，国外也有采用 B_5、NH 等培养基。但不同的蕨类植物对无机盐分要求不一样。在培养基中加入 170～200mg/L 的 NaH_2PO_4 有利于大多数蕨类植物的组织培养。培养基蔗糖浓度为 2%～3%，pH 值 5.4～5.8，琼脂 0.7% 左右。其采用的激素中细胞分裂素类用 BA 和 KT，浓度一般为 1.0～5.0mg/L；生长素用 NAA、IBA 等，也有用 2，4-D。生长素能诱导根的分化并促进细胞生长，与细胞分裂素结合使用时，有利于提高增殖速度。

蕨类植物培养条件一般温度在 25℃ 左右，光照强度 1500～2000lx，光照时间 12～14h/d。

3. 生根与移栽

将丛生芽分割成单株苗进行生根培养。生根培养一般采用 1/2MS 培养基，加 0.5%～1.0% 的活性炭有利于根分化，对于生根难的种类可加入 0.1～0.5mg/L 的 NAA 或 IBA 等促进生根，蔗糖浓度一般降为 1%～2%。蕨类植物生根苗的移栽与其他组培苗移栽方法基本相同。

实训 6-1　蝴蝶兰组培快繁

● 实训目的

了解蝴蝶兰离体快繁的技术要点及植株再生过程，掌握其基本操作方法。

● 实训要求

严格无菌操作规范，控制污染。

● 实训准备

1. 材料与试剂

蝴蝶兰已开花的花梗，取其下端休眠芽作为外植体。

75% 酒精、工业酒精（用于酒精灯）、脱脂棉、饱和漂白粉上清液、0.1% 氯化汞溶液、0.1% 高锰酸钾溶液、MS 母液、激素母液、蔗糖、琼脂、蒸馏水、无菌水、0.1mol/L 的 NaOH、0.1mol/L 的 HCl、苔藓等。

2. 培养基

1）腋芽及丛生芽诱导培养基：MS + 6-BA3.0mg/L + 3% 蔗糖 + 0.8% 琼脂，pH5.8。

2）丛生芽增殖培养基：MS + 6-BA5.0mg/L + NAA0.5mg/L + 3% 蔗糖 + 0.8% 琼脂，pH5.8。

3）生根培养基：1/2MS + NAA1.0mg/L + 1.5% 蔗糖 + 0.8% 琼脂，pH5.8。

3. 仪器与用具

超净工作台、高压灭菌器、过滤灭菌器、解剖镜（8～40倍）、镊子、解剖刀、解剖针、酒精灯、培养皿、滤纸、磁力搅拌器、烧杯、标签纸、记号笔等。

● **方法及步骤**

1. 外植体取材和消毒

从母株上切下花梗，剪成约3cm长的带芽茎段，用自来水冲洗干净，用饱和漂白粉上清液浸泡15min，浸泡时不断搅动，取出茎段再次用自来水冲洗干净。置于超净工作台上，先用75%酒精消毒30s，用0.1%氯化汞浸泡10min（浸泡过程中不断用玻璃棒搅动），用无菌水冲洗5～6次，置于无菌的干净培养皿中备用。

2. 接种

在超净工作台中，用解剖刀将茎段切成约2cm带饱满腋芽的切段，芽体朝上接种于诱导培养基上。

培养温度在（25±1）℃，光照强度1500lx，光照时间12h/d。

3. 丛生芽的增殖

一般情况下，当花梗腋芽培养55～60d后，将诱导出的丛生芽切分成单芽和双芽转接到丛生芽增殖培养基上继代扩繁，约50d后又可生成新的丛生芽。

4. 生根壮苗培养

将增殖芽转入生根培养基中进行生根壮苗培养，一般20d左右生根。当蝴蝶兰试管苗具有3～4条根、3～4片叶和叶长3～5cm时即可驯化移栽。

5. 驯化移栽

将试管苗移至明亮、通风的炼苗室中，揭开瓶盖炼苗2～3d，然后将苗取出，洗净粘在根部的培养基，用0.1%高锰酸钾溶液浸泡20～30min，再移至已消毒的苔藓基质上。移栽后适当浇水，保持光照强度15000～2000lx，温度为25～30℃，光照时间每天14h，移栽后的1周内空气湿度保持90%以上，以后空气湿度保持在85%，要求通气良好，以有利于幼苗快速生长。

注意事项

● 每次接种前应提前配制培养基并进行灭菌，接种室及接种器械使用前均进行消毒和灭菌处理。

● 接种时，注意观察材料极性，将芽体朝上，切不可反植，并不可将芽体埋入培养基内。

● 有些蝴蝶兰品种花梗外植体容易褐变，在初代培养中花梗茎段接种后，若发现材料基部周围的培养基变褐，甚至变黑，应及时转接，以使培养物正常生长。

● 接种过程应严格无菌操作，减少污染。

● **实训指导建议**

1. 采用蝴蝶兰花梗腋芽进行快繁有两个成苗途径：一是丛生芽途径，即花梗腋芽通过诱导增殖直接形成丛生芽，再形成小苗。二是原球茎途径，即花梗腋芽通过诱导形成愈伤组织，再由愈伤组织诱导形成原球茎，通过继代和生根形成完整植株。本试验采用的是前一种繁殖途径，操作程序相对简单，有利学生顺利完成实训。各校也可根据条件，选择蝴蝶兰不同部位材料作外植体，并设计多种快繁成苗途径，让学生了解和掌握更多的蝴蝶兰组培快繁技术。

2. 针对蝴蝶兰品种不同、取材时间不同，应调整培养方案。在预备试验的过程中应该摸索合理的消毒时间、培养基配方及培养条件，保证培养物正常生长，以便实训顺利进行。

3. 蝴蝶兰组培快繁实训需要很长时间，应安排学生定期观察，及时转接，完成整个实训任务。

4. 蝴蝶兰组培快繁技术早已应用于商业化大规模生产，指导学生查询相关资料，若有条件最好安排学生到蝴蝶兰组培生产企业现场参观学习。

● **实训考核**

考核重点是操作规范性、准确性和熟练程度。考核方案见表6-1。

表6-1　蝴蝶兰组培快繁实训考核方案

考核项目	考核内容及标准		分　值
	技能单元	考核标准	
现场操作	实训准备	培养基配制及灭菌、接种室及超净工作台消毒、药品及器械等准备齐全	10分
	外植体取材、消毒	取材适当，消毒流程正确，每步操作到位	10分
	接种	材料切割大小适宜，符合标准；无菌操作规范、熟练	15分
	移栽	操作规范，无材料损伤、浪费情况	15分
	文明、安全操作	操作文明、安全，器皿和用具摆放有序，场地整洁	5分
	团队协作	小组成员分工明确、相互协作、积极思考、认真讨论	5分
结果检查	产品质量	材料接种摆布合理，方向正确，深浅适宜；能根据培养物生长情况及培养阶段要求及时转接。每次接种5d后统计污染率低于2%。生根壮苗培养及驯化移栽后幼苗成活率≥85%	20分
	观察记载	定期观察，记载详细、准确	10分
	实训报告	实训报告撰写内容清楚、数据详实、字迹工整	10分

实训6-2　铁线蕨组培快繁

● **实训目的**

了解蕨类植物离体快繁的技术要点及植株再生过程，具体掌握铁线蕨组培快繁基本操作方法。

● **实训要求**

严格无菌操作规范，控制污染。

● **实训准备**

1. 材料与试剂

盆栽铁线蕨。

75%酒精、工业酒精（用于酒精灯）、脱脂棉、饱和漂白粉上清液、0.1%氯化汞溶液、0.1%高锰酸钾溶液、MS母液、激素母液、蔗糖、琼脂、蒸馏水、无菌水、0.1mol/L的NaOH、0.1mol/L的HCl、椰糠等。

2. 培养基

1）球状体诱导培养基：MS＋6-BA2.0mg/L。

2）球状体继代增殖培养基：MS＋6-BA1.0mg/L。

3）分化培养基：1/2MS＋6-BA0.5mg/L。

4）再生植株壮苗培养基：1/2MS＋6-BA0.1mg/L。

5）生根培养基：1/2MS＋NAA0.5mg/L。

以上培养基均加蔗糖30mg/L、琼脂0.7%，pH5.5～5.8。

3. 仪器与用具

超净工作台、高压灭菌器、解剖镜（8～40倍）、镊子、解剖刀、解剖针、酒精灯、培养皿、滤纸、磁力搅拌器、烧杯、标签纸、记号笔等。

● **方法及步骤**

1. 外植体取材、消毒和接种

取铁线蕨盆栽植株土中冒出尚未能展开形成叶的幼嫩茎尖为外植体，用自来水冲洗干净。在超净工作台上，用75%酒精浸泡30s，再用0.1%氯化汞浸泡3min，无菌水冲洗3次。第2次用0.1%氯化汞浸泡2min，无菌水冲洗5次，沥干备用。

在超净工作台上，将表面消毒的外植体茎尖接种到球状体诱导培养基上。培养温度(25±2)℃，光照强度1500～2000lx，光照时间12h/d。

铁线蕨茎尖接种在球状体（GGB）诱导培养基上，约经60d培养，开始出现绿色细小晶体状物，即球状体（GGB）。继续培养10d后，将诱导分化出的球状体接种到球状体继代增殖培养基中培养，生成更加致密的球状体，初期每60d继代1次，随着球状体增殖速度加快，球状体颜色会逐渐加深，由绿色转为墨绿色，每次继代周期应缩短至45d左右。

2. 球状体（GGB）的诱导及增殖

接种茎尖在球状体（GGB）诱导培养基上，定期观察培养物生长情况，及时进行转接，促使球状体增殖扩繁。

3. 球状体分化成苗

取继代增殖的球状体（GGB）接种到分化培养基上，在同样条件下培养。约需30d后在球状体（GGB）上逐渐长出灰绿色的丝状体，继续培养后形成绿色细长丛生状丝状体。切取丛生状丝状体转到再生植株壮苗培养基上，10d后丝状体慢慢长出茎和小叶，形成丛生小苗。

4. 生根培养

将分化出茎、叶的丛生小苗转入生根培养基中培养，约30d可生根出瓶。

5. 移栽

铁线蕨瓶苗移栽可不经炼苗，直接从培养瓶中取出生根苗，洗净附着的培养基，用椰糠种植。种植前先将椰糠用水浇透，小苗栽好后再浇透定根水，放在覆盖有95%遮阳网的塑料大棚内养护。移栽初期应注意喷雾保湿，约1周后小苗可定根生长。2周后可喷施0.1%的尿素，给小苗补充肥料，以后每周施肥1次，养护1个半月即可上盆定植。

注意事项

● 每次接种前应提前配制培养基并进行灭菌，接种室及接种器械使用前均进行消毒和灭菌处理。接种过程应严格无菌操作，减少污染。

● 与其他蕨类植物组培一样，铁线蕨组培快繁的成苗途径是通过诱导形成绿色球状体（GGB），然后再用GGB来增殖、分化形成丛生芽。培养时应注意观察培养物生长情况，及时继代转接。

● 铁线蕨组培苗出瓶移栽时，气温在10～30℃之间移栽成活率高。夏季高温对铁线蕨的生长有一定的影响，冬季低温幼苗停止生长，所以一般选择在春季移栽有利幼苗生长。

● 蕨类植物喜阴怕光，在强光下不能顺利生长，移栽养护过程中尤其应注意遮阴。

● 实训指导建议

蕨类植物组织培养成苗途径有其特点，应指导学生注意观察、比较。铁线蕨组培快繁实训需要时间长，应安排学生定期观察培养物生长情况，及时转接，完成整个实训任务。

指导学生查询相关资料，调查了解当地野生观赏蕨类植物的开发利用情况。也可根据各地条件，选择不同的蕨类植物作为实训材料，结合实际设计组培方案及实训操作步骤。

● 实训考核

考核重点是操作规范性、准确性和熟练程度。考核方案见表6-2。

表6-2 铁线蕨组培快繁实训考核方案

考核项目	考核内容及标准		分值
	技能单元	考核标准	
现场操作	实训准备	培养基配制及灭菌、接种室及超净工作台消毒、药品及器械等准备齐全	10分
	外植体取材、消毒	取材适当，消毒流程正确，每步操作到位	10分
	接种	材料切割大小适宜，符合标准；无菌操作规范、熟练	15分
	移栽	操作规范，无材料损伤、浪费情况	15分
	文明、安全操作	操作文明、安全，器皿和用具摆放有序，场地整洁	5分
	团队协作	小组成员分工明确、相互协作、积极思考、认真讨论	5分
结果检查	产品质量	能根据培养物生长情况及培养阶段要求及时转接。每次接种5d后统计污染率低于2%。生根壮苗培养及驯化移栽后幼苗成活率≥95%	20分
	观察记载	定期观察，记载详细、准确	10分
	实训报告	实训报告撰写内容清楚、数据详实、字迹工整	10分

工作任务2　园林树木组培快繁

园林树木在维持生态平衡、园林绿化、改造沙荒土壤等方面具有重要作用，组织培养技术具有增殖倍数高，周期短，可周年生产等优点，是林木种苗工厂化生产的重要手段。组织培养成功的林木包括杨树、相思树、桉树、松树等约有150多种，我国海南、广西等省利用组织培养技术生产的桉树组培苗已成功应用于造林实践。

6.2.1　毛白杨组培快繁

毛白杨（Populus tomentosa）为杨柳科杨属落叶大乔木，生长快，树干通直挺拔，树形优美，是优良的速生造林绿化树种。三倍体毛白杨是人工培育的新品种，具有生长快、抗逆性强、适应性广、材质好的优点，用途广泛。

毛白杨扦插繁殖成活率低，繁殖系数低。20世纪80年代初，我国学者首次解决了毛白杨离体快繁的技术问题。目前，毛白杨的组培快繁技术已在造林育苗的生产实践中推广应用。

1. 外植体取材、消毒与接种

毛白杨一般采用休眠芽作外植体。取当年形成的直径为5mm左右的枝条，用解剖刀或剪刀切成长度为1.5～2.0cm的茎段，每个茎段带一个休眠芽。将茎段用自来水冲洗干净。在超净工作台上，用70%酒精消毒约30s，用无菌水冲洗1次，然后用5%次氯酸钠溶液消毒7～8min，再用无菌水冲洗3或4次，用无菌滤纸吸干残留水分。

在超净工作台上，将材料置于解剖镜下，用解剖刀剥取长2mm左右、带有2或3个叶原基的茎尖，并立即将茎尖接种到培养基中。

2. 初代培养

茎尖先接种到装有少量培养基的锥形瓶或试管中（每瓶或每管接种1个茎尖）进行预培养，预培养所用培养基为MS+6-BA0.5mg/L+水解乳蛋白100mg/L。经5～6d培养后，再将没有污染的茎尖转接到MS+6-BA0.5mg/L+NAA0.02mg/L+赖氨酸100mg/L+果糖2%培养基上，诱导芽分化。培养温度25～27℃，连续光照，光照强度为1000lx左右。经2～3个月培养，部分茎尖即可分化出芽。

3. 继代扩繁及生根培养

毛白杨初代培养获得幼芽扩繁可采取两种途径：

（1）茎切段繁殖　将茎尖诱导出的幼芽从基部切下，转接到MS+IBA 0.25mg/L的生根培养基中，培养基中盐酸硫胺素提高到10mg/L，蔗糖1.5%。经一个半月左右培养，即可长成带有6～7个叶片的完整小植株。选择其中健壮小苗进行切段繁殖，顶部切段带2～3片叶，以下各段只带1片叶，转接到上述生根培养基上，6～7d后可生根，10d后根长可达1～1.5cm，待腋芽萌发并伸长至带有6～7片叶时，可再次切段繁殖。如此反复，即可获得大批试管苗。此后，每次切段时将顶端留作再次扩大繁殖使用，下部各段生根后则可移栽。按每个切段培养一个半月长成的小植株可再切成5段计算，每株幼苗每年可繁殖6万株左右。

（2）叶切块诱导丛生芽繁殖　先用茎切段法繁殖一定数量的带有6～7个叶片的小植

株，截取带有2~3个展开叶的顶端切段，接种到上述生根培养基上继续扩繁，然后将剩下茎段其余叶片从基部中脉处切取1~1.5cm，且每片叶带有长约0.5cm的叶柄，并将取下的叶切块转接到新配制的MS+ZT0.25mg/L+6-BA0.25mg/L+IAA0.25mg/L+蔗糖3%+琼脂0.7%诱导培养基上，转接时注意使叶背面与培养基接触。经约10d培养，即可从叶柄的切口处观察到有芽出现，之后逐渐增多成芽簇。每个叶切块可得20多个丛芽。将丛生芽切下，转接到新配制的与茎切段繁殖法相同的生根培养基上，经10d培养，根的长度可达1~1.5cm，即可用作移栽。如果丛芽转接时太小，也可继续培养一段时间。叶切块生芽扩大繁殖比茎切段生芽扩大繁殖速度更快。如果每株毛白杨试管苗可取5个叶片，由5个叶片至少可得到50多株由不定芽长成的小苗（除去太小的芽不计），如此反复切割与培养，据推算其繁殖速度比茎切段生芽繁殖提高10多倍。

4. 驯化移栽

待试管苗根长至1cm左右时，打开瓶盖或揭开封口膜，加入一定量的水后重新盖上瓶盖或封口膜，将瓶苗放置到室温或大棚内，随时观察，及时发现和取出污染苗，约经1周左右炼苗后即可移栽。移栽用基质可用1份河沙+2份珍珠岩+3份蛭石+4份富含有机质的松针土配合而成，pH 5.5~6.0，基质应提前进行消毒处理。控制温度不高于20℃，相对湿度不低于85%，光线不可太强，移栽后最初几天最好遮阴，以提高成活率。一般30d左右完成驯化过程，随后即可按批次将小苗移栽大田定植。

为了保证毛白杨组培苗移栽后能正常生长，可将秋季树木上落下的叶子，如槐树叶、松针等在幼苗上薄薄地覆盖一层，并用水喷湿树叶，这样可起到既保湿又透气的作用，有利幼苗生长，可显著提高成活率。

6.2.2 河北杨组培快繁

河北杨（Populus hopeiensis Hu et Chow）为杨柳科杨属落叶大乔木，耐寒、耐旱，适于高寒多风地区种植，其树皮白色洁净，树冠圆整，枝条细柔平伸甚至稍垂，加之圆形和波缘的活泼叶片，形成清秀柔和的特色，是优美的庭荫树、行道树和风景树，在草坪、岸边孤植、丛植都很合适，在西北黄土高原地区可用作防风固沙造林树种。

河北杨扦插育苗生根困难，组织培养是规模化繁殖种苗的有效方法。

1. 外植体取材、消毒与接种

河北杨一般以春季萌发的新梢或根部萌发的新枝条作为外植体。来自同一嫩枝不同部位的外植体在同样条件下的芽分化率明显不同，上部的分化率高达90%以上，甚至100%，而下部则仅60%~70%。上部的分化速度比下部快，不定芽数量多，生长快。因此，组织培养取材时，以截取嫩枝上部4~5cm作为外植体为好。

所取材料用自来水冲洗干净，在超净工作台上，先用70%酒精消毒数秒后，再用0.1%~0.2%氯化汞消毒5~10min，然后用无菌水冲洗4~6次，无菌滤纸吸干水分。

接种时，切取茎尖约1~2mm，每个小锥形瓶（或每支试管）只接种1个茎尖，避免材

料交叉感染。

2. 初代培养

适合河北杨茎尖诱发愈伤组织及不定芽的培养基选择改良MS为基本培养基，即将大量元素减半，再添加6-BA0.3mg/L、NAA0.05mg/L、蔗糖2.5%、琼脂0.5%，pH 5.8。材料接种后置于（25±2）℃的培养室内进行培养，光照强度2000~3000lx，光照时间13h/d。

小贴士

经试验研究表明，降低培养基中的离子浓度有利于芽的分化和发育，在全量MS培养基上，河北杨外植体虽然能分化不定芽，但其数量比1/2MS大量元素的MS培养基中少得多。

在上述培养基上，外植体形成质地致密、颜色鲜绿的愈伤组织，随后分化出芽，诱导率可达80%~82%。如果基本培养基不变，激素配比改为添加ZT 0.3~1.0mg/L、NAA 0.05~0.1mg/L，也可以得到类似的结果，诱导率为82%~92%。在河北杨组织培养中，同一茎段外植体上两种再生方式同时存在，既有胚状体，也有不定芽，而且都在接种后20d左右出现。胚状体一般很少与外植体截然分开。偶尔也可观察到在不含生长素而只有细胞分裂素的培养基上由胚状体发育成完整植株，但大多数情况下还是在同一块材料上既产生不定芽，又产生不定根。

3. 继代增殖扩繁

分割带芽愈伤组织继代增殖，基本培养基采用改良MS（即大量元素减半），再添加6-BA 0.3mg/L、蔗糖2%、琼脂0.6%。愈伤组织进一步增生，并能诱导出大量不定芽。

4. 生根培养

选择2~3cm高的不定芽，从基部分离切成单苗，然后转接到改良MS（即大量元素减半）+NAA0.02mg/L+蔗糖1.5%+琼脂0.6%的培养基上进行生根培养。2~3周后，生根率可达100%。

5. 驯化移植

移栽基质取河沙、壤土、草木灰以1∶1∶1配合，并提前进行消毒。移栽方法与上述毛白杨试管苗移栽方法相同，移栽后要特别注意加盖塑料薄膜保湿，10d后可以揭开覆膜，一般成活率可达90%以上。

6.2.3　胡杨组培快繁

胡杨（Populus euphratica）又名异叶杨，是杨柳科杨属胡杨亚属的一种植物，常生长在沙漠中，它耐寒、耐旱、耐盐碱、抗风沙，有很强的生命力，为重要的固沙造林树种之一。目前已成功运用组织培养方法选择出速生、抗病的无性系，并通过茎段、茎尖组织培养快繁获得了大量种苗，应用于造林实践。

1. 外植体取材、消毒与接种

胡杨组织培养可以选择幼嫩枝条切段和休眠芽为外植体。以幼嫩枝条切段作外植体时，取直径为3~4mm的嫩枝；以休眠芽茎尖作外植体时，取当年形成的直径为5mm左右的枝条。所取材料先用自来水冲洗干净，在超净工作台上，用0.2%氯化汞（可适量加入几滴吐温）消毒10min后，用无菌水冲洗4~6次，无菌滤纸吸干水分。

在超净工作台上，将经消毒后的嫩枝切成长度为1cm左右的茎段（取其节间，不带侧芽），然后接种到初代培养基上；休眠芽茎尖剥离需要在解剖镜下，用解剖刀切取具有2~3个叶原基的茎尖接种到初代培养基上。

2. 初代培养

初代培养基为MS+6-BA0.5mg/L+NAA0.5mg/L，外植体接种到初代培养基上后，置于（26±1）℃、光照时间10h/d的条件下培养。

茎段外植体接种后1周左右，在切面上即可见到形成层部位出现稍凸出的黄白色、致密的愈伤组织。接种后2~3周，两端切面上的愈伤组织明显增生凸出，茎的皮孔已膨大，且从皮孔内分化出质地疏松的白色愈伤组织。接种后第4周，随着皮孔上愈伤组织的进一步增生，可以见到白色的愈伤组织中出现一些绿色的愈伤组织块，乃至整个愈伤组织变为绿色的小绒球状。绿色的愈伤组织进一步分化形成一丛丛叶较肥厚的微芽，以后逐渐发育成为丛生芽。茎段切口端的愈伤组织接种后约一个半月也可分化成苗，其过程与皮孔愈伤组织的情况类似，即先从愈伤组织中出现绿色的芽点，以后发育形成丛生芽。

据试验研究报道，胡杨的离体茎段对植物激素的反应不甚敏感，在MS+6-BA0.5mg/L或MS+6-BA 0.5mg/L+NAA 0.5mg/L等不同组合培养基上，外植体的反应基本相同，虽然在MS+6-BA0.5mg/L+NAA 0.5mg/L的培养基中，小苗分化频率较高，但在无激素的MS培养基上，也可从茎段的皮孔处产生愈伤组织并分化形成小苗。

以休眠芽茎尖作外植体时，由于取材小，外植体容易愈伤化。但由于茎尖愈伤组织分化能力比茎段更强，所以分化出的小植株数目多且健壮。

3. 继代增殖扩繁

将初代培养形成的丛生芽先转接到MS+6-BA0.2mg/L+NAA0.2mg/L的培养基上，进行3~4周的壮苗培养，再将健壮小苗切割成长度为0.5~1.0cm的茎段（带芽），转接到MS+6-BA0.5mg/L+NAA 0.5mg/L培养基上进行增殖扩繁，反复切割转接与培养，试管苗即可呈几何级数增殖。

4. 生根培养

胡杨试管苗生长至2~3cm高时，即可在无菌条件下将其从基部切下，置于40mg/L已灭菌的IBA溶液中预处理1.5~2.0h，再转接到无激素的MS培养基上。经10d左右培养，茎基部切口附近陆续长出不定根。再经10~15d培养，即可形成根系发育良好的完整小植株。

5. 驯化移植

胡杨试管苗驯化移植方法与毛白杨试管苗驯化移植方法相同。

6.2.4 辐射松组培快繁

辐射松（Pinus radiata）为松科松属常绿乔木，耐贫瘠土壤，适应性广，是水土保持的

理想树种，其木材是中密度、结构均匀、收缩效率平均、稳定性强的优质软材。在长江中上游一些山高坡陡水土流失的地区，可用辐射松作为退耕还林的先锋树种，在某些立地条件较好的地区，可以建立速生林基地，用作纸浆、板材原料生产。引自新西兰的辐射松，又名新西兰松，其材质好，生长快，是世界上同类针叶树种中极为罕见、优良的种类。

1. 外植体取材、消毒与接种

辐射松一般以种子为外植体，进行胚和子叶培养。种子灭菌时，用饱和漂白粉溶液表面消毒15min，然后用无菌水冲洗3~4次，并放置过夜，再用6%过氧化氢（H_2O_2）消毒10min，用无菌水冲洗3次，并贮存在5℃条件下48h。

进行胚培养时，在无菌条件下去除种皮和胚乳，取出胚并水平放置接种到培养基上；子叶培养时，将已消毒的种子置于湿润的无菌蛭石上（或湿润的无菌滤纸上）暗培养5~7d。待种子萌发、幼根长达1~3mm、子叶长达3~5mm时，在无菌条件下取子叶接种，将子叶水平放置在培养基表面。

2. 初代培养

辐射松胚和子叶培养采用Reilly和Washer的改良SH培养基。外植体接种后培养在昼温(28±1)℃和夜温（24±1)℃的条件下，光照时间14~16h/d，光照强度1000lx左右。

3. 继代增殖扩繁

胚和子叶接种后10~15d胚开始膨大，在胚外植体的子叶和单独接种的子叶外植体上，陆续见到有小丛芽分化。3~4周时，及时将这些培养物转移到新鲜培养基上。新配制的培养基仍为上述改良SH培养基，但蔗糖浓度降至58.4mg/L，且不加任何激素。以后每隔4周转接一次，连续转接2~3次，以促进不定芽茎叶伸长和新丛芽的发生。

4. 生根培养

芽长1~2cm时，从基部切下，转移至无激素的SH培养基上，6个月后，部分苗可以生根。如果将无根苗转移到含有NAA0.5mg/L和IBA 2.0mg/L的改良GD培养基上，1个月后绝大多数无根苗可以生根形成完整的植株。

5. 驯化移栽

辐射松试管苗的根长1~4cm时即可移栽。取出瓶苗，洗净根部的培养基并转入池塘水或自来水中进行水培，使根进一步生长和伸长。2~3周后，再移栽到由菜园土、蛭石、浮石和泥炭按4:1:2:1混合而成的盆土或苗床中，按试管苗移栽后的常规方法管理。10个月后，辐射松试管苗植株可高达25cm，而且还有发育良好的菌根体系。

6.2.5 白皮松组培快繁

白皮松（Pinus bungeana）又名白骨松、三针松、白果松、虎皮松、蟠龙松，为松科松属常绿乔木，是我国特有树种之一，树形多姿，苍翠挺拔，别具特色，早已成为华北地区城市和庭园绿化的优良树种。近年来，白皮松已成功引种美国，引起世界瞩目。

1. 外植体取材、消毒与接种

白皮松组培快繁一般以种子为外植体，进行胚培养。白皮松种子有一层坚实的种皮，消毒前应将其剥去。在超净工作台上，用0.1%氯化汞和10%次氯酸钠各消毒10~15min，并用无菌水冲洗3~4次，无菌滤纸吸干水分。

用解剖刀剥出胚，水平放置到培养基上。

2. 初代培养

初代培养采用 MS + 6-BA1.0mg/L + NAA0.5mg/L + 蔗糖 7% + 琼脂 0.7% 培养基。外植体接种后培养温度昼温（28 ±1)℃、夜温（24 ±1)℃，光照强度 1 000lx 左右，光照时间 14 ~ 16h/d。

胚接种后约第 4d，可见子叶张开，并逐渐变绿和伸长。2 周后，苗高长至约 3.5cm，此时除少数子叶产生愈伤组织外，一般的子叶均变得较为肿胀，子叶尖端逐渐白而平滑。3 ~ 4 周后，可见在子叶尖端分化出大小不同的芽原基突起，或直接分化出芽。此时被子叶围绕的生长点则变得较为扁平并向四周扩展，直径增至 2 ~ 3cm，中间出现许多丛生芽。

小贴士

白皮松胚培养过程中，接种的胚与培养基接触的子叶，因受激素的直接影响更加膨大，且易产生大量的芽原基，而那些不直接接触培养基的子叶，则一般只分化出少量不定芽。因此，接种时应将胚水平放置到琼脂固体培养基上。

3. 继代增殖扩繁

初代培养从子叶上诱导产生的不定芽应及时转移至新配制的成分与初代培养相同的培养基上，以促进不定芽的生长和增殖。

4. 生根培养

在白皮松的胚培养中，目前尚未诱导出不定芽生根，但培养 1 个月后的子叶切片中可观察到根原基发生。通常这种不定根发端于子叶下部的维管区附近。

5. 驯化移栽

将白皮松的无根试管苗从培养瓶中取出，洗净基部附着的琼脂培养基，置于含有 ABT100mg/L 的生根粉溶液中浸泡 2min，然后移栽到河沙、红壤土、火土灰按 1:1:1 混合的基质上。移栽后覆盖塑料薄膜保湿，温度控制在 20 ~ 30℃范围内。2 个月后，生根率可达 90% 左右。

6.2.6 杉木组培快繁

杉木（Cunninghamia lanceolata）为杉科杉木属常绿乔木，是我国长江以南各地的特有用材树种，树高超过 30m，胸径可达 300cm。由于树干端直，枝形整齐，枝叶密生，故杉木又是重要的园林树种。我国南方各地的民用建筑用材和家具用材大多来自杉木，特别是在黔东南、湘西南、桂北、粤北、赣南、闽北、浙南等地区，杉木的自然分布和人工造林面积很大。

杉木主要以播种、扦插和分株繁殖，速度较慢。特别是扦插繁殖时，成龄树的插条成活率低，而且扦插苗往往有严重的偏冠现象，影响观赏价值和木材品质。组织培养为杉木快繁及培育优质苗木提供了有效途径。

1. 外植体取材、消毒与接种

杉木组培快繁可用幼龄实生苗茎尖、成龄树嫩枝茎尖或茎段作外植体。外植体取材后先用洗衣粉溶液浸泡、刷洗 5min，再用自来水冲洗干净。在超净工作台上，用 70% 酒精消毒 30s，再用 0.1% 氯化汞消毒 5 ~ 7min，无菌水冲洗 4 ~ 6 次后，用无菌滤纸吸干水分。

剥取茎尖或切取茎段，接种到初代培养基上。将茎段纵向切开，除去2/5部分，然后将其切口平贴于培养基上。

小贴士

杉木茎段作外植体接种时，纵向切开茎段，切口平贴于培养基，有利茎段形成层组织吸收培养基中的养分，可使切口四周很快形成愈伤组织，且这些愈伤组织转接后容易分化成芽。

2. 初代培养

杉木组织培养一般是通过先诱导外植体形成愈伤组织，以后再由愈伤组织分化出芽或根。适用于诱导杉木愈伤组织的培养基为1/2MS（或White）+6-BA0.5mg/L+2，4-D0.5～2.0mg/L+蔗糖3%+琼脂0.5%。

接种后先进行5～7d暗培养，然后移至光照强度1000～2000lx，光照时间13～14h/d的条件下培养，培养温度（25±2）℃。幼龄杉木实生苗茎尖在这些培养基上暗培养4～5d就开始形成愈伤组织，10d后愈伤组织生长加快，芽或茎段外植体则在7～10d时才开始形成愈伤组织。

小贴士

培养基中2，4-D的含量对诱导杉木外植体形成愈伤组织影响很大。2，4-D含量较低时，形成愈伤组织的大小适中，质地致密，呈褐色小瘤状突起，以后转接到不含2，4-D的培养基上时，容易分化出芽；2，4－D含量较高时，则形成膨大疏松的愈伤组织，反而不利茎芽的分化与生长。

3. 愈伤组织增殖与分化培养

将由外植体诱导形成的愈伤组织转接到新的培养基中继代增殖，再将愈伤组织进行分化培养，诱导成芽。在杉木组培繁殖中，芽的诱导形成与生长比较容易，无论使用1/2MS培养基，还是White培养基，只要在培养基中去掉2，4-D而附加6-BA或KT、IBA，均能有效诱导出芽。添加6-BA或KT的浓度为0.5～1.0mg/L，IBA的浓度为0.25～0.5mg/L，芽的分化率可达85%左右。每个外植体诱导形成不定芽的数目因品种不同、取材部位不同有所差异，而随着培养时间的延长不定芽的数目会增加。一般来说，经4～5个月培养，每个外植体可以分化出15～20个高3～4cm的嫩芽。如经1年多培养，最多可长出200～300个芽。

4. 生根培养

当杉木试管苗长至3～4cm高时，从基部剪下，转入至附加NAA 0.25～0.5mg/L的White培养基上，经45～50d培养，即可生根形成完整植株，生根率可达80%～85%。

5. 驯化移栽

杉木试管苗在生根培养基上形成2～3cm长的根时，即可出瓶移栽到由腐殖土和河沙按3∶1混合而成的盆土或床土中，移栽时应注意洗净根部附着的培养基。移栽后切忌阳光直射，最初1个月内最好用2层50%遮阳网遮阴，以后换用1层70%遮阳网，2个月后再改用1层50%遮阳网。移栽后半个月内空气湿度应保持在90%左右，温度控制在15～25℃。经4

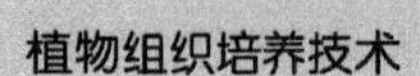

个月左右精细管理，杉木幼苗植株高达25cm左右，即可出圃定植。

小贴士

杉木试管苗移栽成活率与温室或苗圃的温度和空气湿度的关系极大。气温越高，空气湿度越小，蒸发量越大，移栽成活率越低，为此，移栽后最初20d以内一定要加盖塑料薄膜保湿。如在高温季节移栽试管苗，更应通过遮阴、喷水等措施，将温室或大棚内最高温度控制在30℃以下。

6.2.7 雪松组培快繁

雪松又称香柏、喜马拉雅杉，是松科雪松属（Cedrus）植物的统称，为常绿大乔木，高可达60m，树姿雄伟，树形优美，其主干下部的大枝自近地面处平展，长年不枯，能形成繁茂雄伟的树冠，因此最适宜孤植于草坪中央、建筑前庭中心、广场中心或主要建筑物的两旁及园门的入口等处，列植于园路的两旁，形成甬道，极为壮观。雪松与日本松、南洋杉并列为世界三大庭园观赏树种。并且，雪松又是重要的用材树种，其木材硬度适中、芳香，极为耐用，是优良的建筑材料，而且还可以用来提取芳香油。

雪松种植后25~30年才能开花结实，由于雄花较雌花早10d左右开放，故自然授粉困难，需辅以人工授粉才能获得较多饱满的种子。雪松主要靠扦插繁殖，也有少量播种育苗。用组织培养可以加快雪松人工繁殖速度，为雪松的无性繁殖提供了一条新的途径。

1. 外植体取材、消毒与接种

取1年生雪松实生苗的细嫩侧枝，用自来水冲洗干净。在超净工作台上，用70%酒精消毒30s，立即转入0.1%氯化汞溶液中消毒10min，用无菌水冲洗4~6次，用无菌滤纸吸去材料表面水分。

将消毒后的细嫩侧枝切成0.5cm长的茎段，接种时将生态学下端朝下，与培养基表面呈60°斜角插入。

2. 愈伤组织及芽的诱导

雪松组织培养成苗途径首先要经过一个脱分化阶段形成愈伤组织，再由愈伤组织分化形成芽。适于诱导愈伤组织形成的培养基为MS+KT2.0mg/L+NAA0.5mg/L+2，4-D 0.25mg/L；适于诱导愈伤组织分化成芽的培养基为MS+6-BA2.0mg/L+NAA0.5mg/L。培养条件为(25±2)℃，光照强度1500~2000lx，光照时间10h/d。

小贴士

据试验研究报导，雪松枝条中富含松脂和酚类等化学物质。在组织培养时，如取成龄树嫩茎作外植体，接种后2周左右，培养物周围的培养基会出现褐化现象，若不及时转接，外植体容易死亡。在培养基中加入500mg/L抗坏血酸或0.5%活性炭有一定抗氧化和吸附有毒物质的作用。若以幼龄实生苗嫩茎作外植体，褐化现象较轻。以1年生实生苗雪松嫩茎作外植体时，丛芽分化率高达70%；而取成龄树嫩茎时，丛芽分化率只有10%左右。

雪松茎段外植体接种到愈伤组织诱导培养基中培养60～80d，便可诱导产生愈伤组织。所形成的愈伤组织有两种类型：一种呈松散的颗粒状，多产生于茎段切口部分；另一种呈肿胀型，即接种的茎段明显变粗，以致将幼嫩的外皮胀裂，并且颜色逐渐变为褐色。前者分化能力较弱，后者分化能力较强，且分化时间短。将这种变粗的褐色茎段转移到诱导愈伤组织分化成芽的培养基上培养，2个月后即可分化出一丛丛小芽，每丛3～10株不等。

3. 生根培养

当试管苗长至1～1.5cm时，从基部剪下，插入1/2MS＋NAA0.5mg/L＋IBA1.0mg/L的生根培养基中培养。1～2个月后，每株试管苗可产生2～3条小根。生根培养阶段，培养温度降为（20±2)℃，最好采用室内自然散射光。

在诱导雪松试管苗生根时，不宜在生根培养基上培养过长，否则长出的根细弱，移栽成活率低。另外，雪松试管苗也可采用瓶外生根的方法，具体作法是：选择高约3cm的无根试管苗用较高浓度的生根剂处理后，直接移栽到基质中。

4. 驯化移栽

当雪松试管苗在生根培养基上刚出根时，应立即将其移栽到盆土或床土中。移栽基质可用蛭石和腐殖土按1:1混合而成。移栽后及时覆盖塑料薄膜保湿，1周后揭开覆膜，待小苗长出新根后即可移栽定植。

6.2.8 曼地亚红豆杉组培快繁

红豆杉（Taxus mairei）又名紫杉、赤柏松，是红豆杉科红豆杉属的一类常绿乔木或灌木，为我国一级保护植物，全世界共14种，我国有4种1变种，主要分布于我国的云南、四川、西藏和东北等地。红豆杉是一类具有重要开发价值的树木，它产生的紫杉醇通过临床试验被认为是最有希望的抗癌药物。

红豆杉生长缓慢，再生能力差，资源贫乏，仅有少量零星分布，多数处于野生状态。红豆杉的繁殖主要靠实生繁殖和扦插繁殖．然而红豆杉的种子坚硬，具有深度休眠特性，需经过2冬1夏的变温过程才能完成生理形态成熟阶段，且发芽率低，实生繁殖不容易，而扦插形成的植株难以产生顶端优势，植株矮小。采用常规播种育苗和扦插繁殖无法满足日益增长的抗癌药物研究和医疗用药的需要。一些地方的野生资源已经濒临灭绝，为了保护资源和扩大药源，采用组织培养技术进行红豆杉的快速繁殖和生产，具有非常重要的意义和作用。

曼地亚红豆杉是欧洲红豆杉与日本红豆杉的一个杂交种，多为灌木型，在美国、加拿大生长发展已有近100年的历史，为常绿灌木，生物量十分巨大，生长时间短。其主根不明显，侧根发达，枝叶茂盛，萌发力强。据测定，曼地亚红豆杉的生长量是国内红豆杉（中国红豆杉、云南红豆杉等）生长量的300%～700%。并且，曼地亚红豆杉紫杉醇含量也较高，是天然红豆杉的8～10倍。20世纪90年代中期，我国开始试种曼地亚红豆杉，经权威机构测定，引种的曼地亚红豆杉生物特性稳定，没有发生变异，紫杉醇含量接近原产地，部分样品中的含量还高于原产地。曼地亚红豆杉生长速度快，对环境适应性强，可用于营建水

土保持林、水源涵养林，改善生态环境。此外，曼地亚红豆杉四季常青，秋果红艳，给人以健康饱满的外观感，耐修剪，好造型，具有较高的观赏价值。

1. 外植体取材、消毒与接种

剪取当年生健壮枝条上饱满的侧芽或顶芽作为外植体，枝条去叶后，剪成1~2cm长的切段，每段带1~2个侧芽，用自来水流水冲洗30min左右。在超净工作台上，用75%的酒精浸泡45s，再用0.1%的氯化汞溶液浸泡消毒8~12min，无菌水冲洗4~6次，用无菌滤纸吸去材料表面水分。切除剪口表面的褐变层，迅速将材料接种于培养基上。

2. 芽的诱导及增殖

据试验报道，WPM为曼地亚红豆杉离体培养的最适基本培养基。初代培养的最适培养基为WPM+2-ip4.0mg/L+Ad30.0 mg/L；芽继代增殖的最适培养基为WPM+2-ip4.0mg/L+IAA1.0mg/L。在培养基中均添加蔗糖30g/L、琼脂7g/L、活性炭2g/L，pH为5.5。培养温度（23±1）℃，光照强度1500~2000lx，光照时间12h/d。

曼地亚红豆杉带芽茎段接种到初代培养基中培养45d后，萌芽可长至约3cm，将其切下接种到继代增殖培养基上，45d后芽苗增殖系数可达2.6，芽长2.2cm。

3. 生根培养

生根壮苗的最适培养基为1/2WPM+IBA0.5mg/L+NAA0.1mg/L，在培养基中均添加蔗糖30g/L、琼脂7g/L、活性炭2g/L，pH为5.5。切取2~3cm长继代增殖的无根苗，接种到生根培养基上。接种30d后可形成致密、色深、生长较慢的愈伤组织；45d后开始生根，每株有3~5条根，根粗短，根系较为发达，生根率达62.0%。

4. 驯化移栽

当试管苗高4.0cm，主根长约2cm，根数达2~3条时，将瓶苗转移到温室或塑料大棚，打开瓶盖，注入少量清水淹没培养基表面，放置3~5d。将试管苗从瓶中取出，用清水将根部表面的培养基轻轻冲洗干净，植入无菌基质中。基质可选用黄沙与泥炭按2:1混合。移苗时应注意保持较高的空气湿度，以提高成活率。

6.2.9 美国红栌组培快繁

美国红栌（Cotinus coggygria）又名红叶树、烟树，为漆树科黄栌属黄栌的变种，原产美国。美国红栌为落叶灌木或小乔木，春季其叶片为鲜嫩的红色或紫红色，妖艳欲滴；夏季其上部新生叶片始终为红色或紫红色，下部叶片渐变为绿色，远看色彩缤纷；秋季全叶鲜红，观之如烟似雾，美不胜收，故有“烟树”之称，是目前不可多得的城市及公园绿化的乔木阔叶彩色新树种。美国红栌观赏性强，能忍受冬季-10℃的低温和夏季39℃的高温，在降雨量350mm的地区能够正常生长，生物量大，是值得推广的观叶树种之一。

美国红栌扦插繁殖困难，主要靠嫁接在黄栌实生苗上繁殖。通过组织培养快繁是大规模生产美国红栌种苗的有效途径。

1. 外植体取材、消毒与接种

美国红栌组培快繁可选择1年生休眠枝条水培出的嫩芽或在春季选择当年生幼嫩枝条作外植体材料。试验表明，前者污染率和褐化率比后者低，存活率高，而且以后的生长和分化状态也较好。在3月份剪取休眠枝条，插入水中，放入人工气候箱内，于25℃条件下催芽。待芽伸长至1~2cm后取下带芽茎段，首先用软毛刷蘸洗液仔细刷洗叶腋及表皮，然后用自

来水冲洗30min。在超净工作台上，在70%酒精中浸泡30s，再用0.1%氯化汞溶液消毒5～10min，无菌水冲洗4～6次，用无菌滤纸吸去材料表面水分，取萌芽茎尖或幼嫩茎段接种到培养基上。

小贴士

美国红栌初代培养接种初期外植体容易出现褐变现象。当发现材料周围培养基变褐，应及时转接，一般需要24h转瓶1次，以减轻褐变的影响。

2. 初代培养

初代培养基选用MS+6-BA1.5mg/L+NAA 0.5mg/L+蔗糖3%+琼脂6.0g/L，pH 5.8。在培养基中添加Vc 2.5mg/L可有效降低褐变。

培养温度为（24±2）℃，光照强度2000lx，光照时间12h/d。接种后培养约15d后腋芽开始萌动，30d后腋芽可伸长1～2cm，即可进行转接。

3. 继代增殖扩繁

剪下新梢接种于MS+6-BA0.5mg/L+NAA0.1mg/L+蔗糖3%+琼脂7.0g/L的增殖培养基中，约10d左右，转接的腋芽又可开始萌发，同时下端切口也开始分化丛生芽。25～30d后，丛生芽长到5～8cm，即可分割转入新的增殖培养基中进行芽苗继代扩繁。

4. 壮苗与生根培养

将丛生芽转接到壮苗培养基MS+NAA0.1mg/L+蔗糖3%+琼脂7.0g/L上进行壮苗培养。经过1代壮苗培养的丛生芽切分后转到1/2MS+IBA1.0mg/L+NAA0.1mg/L+PP_{333} 2.0mg/L+蔗糖2%+琼脂7.0g/L的培养基上进行生根培养，约15d后开始长出褐色放射状根，生根率可达85%。

5. 驯化移栽

当幼苗的根长至1cm时即可准备炼苗，打开瓶盖，在瓶内注入少量自来水，放置3～5d后即可进行移栽。移栽时，先用20℃的水将试管苗根部的培养基洗净，移栽至用高锰酸钾消毒的基质中。移栽基质以草炭土、珍珠岩按3∶2混合。30d后待小苗木质化后，移栽到装有营养土的营养钵中，成活率达80%左右。

6.2.10　桉树组培快繁

桉树（Eucalyptus）是桃金娘科桉属植物的统称，原始种类并不多，但由于其自然杂交的现象非常普遍，所以种类增加很快，现世界上已有600余种，其中重要经济用材树种就有100余种。桉树为世界三大速生树种之一，其适应性广，从高温的热带到寒冷的地区，从海岸河口冲积土到石砾的不毛之地都能生长。桉树容易繁殖，抗逆性强，耐热、耐寒、耐瘠，病虫害少，抗虫蛀，耐腐蚀。其树体高大，最大的王桉高达100多米，材质坚硬，纹理致密却又速生丰产，特别是幼树期生长速度快，既是用材林、经济林、防护林、风景林的良好树种，又是很好的能源树种。

桉树为多年生异花授粉的木本植物，种间易天然杂交产生杂种，后代分离严重，用有性繁殖方法很难保持优良树种的特性。桉树成年树生根困难，采用扦插、压条等传统的无性繁殖方法繁殖系数较低，难以满足生产上的需要。因此，用组织培养方法快速繁殖桉树种苗在生产上有重要的应用价值。

1. 外植体取材、消毒与接种

为了保持优良品种特性，桉树组培快繁最好选择嫩茎腋芽作为外植体。在3~5月桉树萌芽期，截取具有半木质化程度的嫩梢，长度约为5~10cm。将采回的桉树嫩茎段剪去叶片，用自来水冲洗干净。在超净工作台上，用70%酒精浸泡10s，再用新洁尔灭溶液或0.1%氯化汞溶液消毒5~10min（视材料幼嫩程度而定），无菌水冲洗4~6次，用无菌滤纸吸去材料表面水分，切取含1~2个腋芽的茎段接种到培养基上。

桉树外植体取材时，选取芽条上部的茎段第5~7节最好。因为，中下部的第8~10节茎段木质化程度高一些，芽不易萌发，易褐变；梢部芽组织太幼嫩，消毒时易被杀伤，褐变严重。

2. 初代培养

初代培养选择MS+6-BA0.5~1.0mg/L+IBA0.1~0.5mg/L培养基。培养温度为（25±2)℃，光照强度2000lx，光照时间12~14h/d。经30d左右培养，肉眼可见愈伤组织形成，并逐渐分化成芽。

据试验研究报道，取桉树茎段接种后，约培养30d左右，可形成愈伤组织，诱导率可达95%以上。发生在切口处愈伤组织多呈颗粒状、质地紧密，以后能形成单生型芽，芽多而密集，并能抽茎和展叶；而发生在非切口处的愈伤组织呈瘤状、质地疏松，多产生丛生芽，不能抽茎和展叶。

3. 继代增殖培养

将较大的芽苗切割成1cm左右长的节段，或将密集的小丛芽分割为单株或丛芽小束，转接到MS+6-BA1.0~1.5mg/L+KT0.5mg/L+IBA0.1~0.5mg/L的培养基上进行增殖培养。经30d左右培养，由每一个被转接的材料可萌发出大量丛生芽。在最初几次继代培养中，每次培养所增殖的倍数较低，随着继代次数的增加，每次继代能增殖的倍数也逐渐增加。

据试验研究报道，在赤桉的继代培养中发现，如果长期在23~25℃的恒温条件下培养，赤桉的芽就会渐渐死亡；但如每次继代培养时，先在15℃条件下培养3d，再转到25℃条件下培养，材料就会保持良好的增殖速度。

4. 生根培养

将继代培养过程中获得的丛芽分割成单株，或将其中较大的个体切割成长度1.5~2cm左右的带1~2个腋芽的节段，然后转接到1/2 MS + ABT1.5mg/L + IBA 0.1mg/L + AC 2.5g/L生根培养基上。瓶苗发根率达80%以上时，可移到室外的自然光下再培养6~10d，当小苗充分木质化，苗高长至3~4cm，叶片舒展，叶色加深，茎轴、根系伸长时即可出瓶移栽。

5. 驯化移栽

移栽前揭开瓶盖，让幼苗在室温条件下适应2~3d。移栽时向瓶内倒入一定量清水并摇动几下以松动培养基，然后小心将幼苗取出，放置在盛有清水的盆中，将根部粘附的培养基洗净，然后将试管苗移栽于苗床或营养袋中，苗床或营养袋中的土壤以沙质壤土为好，或用山泥、火烧土和河沙按1∶1∶1混合，或用山泥与草木灰按5∶1混合。移栽后浇透水定根，并设塑料拱棚，保持空气相对湿度在85%以上，温度保持25~30℃，用70%的遮阳网搭荫棚，避免直射阳光曝晒，并防止膜罩内温度过高。移栽后15~20d逐渐减低湿度，增加光照，当幼苗发出新根、新叶后即可拆除覆膜和荫棚。加强水肥管理和病、虫、草害防治，可以喷施0.2%尿素溶液，或于行间浇施稀薄的腐熟猪粪水，注意施肥后应用清水喷淋一次，以免产生肥害，每周喷1次0.1%的多菌灵等杀菌剂。经1~2个月精细管理，当苗高15~20cm时即可出圃造林。

6.2.11 红叶石楠组培快繁

红叶石楠（Photinia serrulata）是蔷薇科石楠属杂交种的统称，为常绿小乔木，株高4~6m，叶革质，长椭圆形至倒卵披针形。红叶石楠因其新梢和嫩叶鲜红而得名，在春秋两季，新梢和嫩叶火红，色彩艳丽持久，极具生机；在夏季高温时节，叶片转为亮绿色，在炎炎夏日中带来清新凉爽的感觉。通过修剪造景，红叶石楠形状千姿百态，景观效果极佳，是珍贵的观叶树种。红叶石楠在国外特别是欧美和日本已广泛应用，被誉为“红叶绿篱之王”。但在国内还是近年新引进开发的树种，目前处于种苗繁育阶段，仅有少量种苗供应市场，尚未有大规格苗木供园林应用，远远不能满足苗圃和园林工程应用的需求，因此该树种市场前景广阔，发展潜力巨大。生产上红叶石楠多数采用扦插繁殖，但繁殖系数较低，通过组织培养的方法可以显著提高繁殖系数。

1. 外植体取材、消毒与接种

红叶石楠组培快繁一般选择茎尖和细嫩茎段作为外植体。取嫩枝先端未木质化和半木质化部分，剪成长约10cm左右的单芽，茎段部分去叶留2mm左右叶柄，茎尖部分可保留半张小叶。所取材料用饱和洗衣粉溶液浸泡3min，再用自来水冲洗干净。在超净工作台上，先用75%酒精浸泡10s，再转入0.1%氯化汞溶液中浸泡8min，无菌水冲洗4~6次，沥干水分，即可将带腋芽的茎段或茎尖以生态学下端朝下，垂直接种到初代培养基上，以每瓶接种一个外植体为宜，避免交叉感染。

2. 初代培养

初代培养可选择1/2MS + 6-BA2.0mg/L + IBA0.2mg/L + 蔗糖30g/L + 琼脂7g/L的培养基，pH 5.5~5.8。培养室温度控制在25~27℃之间，光照强度1000~2000lx，光照时间12h/d。接种后1周左右腋芽开始萌动，30~40d可伸长到2cm左右，即可切下幼芽进行继代增殖扩繁。

在红叶石楠组培外植体取材时，可选取健康无病害的红叶石楠母株，先置于温室内培养2周左右，期间注意不洒叶面水，每隔3~5d喷施一次杀菌剂，可有效降低初代培养时的污染率。

3. 继代增殖扩繁

一般第1次继代时增殖率较低，经2~3次继代后增殖数可达5倍左右。继代培养基可采用MS+6-BA1.0mg/L+IBA0.1mg/L，pH 5.5~5.8。无根的试管苗经30~40d培养达到3cm左右时，即可再次切割以扩大繁殖。当继代试管苗达到一定数量后，即可进行生根培养。

4. 生根培养

当红叶石楠无根苗长至高2cm左右时，可转移到生根培养基上培养。生根培养基可采用1/2MS+NAA 0.2~0.3mg/L，一般经1周后开始生根，15d后可长出3~5条、1~1.5cm长的红色或乳白色的根，生根率可达100%。

5. 炼苗及移栽

将高2~3cm，根系发达的瓶苗移入温室，打开瓶盖炼苗3~5d。移栽时，取出小苗，洗去根部附着的培养基，注意尽量减少根部损伤，再将幼苗栽入草炭土：珍珠岩：园土为1:1:1的混合基质中，成活率可达90%。待幼苗长出新叶后，即可移栽到大田，成活率也可达90%。移栽到大田后的红叶石楠幼苗可见上部新生叶由绿色变为鲜红色，老叶叶色变为浓绿色，带光泽，表现出品种的特点，春季移栽苗当年可长至50cm高。

红叶石楠试管苗移栽后的最初半个月，应特别注意将温度控制在20~30℃之间。若在早春或秋冬季移栽，最好选择温室内培养，有利于提高成活率；若在春秋季节移栽，需遮阴3周左右，并控制苗床温度在15~30℃之间，如环境温度超过35℃，成活率降低，则不宜移栽。

6.2.12 火炬树组培快繁

火炬树（Rhus typhina Nutt）又名鹿角漆、火炬漆、加拿大盐肤木，为漆树科漆树属落叶小乔木或大灌木，高3~8m，因雌花序和果序均红色且形似火炬而得名，即使在冬季落叶后，在雌株树上仍可见到满树“火炬”，颇为奇特。秋季叶色红艳或橙黄，是著名的秋色叶树种。火炬树宜作为园景树，或用于点缀山林秋色。火炬树耐瘠薄，适应性、抗盐碱性强，可在含盐量3%的土壤中生长，因而是一种很有发展前景的防风、固沙和盐碱地造林的树种。此外，火炬树叶、树皮含有单宁，是制取鞣酸的原料；果实含有柠檬酸和维生素C，可做饮料；种子含油蜡，可制肥皂和蜡烛；木材黄色，纹理致密美观，可雕刻、旋制工艺品；根皮可药用。

火炬树是雌雄异株植物，可用种子繁殖，但易发生变异，也可利用根蘖进行营养繁殖。近年来，用组织培养方法进行快速繁殖，并利用组织培养物诱变选择抗盐性更强的突变体，培育新品种，取得良好效果。

1. 外植体取材、消毒与接种

剪取健壮的枝条，先切成小段，每段带1个芽，用自来水冲洗30min。在超净工作台上，用70%酒精浸泡30s，再用0.1%氯化汞溶液消毒8~10min，无菌水冲洗4~6次，用无菌滤纸吸去材料表面水分。剥取0.5~1.5cm大小的茎尖（包括生长点和数个叶原基）接种到培养基上。

2. 初代培养

初代培养基选用MS+6-BA2.0mg/L+蔗糖3%+琼脂7.0g/L，pH 6.0~6.5。培养温度为白天25~30℃，夜间15~20℃，光照强度2000~2500lx，光照时间12h/d。

接种后培养约20d左右，茎尖组织变宽加长，生出不定根。培养50d左右，茎尖可形成具有4~7个幼茎的丛生苗。

3. 继代增殖扩繁

将初代培养形成的丛生芽切割转接到MS+6-BA1.0mg/L+NAA 0.1mg/L+蔗糖3%+琼脂7.0g/L，pH 6~6.5的培养基中，1周左右切口处会产生愈伤组织，并迅速分化成苗，在苗分化培养基上不定芽基部一般不会形成根。

4. 生根培养

将高1~2cm的幼苗在基部从愈伤组织上剥离，转接到N_6+IBA0.1 mg/L+蔗糖3%+琼脂7.0g/L的培养基中，生根率可达50%左右。

5. 驯化移栽

在生根培养基中，待幼苗生长发育为带有根系、高约3~5cm时及时进行移栽。移栽前先打开瓶盖，在瓶内注入少量自来水，放置3~5d，使茎叶老化。移栽时，取出瓶苗，用水洗净试管苗根部的培养基，然后将小植株种植在沙床中，温室或大棚温度控制在20℃左右，先用塑料薄膜覆盖，以保持湿度，光照保持大约3000lx。注意观察小苗生长情况，适当浇水，待小植株恢复生长，长出新叶，生长健壮即可移至室外栽培。

6.2.13 欧洲七叶树组培快繁

欧洲七叶树（Aesculus hippocastanum）又名马栗树，为七叶树科七叶树属落叶乔木，树体高大雄伟，最高可达40m，树冠宽阔，绿荫浓密，花序美丽，在欧美广泛作为行道树及庭院观赏树，是世界四大行道树之一。

欧洲七叶树用播种法繁殖，但种子属顽拗型种子，不耐低温，难贮藏，失水或水分过多均易使种子丧失发芽力。组织培养为欧洲七叶树的繁殖提供了一条新的途径，对这一优良树种的繁殖和园林应用起到促进作用。

1. 外植体取材、消毒与接种

欧洲七叶树组织培养一般选取成熟种子的胚芽作外植体。将健康、饱满和无病虫害的欧洲七叶树种子进行消毒后，置于恒温箱中或播种床中使其萌发。当萌芽突出种皮达到2~3cm时将其切下（其内包含胚芽）。在超净工作台上，在70%酒精中浸泡10~20s，再用0.1%氯化汞溶液消毒5~8min，无菌水冲洗4~6次，用无菌滤纸吸去材料表面水分，取出胚芽接种到培养基上。

2. 初代培养

初代培养基先选用 MS，不添加任何激素。培养温度为（25±2）℃，光照强度 2000lx，光照时间 12h/d。接种灭菌胚芽于 MS 培养基中培养，胚芽迅速伸长，同时复叶展开。约 20d 左右转接胚芽到分化培养基 MS+6-BA0.6mg/L+NAA0.1mg/L+蔗糖 3%+琼脂 6.0g/L 或 MS+ZT0.4~0.6mg/L+NAA 0.1mg/L+蔗糖 3%+琼脂 6.0g/L 中，诱导分化不定芽。在前一种培养基中胚芽培养 10d 左右可观察到基部开始膨大，有绿色瘤状凸起生成，约 20d 后开始分化出不定芽；而在后一种培养基中胚芽接种约 6d 后其基部即可形成绿色瘤状凸起，半个月后有不定芽形成。

3. 继代增殖扩繁

切割初代培养诱导产生的不定芽继续转接到新的培养基中，可增殖形成更多的丛生芽。

4. 壮苗与生根培养

分化培养基中形成的不定芽一般生长较细弱，叶色淡绿，不宜直接进行诱导生根。将其分割转接到 MS+6-BA0.2mg/L+NAA0.1mg/L+Vc1.0~2.0g/L+Ad10mg/L+蔗糖 3%+琼脂 6.0g/L 的培养基中进行壮苗培养，约 1 月后获得叶色浓绿的健壮幼苗。

经壮苗培养的不定芽转接到 1/2MS+NAA 0.4mg/L+IBA0.2mg/L+蔗糖 3%+琼脂 6.0g/L 的培养基中进行生根培养。约 15d 后，基部开始出现白色瘤状的根原基，再逐渐由根原基部位形成粗壮的根，生根率可达 80%左右。

5. 驯化移栽

待无菌苗的根长至 3~5cm 时即可进行移栽。置瓶苗于温室中适应 1 周左右，再打开瓶盖炼苗 3~4d 后即可进行移栽。移栽时用镊子取出试管苗，洗净根部附着的培养基，移栽入湿润的栽培基质中。移栽后的 1 周内应注意保持较高的空气湿度和适宜的土壤湿度，待小苗根系恢复生长，地上部分长出新叶时，揭开覆膜，并逐渐增加光照强度，约培养 25d 后即可移植到室外。

6.2.14 云南拟单性木兰组培快繁

云南拟单性木兰（Parakmeria yunnanensis Hu）为木兰科拟单性木兰属树种，常绿高大乔木，是我国特有树种，曾为国家二级保护植物并被列为首批珍稀濒危植物加以保护。云南拟单性木兰树干挺拔、纤细，树形优美，花白色、芳香，具有吸收大气中有毒物质的能力，可减少大气污染，适应性强，是珍贵的用材树种和提取芳香油的优良树种，也是近年来我国南方城市园林绿化中深受欢迎的绿化树种之一。

云南拟单性木兰的自然资源量稀少，其雄花及两性花异株，两性花植株较少，栽植所需种苗主要以有性繁殖获得，但因其种子资源缺乏，已不能满足有性繁殖的需求。因此，为了保护和合理利用云南拟单性木兰种质资源，采用组织培养方法进行快速繁殖并获得种苗，以满足园林绿化的需求。

1. 外植体取材、消毒与接种

云南拟单性木兰组织培养一般选取细嫩茎尖作外植体。取生长健壮植株上的细嫩枝梢，剪去叶片，留叶柄基部，用 0.1%的洗衣粉溶液洗净枝条，再用自来水冲洗干净。在超净工

作台上，用0.1%氯化汞溶液消毒10～15min，无菌水冲洗4～6次，用无菌滤纸吸去材料表面水分，接种于培养基上。

据试验研究报道，不同取材时间的云南拟单性木兰外植体褐变程度差异显著，以6月下旬取材的云南拟单性木兰腋芽褐化率最高、存活率最低，而以9月下旬取材的腋芽褐化率最低、存活率最高。这可能是由于在6月云南拟单性木兰生长旺盛，内部生理活性增强，其细胞内参与氧化反应的多酚氧化酶活性较高，酚类物质极易被氧化，从而毒害外植体。因此，云南拟单性木兰不宜在6月取材进行组织培养。

2. 初代培养

启动培养可选用MS+6-BA0.5mg/L+2，4-D0.1mg/L+KT0.5mg/L+蔗糖5%+琼脂6.0g/L的培养基。培养温度为（27±2)℃，光照强度2000lx，光照时间12h/d。茎尖接种10～15d后，茎尖开始萌动，40～50d后长成3cm左右的嫩梢。

据试验研究报道，在云南拟单性木兰的腋芽培养中，蔗糖浓度也是关键因素，培养基中添加5%蔗糖较适合芽的培养，过高不利芽的生长，过低芽叶片很快萎蔫，可能与不同浓度蔗糖使培养基具有不同的渗透压有关。

3. 继代增殖扩繁

剪切茎尖萌发的嫩梢转入1/2MS+6-BA0.5mg/L+NAA0.1mg/L+$GA_3$0.1mg/L+蔗糖5%+琼脂6.0g/L的培养基中，6～7d后芽又开始萌动，约培养45d后发育成健壮的不定芽。

4. 生根培养

当嫩梢长至3～4cm时，剪下并转入1/2MS+NAA 0.5mg/L+IBA3.0mg/L+蔗糖5%+琼脂6.0g/L的培养基中进行生根培养，10～15d会长出不定根。

5. 驯化移栽

嫩梢在生根培养基中生根后，继续培养15～20d，再将瓶苗移至室外，在自然光下炼苗10～15d，打开瓶盖或封口膜再炼苗3d。移栽时，用镊子取出试管苗，洗净根部附着的培养基，移栽到经过消毒的蛭石中，浇透水，覆盖塑料薄膜保湿，控制温度23～30℃。3周后再次移栽到园土中，在遮光50%的荫棚下培养30d后，再逐渐增加光照和施肥量，当苗生长到20～30cm时即可定植。

实训6-3　红叶石楠组培快繁

● **实训目的**

了解红叶石楠离体快繁的技术要点及植株再生过程，掌握其基本操作方法。

● **实训要求**

严格无菌操作规范，控制污染。

● **实训准备**

1. 材料与试剂

红叶石楠植株。

70%乙醇，0.1%氯化汞，10%次氯酸钠，无菌水等。

2. 培养基

1）诱导腋芽萌发培养基：1/2MS+6-BA2.0mg/L+IBA0.2mg/L。

2）幼芽增殖扩繁培养基：MS+6-BA1.0mg/L+IBA0.1mg/L。

3）试管苗生根培养基：1/2MS+NAA0.2～0.3mg/L。

以上培养基加蔗糖3%、琼脂7g/L，pH 5.8。

3. 仪器与用具

超净工作台、灭菌锅、接种器械、烧杯、培养皿、酒精灯等。

● **方法及步骤**

1. 外植体取材和消毒

选择生长健壮、芽眼饱满、无病虫害的红叶石楠植株，取嫩枝先端未木质化和半木质化部分，剪成长10cm左右的单芽茎段，去叶并留2mm左右叶柄，用饱和洗衣粉溶液浸泡3min，用清水冲洗干净。

在超净工作台上，用75%酒精浸泡10s，再转入0.1%氯化汞溶液中浸泡8min，无菌水冲洗5～6次，用无菌滤纸吸去材料表面水分。

2. 接种

将带腋芽的茎段或茎尖以生态学下端朝下，垂直接种到诱导腋芽萌发培养基中，每瓶接种一个外植体。

3. 初代培养

培养室温度控制在25～27℃之间，光照强度1000～2000lx，光照时间12h/d。接种后1周左右腋芽开始萌动。

4. 继代培养

30～40d可伸长到2cm左右，即可切下幼芽转入增殖扩繁培养基中。培养条件同上。

5. 生根培养

无根的试管苗经30～40d培养达到3cm左右时，转入生根培养基中诱导生根。

6. 驯化移栽

将长至2～3cm，根系发达的瓶苗移入温室，打开瓶盖炼苗3～5d。

移栽基质中草炭土：珍珠岩：园土为1∶1∶1混合，并用0.5%高锰酸钾溶液喷淋消毒。

移栽时，取出小苗，洗去根部附着的培养基，再将幼苗栽入基质中。

移栽后及时覆盖塑料薄膜保湿，先喷施1/4～1/2MS营养液，待叶片上水分干后，再喷施800～1000倍甲基托布津或1000倍多菌灵药液，以后每隔1周喷药1次，需连续3或4次。根据天气情况及小苗生长情况，在25d左右可除去覆盖物。

注意事项

● 每次接种前应提前配制培养基并进行灭菌，接种室及接种器械使用前均进行消毒和灭菌处理。

● 接种时，注意观察材料极性，将芽体朝上，切不可反植，不可将芽体埋入培养基内。

● 注意观察培养物生长情况，及时转接。接种过程应严格无菌操作，减少污染。

● 红叶石楠移栽时温度控制在20～30℃之间。如环境温度超过35℃，则不宜移栽。

● 移栽洗苗时，操作仔细，尽量减少根部损伤。

● **实训指导建议**

红叶石楠组培快繁实训需要时间长，应安排学生定期观察培养物生长情况，及时转接，完成整个实训任务。

● **实训考核**

考核重点是操作规范性、准确性和熟练程度。考核方案见表6-3。

表6-3 红叶石楠组培快繁实训考核方案

考核项目	考核内容及标准		分 值
	技能单元	考核标准	
现场操作	实训准备	培养基配制及灭菌、接种室及超净工作台消毒、药品及器械等准备齐全	10分
	外植体取材、消毒	取材适当，消毒流程正确，每步操作到位	10分
	接种	材料切割大小适宜，符合标准；无菌操作规范、熟练	15分
	移栽	操作规范，无材料损伤、浪费情况	15分
	文明、安全操作	操作文明、安全，器皿和用具摆放有序，场地整洁	5分
	团队协作	小组成员分工明确、相互协作、积极思考、认真讨论	5分
结果检查	产品质量	能根据培养物生长情况及培养阶段要求及时转接。每次接种5d后统计污染率低于2%。生根壮苗培养及驯化移栽后幼苗成活率≥95%	20分
	观察记载	定期观察，记载详细、准确	10分
	实训报告	实训报告撰写内容清楚、数据详实、字迹工整	10分

工作任务3 果树脱毒与快繁

果树是世界各国重要的经济作物，种植历史悠久，种类丰富。近年来，随着我国农业产业结构调整，果树生产发展迅速，对良种和脱毒果树苗木需求量增加，常规方法又难以满足市场需求，而利用组织培养技术进行优良果树种苗和脱毒苗快速繁殖是解决这一难题的有效途径。组织培养技术繁殖果树种苗具有占地面积小，繁殖周期短，能周年生产，繁殖系数高

等优点；还可以除去果树体内的某些病毒，适应果树向品种更新快、矮化密植以及脱毒苗栽培方向发展的需要。果树组织培养的研究始于20世纪40年代，我国是世界上从事果树脱毒和快繁最早、发展最快、应用最广的国家，目前已建立了苹果、葡萄、草莓、猕猴桃等果树的脱毒苗木果园。

6.3.1 柑橘脱毒与快繁

柑橘（Citrus）是芸香科、柑橘亚科、柑橘族、柑橘亚族植物，在全世界果树栽培业中占重要地位的、具有经济价值的种类分别属于柑橘属、金柑属和枳属。柑橘是具有重要经济价值的热带水果，原产于我国，已有4000多年的栽培历史，我国现有很多著名的柑橘种类，如甜橙、柠檬（Citrus limon）、温州蜜柑（Citrus unshui）、金橘（Citrus margarita）、椪柑（Citrus poonensis）、焦柑（Citrus tankan）等。

柑橘的病毒病和类病毒病严重影响其生产，感染病毒后的植株生长势降低，生活力下降，产量降低，品质变劣，给生产带来严重损失。柑橘病毒病主要有衰退病、脱皮病、鳞皮病、青果病、木质陷孔病以及脉突病等，利用植物组织培养手段培育脱毒苗是克服柑橘病毒病的重要途径。

柑橘具有珠心多胚现象，即1个合子胚（有性胚）和数个至数十个由母体珠心组织分化出来的珠心胚（无性胚）。珠心胚比合子胚的生长发育旺盛，使合子胚生长发育受到抑制，实生后代多由无性胚发育而来，能保持母本品种的基本性状，但也给常规杂交育种带来困难。植物组织培养技术的应用为柑橘的新品种选育及良种苗木快繁开辟了一条有效途径，迄今为止，柑橘的离体培养已取得了很大进展，柑橘的器官培养、胚培养、原生质体培养、花培养等都已获得成功。

1. 茎尖微芽嫁接法脱毒

1972年，美国Murashige等首创茎尖微芽嫁接脱毒技术，1975年，Navarro对其进行了改进，并证明运用茎尖微芽嫁接脱毒技术可以脱除柑橘衰退病、鳞皮病、裂皮病等病原，我国蒋元辉等研究表明运用茎尖微芽嫁接脱毒技术可以脱除柑橘黄龙病病原。

（1）准备接穗　用于柑橘茎尖微芽嫁接的接穗可采用以下两种方法获取：①直接从田间生长旺盛的植株嫩梢上剪取1.5～3.0cm长的芽梢，用自来水冲洗干净。在超净工作台上，用70%的酒精浸泡10～20s，再用8%漂白粉上清液或0.1%的氯化汞溶液浸泡消毒5～10min，无菌水冲洗4～6次，置无菌水中暂存备用。②通过组织培养无菌试管苗茎尖作微芽嫁接的接穗。选取生长健壮的植株，取头年生带侧芽枝条，去除叶片，用自来水冲洗干净。在超净工作台上，用70%的酒精浸泡20～30s，再用0.1%的氯化汞溶液（加0.1%吐温20以提高杀菌效果）浸泡，封口后置摇床振荡消毒20～30min，无菌水冲洗4～6次，用无菌滤纸吸去材料表面水分。将枝条切割成带1芽，约1cm长的茎段，接种于MS+0.7%琼脂+3%蔗糖、pH 5.8～6.0的培养基中诱导腋芽萌发。再将初代培养的不定芽转入MS+6-BA2.0mg/L+NAA0.5mg/L+0.7%琼脂+3%蔗糖、pH 5.8～6.0的培养基中继代增殖扩繁。培养温度（26±1）℃，光照强度2000～3000lx，光照时间14～16h/d，相对湿度为65%。

（2）培养砧木　选取充实饱满、无病虫的柑橘砧木种子，如枳壳、枳橙等种子，用自来水冲洗干净，再用纱布包好，放入45℃温水中预泡5min，再用55℃热水浸泡50min。在超净工作台上，用75%酒精浸泡1min，再用10%次氯酸钠溶液或0.1%氯化汞溶液浸泡

10min，无菌水冲洗4~6次，用无菌滤纸吸去种子表面水分。

据试验研究报道，嫁接前光照锻炼砧木能大大提高嫁接成活率。因为未经光照处理的砧木组织结构不充实，嫁接后其顶部易干缩而导致成活率低。另外，用作砧木的枳壳苗龄13~14d，生长旺盛、茎较粗时，嫁接成活率高。

用手术刀或镊子剥去种皮，播种于MS固体培养基上，每支试管播2~3个种子。先置于暗室中培养2周左右，然后置于室内散射光下培养1~2d，培养温度为（28±1)℃，芽苗萌发即可待作砧木用。

据试验研究报道，消毒后去皮的砧木种子播种在经灭菌的MS沙质培养基上，生长良好，也便于微嫁接操作时取苗。

（3）嫁接　可采用的嫁接方法有：倒“T”形切接法、垂直压法、嵌芽腹接法。

1）倒“T”形切接法。在超净工作台上，将砧木苗从试管中取出，剪去过长的根，留根长4~6cm。切去茎上部，仅留下部1~1.5cm的茎段，去掉子叶和腋芽。用锐利刀片制作的解剖刀在茎段顶端附近切成向下约1mm，水平宽约1mm，深达形成层的倒“T”形缺口，剥开部分皮层以不损伤木质部为度。取经消毒的柑橘接穗材料或无菌培养的柑橘不定芽，于解剖镜下用微型解剖刀将接穗的幼叶从外到里全部剥除，直至剩下2~3个叶原基和顶端分生组织，切取长0.15~0.4mm的茎尖，迅速转接到砧木倒“T”形缺口横切面上，使其基部与砧木横切面密合，如图6-1a所示。嫁接好的植株植入盛有液体培养基的试管中，试管内放置在中央开口的滤纸桥，根部穿过小孔以固定嫁接苗，如图6-2所示。

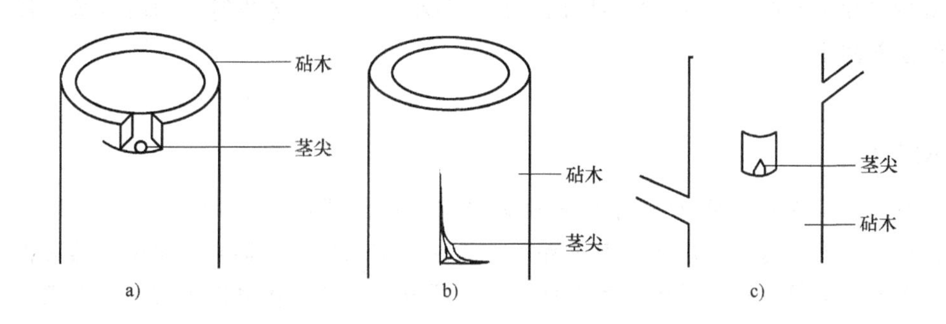

图6-1　茎尖微嫁接示意图

a）倒“T”形切接法　b）垂直压法　c）嵌芽腹接法

据试验研究报道，采用倒“T”字形切接，嫁接前先将砧木顶端切平，砧木留2片叶，以保证砧木生长。嫁接成活后剪去砧木叶片，以利茎尖生长。

据试验研究报道，茎尖微芽嫁接时，先将接穗在6-BA0.5~1.0mg/L浸泡10min，再切取茎尖嫁接，成活率最高，并有利茎尖萌发。

2）垂直压法。方法与倒“T”形切接法基本相同，只是在砧木上的切口距顶端2~5mm处，切成“L”缺口，深达木质部，并利用刀尖在垂直交叉处轻压成45°角，然后将剥离的茎尖嫁接在切口交叉处，如图6-1b所示。

3）嵌芽腹接法。方法与倒“T”形切接法基本相同，只是嫁接时不切去砧木的顶端，在子叶以上茎端1.5mm处切成1~2mm的“口”字形缺口，然后将剥离的茎尖接在缺口下横切面上，如图6-1c所示。

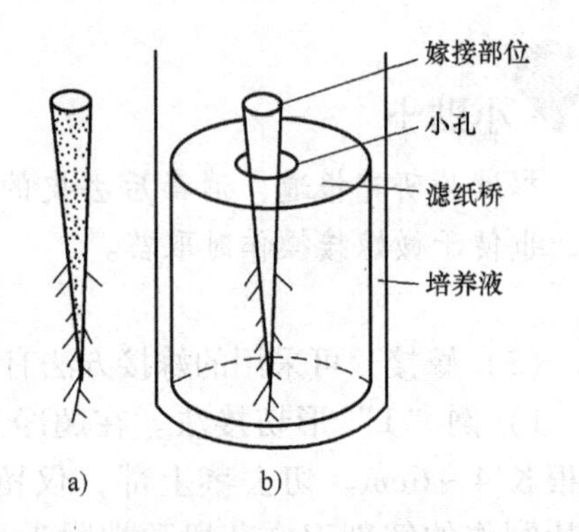

图6-2 微茎尖嫁接苗液体纸桥培养示意图

a）砧木 b）嫁接苗

（4）嫁接苗培养和移栽 将嫁接好的幼苗移至装有MS液体培养基的平底试管中，用砧木幼苗胚轴穿过滤纸桥中间的小孔使其固定。嫁接后的植株置于25~30℃培养室中，先在弱光（800lx）下培养，光照时间12~16h/d，待长出新叶后，可将光照增至1500~2000lx。培养1周后采用正常光照培养，经2~4周培养后抽生新芽，5~8周后可移植于田间，一般嫁接成活率可达20%~50%。

当嫁接苗长出2片小叶时即可移栽。先将试管苗移到温室或大棚中炼苗1~2d，随后打开瓶盖或封口膜再炼苗1~2d，然后用镊子将小苗小心取出，洗净附着的培养基，栽入装有无菌土的营养钵中。

嫁接苗培养1周后，用20倍放大镜检查接苗，在倒“T”形切口或垂直切口处接芽已成活，但砧木上发生萌蘖，应在无菌条件下，将嫁接苗取出，去掉砧木萌蘖，然后再放回试管中继续培养；对接芽已成活的嵌芽腹接苗，同样取出，切去接芽以上的砧木茎端，然后放回试管中继续培养。

（5）病毒检测 无病毒苗的鉴定采用指示植物检测法、抗血清鉴定法、酶联免疫吸附法、核酸分析法、电镜法等。草本指示植物有豇豆、菜豆，木本指示植物有墨西哥柠檬、葡

萄柚、麻风柑等。

小贴士

采用指示植物检测法，取脱毒苗的叶片，研磨取汁液接种指示植物豇豆叶片上，数日后观察有无症状出现。带毒汁液接种后的豇豆叶片局部出现坏死，或生长叶片产生斑驳和坏死现象，无毒对照则生长健康。

2. 茎尖培养脱毒

（1）外植体取材、消毒与接种　选取生长旺盛的柑橘新梢，去除叶片，用自来水冲洗干净，切取约2cm长的带芽茎段。在超净工作台上，用70%的酒精浸泡20～30s，再用0.1%的氯化汞溶液（加0.1%吐温20）浸泡，封口后置摇床振荡消毒20～30min，无菌水冲洗4～6次，用无菌滤纸吸去材料表面水分。

在解剖镜下剥取茎尖，剥除外部叶片，切取带1～3个叶原基的生长点组织，迅速接种到培养基上

（2）初代培养　采用MS无机盐＋叶酸0.1mg/L＋维生素H0.1mg/L＋维生素C5.0mg/L＋维生素$B_2$0.2mg/L＋蔗糖5%，再附加不同浓度的KT、NAA或2，4-D的培养基，可采用液体培养基，也可采用固体培养基。培养温度（26±1）℃，培养初期可先进行暗培养或弱光培养，1周后光照强度2000～3000lx，光照时间14～16h/d。

（3）植株再生　将初代培养形成的茎尖愈伤组织转接到添加ZT0.5mg/L和6-BA0.5mg/L的分化培养基中，使其分化形成丛生芽。

小贴士

利用茎尖组织培养与茎尖微芽嫁接相结合的技术，可脱除多种病毒病原，获得无病毒柑橘植株，并能有效解决试管苗生根难的问题。

（4）生根培养　将茎尖分生组织诱导形成的丛生芽切割转接到生根培养基中诱导形成根，即可获得完整植株。

（5）驯化移栽　先将瓶苗移至温室或塑料大棚内炼苗1个星期，再取出小植株，洗净根部附着的培养基，移栽到草炭土、沙土按2∶1混合的基质中，并覆盖塑料薄膜，每天对叶片喷雾数次以保持湿度，待新叶长出后，去掉覆膜，进行常规管理。

3. 柑橘胚胎培养

大多数柑橘具有多胚现象，从珠心组织中可产生1～40个不定胚。由于珠心胚生长旺盛，往往在合子胚发育中途侵入胚囊，影响合子胚的发育，从而导致合子胚的败育或退化，使常规杂交育种无法正常进行。因此，在杂交受精后、合子胚退化前将其取出进行培养，可获得由合子胚发育而成的杂交种。

（1）合子胚培养　将幼胚接种于White＋IAA1.0mg/L＋水解酪蛋白600mg/L或MS＋$GA_3$1.0mg/L的培养基上，培养温度26℃，光照时间16h/d，合子胚可直接发育成完整植株。

将幼胚接种于 MT + 2，4-D1.0mg/L + 6-BA0.5mg/L + 蔗糖 5% 的培养基上，暗培养，可诱导愈伤组织。将愈伤组织再转接到 MT + 6-BA0.25mg/L + NAA0.1mg/L + 麦芽膏 1000mg/L 的芽分化培养基上，诱导芽原基的形成与分化。当芽长到一定高度后，再转接到 MT + NAA1.0mg/L 的培养基中诱导生根。

（2）珠心及珠心胚培养　幼果经消毒后，在无菌条件下剥取胚珠，切取珠心组织，接种于附加 500mg/L 麦芽浸出液的 MT 或 MS 固体培养基中，诱导愈伤组织。培养温度 25℃、光照时间 16h/d、光照强度 1500lx。将珠心组织形成的愈伤组织转接到不添加任何附加物的基本培养基中继代培养，诱导形成胚性愈伤组织。将胚性愈伤组织转接到蔗糖 50g/L 的培养基中，诱导胚状体形成。再将胚状体转接到添加 $GA_3$1.0mg/L 的培养基中诱导萌芽，可获得再生植株。

4. 柑橘快繁实例

目前，柑橘类果树已成功地采用多种外植体诱导成苗，进行优良柑橘种苗的快速繁殖。

（1）据报道，蕉柑种子经表面消毒培养无菌苗，约 20 天苗龄，当苗长至一定大小时，取上胚轴切成长约 1cm 切段，将切段以形态学下端垂直插入诱导培养基 MT + BA1.0mg/L 中进行离体培养诱导成芽，培养温度为（26 ± 1）℃，光照时间 16h/d。将已形成茎叶的无根芽苗切下，转入生根培养基 MT + NAA1.0mg/L 中，1 个月左右开始形成根，获得完整植株。

（2）据报道，从栽植 5 年的越橘苗木上剪取当年生萌动的枝条，用洗洁精水洗净材料表面的污物，再用自来水冲洗干净。在超净工作台上，用 0.1% $HgCl_2$ 溶液浸泡消毒 9min，无菌水冲洗 3 ~ 5 次。取茎段做外植体接种到 WPM + ZT2.0mg/L 的培养基中，培养温度为 25℃，光照时间 10 ~ 12h/d，光照强度 1800 ~ 2000lx。接种 20d 左右侧芽开始萌动，30d 左右侧芽生长至 0.5 ~ 1.0cm，40d 左右时将芽苗转接到继代培养基 WPM + ZT2.0mg/L 中进行增殖培养。待芽苗形成一定数量后，将丛生芽苗分割成长 1 ~ 2cm 的单株，转入不加任何植物激素的 WPM 培养基中进行壮苗培养，每瓶接种 5 ~ 7 株。经过 30d 培养后，试管苗生长粗壮，叶片增大、浓绿，再转移到生根培养基 1/2WPM + IBA0.6mg/L 中。待形成生长密集的根系后，移栽到松针土: 苔藓 = 1:1 基质中，基质提前用 0.3% 高锰酸钾溶液喷洒消毒。移栽后温度保持在 18 ~ 23℃，相对湿度 90% 左右。1 周后湿度逐渐降低到 80% 左右，2 周后即可见新的不定根发生，新叶长出。

（3）据报道，采集当年成熟的欧林达夏橙种子，用清水洗净表面粘液，在超净工作台上，用 75% 酒精消毒 1min，再用 0.15% 的氯化汞溶液消毒 10min，无菌水冲洗 3 次，然后接种到垫有滤纸的三角瓶中培养。取实生苗的子叶节段接种到 MS + BA2.0mg/L + NAA0.2mg/L 的培养基上进行芽的诱导和增殖，将长约 2cm 的无根苗接种在 White + IBA 2.0mg/L 的培养基中诱导生根。所有培养基均含白糖 30g/L、琼脂 6.5g/L，pH 值为 5.8，培养温度为（24 ± 2）℃，光照时间 12h/d，光照强度为 1000 ~ 1500lx。将已生根瓶苗取出，用清水洗净根际上附着的培养基，移栽到装有蛭石、砂按 1:1 混合基质的营养钵中，浇足定根水，然后罩上塑料薄膜。约 1 周后揭开薄膜，注意定期浇水，直至长出新叶。

大多数柑橘试管苗生根较困难，将离体快繁与茎尖微芽嫁接技术相结合，在柑橘良种苗木繁殖上也能取得良好效果。

6.3.2 葡萄脱毒与快繁

葡萄（Vitis vinifera）为葡萄科葡萄属多年生落叶藤本浆果果树。葡萄科共14个属968种，葡萄属中具有经济价值的有20多种。全世界葡萄栽培面积达1000万hm^2，占世界水果产量的30%以上。

葡萄传统的繁殖方法采用扦插、嫁接和压条，虽简捷方便，但繁殖率较低，并且由于长期运用无性繁殖，导致葡萄品种退化，植株带病毒和发病严重。通过组织培养手段快速繁殖葡萄种苗，不仅能加快优良品种的繁殖和推广，而且为发展脱毒葡萄栽培及种质资源保存创造了条件。目前，葡萄离体培养技术的研究比较成熟，已用于商业性生产。

1. 葡萄脱毒苗培养

葡萄病毒病是危害葡萄生产的重要病害，世界上已知的可在葡萄上发生的病毒有40种以上，其中危害较大的有4种病毒，即葡萄扇叶病毒、葡萄卷叶病毒、葡萄茎痘病毒、葡萄栓皮病毒。由于病毒的侵染，致使葡萄生产区病毒病危害日趋严重，导致葡萄果实小，品质差，产量低，树势衰弱，严重阻碍了葡萄生产的发展。利用组织培养技术进行葡萄的脱毒苗培养及无病毒苗栽培是防治葡萄病毒病的有效措施。生产上可通过热处理、茎尖培养、热处理结合茎尖培养等方法获得葡萄脱病毒种苗。

（1）茎尖培养脱毒　取1年生葡萄枝条，用洗涤剂刷洗干净，自来水冲洗30min。在超净工作台上，用70%酒精浸泡消毒10～20s，再用0.1%氯化汞浸泡5～6min，无菌水冲洗4～6次，用无菌滤纸吸去材料表面水分。在解剖镜下，剥去鳞片与幼叶，切取0.2～0.3mm，带有2～3个叶原基的茎尖接种到1/2 MS + 6-BA1.0mg/L + IAA 0.2mg/L + KT1.0mg/L的芽诱导培养基上。两个月茎尖膨大变绿并形成大量丛生芽。

小贴士

葡萄茎尖培养外植体取材时，可取1年生枝条置于25℃，相对湿度80%，16h/d的长日照条件下进行水培，待新芽长出后，切取新芽进行消毒处理，再剥取茎尖培养，有利降低外植体褐变和污染。

（2）热处理脱毒　将生根的小苗移入热处理室，在35～40℃人工培养箱中培养，处理时间视病毒种类不同而异。据研究报道，在38℃的环境中经30min处理，可从枝条顶端或休眠芽中除去扇叶病毒，处理8周可除去卷叶病毒和黄脉病毒，而栓皮病毒、茎痘病毒热处理较难脱去，处理时间需更长。热处理脱毒法处理时间较长，效率较低，单纯热处理脱毒率仅为26.2%。

小贴士

葡萄还可采取抑制剂结合茎尖培养脱毒，如将50～10μmol的病毒唑加入到培养葡萄茎尖的培养基中，即使所取的茎尖稍大于1.0mm，也可以获得较高的脱毒率。

（3）热处理结合茎尖培养脱毒　可将盆栽葡萄苗先进行热处理，置于35~38℃的恒温箱内处理1~3个月，再剥取茎尖培养，脱毒率可达80%。也可剥取茎尖后，接种于培养瓶中，进行高温培养而获得脱毒试管苗。

（4）病毒检测　脱毒苗的鉴定采用指示植物检测法、抗血清鉴定法、酶联免疫吸附法、核酸分析法、电镜法等。生产上选用对病毒敏感的葡萄品种LN-33、巴柯、品丽珠、圣·乔治等作指示植物，嫁接成活后1个月开始观察症状反应，直到秋季落叶，第二年继续观察，确认无病毒存在，才可以大量繁殖。

2. 葡萄离体快繁

（1）外植体取材、消毒与接种　取健壮植株嫩枝的上部，除去叶片，剪切成约10cm长的茎段，用自来水冲洗干净。在超净工作台上，用70%酒精浸泡消毒15~20s，再用0.1%氯化汞浸泡5~10min，无菌水冲洗4~6次，用无菌滤纸吸去材料表面水分。将消毒后的茎段去除基部切口变褐部分，切割成1~2cm长的带芽茎段，接种到培养基中。

小贴士

据试验研究报道，所取外植体材料先置于5℃冰箱低温处理4h后再进行消毒、接种，能明显降低外植体褐变，促进腋芽萌发。

（2）初代培养　初代培养可选择MS或B_5+6-BA0.5~1.0mg/L+IAA0.1~0.3mg/L的培养基，培养条件为温度25~28℃，光照时间16h/d，光照强度1800lx。约2周左右，可见叶腋处有许多绿色的芽点和小的不定芽出现，继续培养一段时间就会长出丛生芽。

（3）继代增殖扩繁　切割丛生芽转接到MS或B_5+6-BA 0.4~0.6mg/L的继代培养基上，约3周左右，小芽即可长成4cm左右高的无根苗，继续切段继代扩繁，每4周可繁殖5倍左右。

（4）生根培养　选取3~4cm高的壮苗，切去基部3~5mm组织，转接到1/2 MS或B_5+IBA或NAA 0.1~0.3mg/L的生根培养基上诱导生根。约10d后，可见小苗的基部长出白色的突起。继续培养约30d后，在白色突起处可形成0.5cm以上的幼根，生根率可达90%以上。

（5）驯化移栽　待试管苗根长至1cm左右，有5~7片小叶时，将培养瓶移至温室或塑料大棚，在自然光照、20~25℃下炼苗1周即可移栽。移栽时取出小苗，轻轻洗去根部的培养基，避免伤根，然后用镊子将小苗栽入铺垫蛭石的苗床上。移栽后浇透水，覆盖塑料薄膜保湿，棚内湿度保持在90%左右，10d内的苗床温度应稳定在15℃左右。1周后逐渐揭去覆膜，15~20d后新根开始生长，新叶展开，幼叶变绿，即可移植到大田，成活率可达80%以上。

3. 葡萄花药培养

通过花药培养诱导不同倍数植株，对于开展无核葡萄育种具有重要意义。取花粉单核靠边期的花药，该期的外部标注为花穗上密集的小花刚开始分离，而花穗上退化叶的叶尖未变褐时进行取材。取自田间的花穗先用自来水冲洗，在超净工作台上，用70%酒精浸泡15s，再用饱和漂白粉上清液浸泡消毒7min，无菌水冲洗3次后接种。花药诱导愈伤组织培养基

为改良 B_5 添加 6-BA2.0mg/L、2，4-D0.5mg/L、蔗糖 2%、琼脂 0.6%。愈伤组织诱导成苗培养基为 1/2MS（大量元素减半）添加 6-BA0.1mg/L、NAA（或 IAA）0.01mg/L、蔗糖 1%～2%、琼脂 0.4%，pH 6.0。

6.3.3 苹果脱毒与快繁

苹果（Malus pumila）为蔷薇科苹果属落叶果树，是世界上栽培面积较广、产量较高的果树之一。苹果以营养繁殖为主，传统的育苗方法是将栽培品种嫁接在实生砧木上。在长期的营养繁殖过程中，病毒的侵染逐年积累增多。苹果树一旦被病毒侵染，便终生带毒，持久危害。苹果病毒主要通过嫁接传播，随着接穗（或砧木）、苗木远距离传播。苹果树受病毒侵染后，病毒在细胞内寄生和增殖，破坏和干扰树体正常生理机能，导致长势减退，产量下降，品质变劣，甚至全株死亡。自 20 世纪 70 年代以来，苹果组织培养技术日趋成熟，在脱毒苗生产、矮化砧和优良无性系的快速繁殖方面得到了广泛的应用。

1. 苹果脱毒苗培养

目前发现侵染苹果的病毒有 30 多种，在我国发生危害的主要有 6 种，即苹果锈果类病毒、苹果绿皱果病毒、苹果花叶病毒、苹果褪绿叶斑病毒、苹果茎痘病毒、苹果茎沟病毒。前 3 种病毒为非潜隐性病毒，有明显的症状，无需特殊鉴定，仅按症状并明确其侵染性即可识别；后 3 种病毒为潜隐性病毒，这类病毒在栽培品种上不表现明显症状，必须经过鉴定，才能明确苹果树的带毒状况。潜隐性病毒在我国主要苹果产区分布广泛，且多为复合侵染，危害极大，病树生长量一般减少 16%～36%，产量降低 16%～60% 或更多。目前采用的苹果脱毒措施主要有微体嫁接、茎尖培养、热处理及热处理结合茎尖培养等方法。

（1）微体嫁接培养脱毒　由于大部分苹果品种都受到苹果凹茎病毒的危害，单用热处理的方法也无法除去，而用茎尖组织培养获得了无病毒试管苗，但生根困难，为此采用茎尖微体嫁接的方法能很好解决这些问题。利用脱毒的苹果植株茎尖快速繁殖无根苗进行微体嫁接，能够快速繁殖大量脱毒苹果苗，并可当年生长成定植苗，缩短育苗周期。

可采用种子培育砧木（1980 年 Huang 用金冠品种作砧木），种子先经低温层积处理后再进行消毒。将消毒后的种子剥去种皮，再将胚接种到含 MS 无机盐和 0.8% 琼脂的培养基中，置于 25℃黑暗条件下培养 15d，种子萌发后去掉上胚轴和子叶。作接穗的茎尖分生组织可从无菌试管苗新梢剥取，也可从田间取嫩梢进行消毒后剥取。嫁接时将接穗茎尖分生组织与砧木胚轴的维管束部位连接。将嫁接好的幼苗移至液体培养基（含有 MS 无机盐和 7% 蔗糖）的平底试管中，用砧木幼苗胚轴穿过滤纸桥中间的小孔使其固定。培养 1 周后，可见接穗茎尖与砧木接触部位产生愈伤组织。培养约 6 周后，接穗发育生长形成有 4～6 片叶的新梢时，就可出瓶移栽。

用组织培养快速繁殖苹果脱毒砧木，比实生砧木能更好的保持种性，排除了实生砧木不稳定、易分离的弊病。在无菌条件下选用培养 30～40d 的 M7、M4、M26 砧木品种的无根苗，取 1.5cm 左右作为砧木，用解剖刀劈开。同时选长势好的苹果品种无菌试管苗茎尖，切成楔形作为接穗，插到砧木切口中，使接穗和砧木形成层对接并紧密接触，然后插入 ASH 生根培养基中进行培养。培养温度 26℃，光照 10～12h/d，光照强度 3000lx。当接穗产生 4～6 片叶时，即可进行驯化移栽。

微体嫁接成功的几率与接穗茎尖的大小密切相关。据试验研究报道，如果只有茎尖生长锥时，嫁接成活率仅为15%，带2个叶原基时成活率达65%，带4～6个叶原基时成活率分别达75%和90%。但是，茎尖越大，脱毒效果也会相应降低。

（2）热处理脱毒　选取2～3cm高的试管苗，置于人工气候箱高温环境中处理。为提高试管苗的耐热性，先在（32±1.5）℃的温度下预处理1周。热处理时间和处理温度的最佳组合为白天温度（37±1.5）℃，晚上温度（32±1.5）℃，热处理时间35d，在这种变温条件下，既可脱除褪绿叶斑病毒和茎沟病毒，存活率也最高。

（3）热处理结合茎尖培养脱毒　将休眠植株置于温室内20～25℃条件下诱导萌发，长到5～6片叶时，在32～35℃温度下，预处理1周。然后在（38±0.3）℃、相对湿度80%的条件下处理25～35d，得到长5～10cm健壮的新生嫩枝。将嫩枝切成1cm左右的茎段，用70%酒精消毒30～60s，再用0.1%氯化汞消毒10min，最后用含抗坏血酸0.5%和柠檬酸0.3%的无菌水冲洗3次。在无菌条件下剥取生长点，切取2mm茎尖接种到MS＋6-BA2.0mg/L诱导培养上进行培养。培养温度25℃，光照强度1000～1500lx，光照时间12～16h/d。当试管苗长至2～3cm时，转移到生根培养基中诱导生根，待根系形成后驯化移栽。此法可全部脱去苹果褪绿叶斑病毒和苹果茎痘病毒等潜隐性病毒，比单用热处理脱毒效果更好。

（4）病毒检测　检测病毒的方法有：①指示植物法。非潜隐性病毒通过对病害的表现症状即可鉴别，对潜隐性病毒大多采用木本指示植物鉴定，该方法比较可靠，操作简单，但需要时间较长，一般需要2～3年。应用温室鉴定可缩短时间，10周内即可完成。②酶联免疫吸附法。把抗原与抗体的免疫反应和酶的高效催化作用结合起来，形成一种酶标记的免疫复合物，结合在该复合物上的酶遇到相应的底物时，催化无色的底物产生水解，形成有色的产物，从而判断被检测材料是否有病毒，该法操作简便、快速。③RT-PCR法。利用RT-PCR技术进行病毒RNA分子检测，灵敏度高，特异性强，是果树病毒检测的理想方法。

2. 苹果离体快繁

（1）外植体取材、消毒与接种　苹果快繁的外植体主要采用茎尖和茎段。在早春叶芽即将萌动前，剪取枝条切割成茎段，用自来水冲洗干净。在超净工作台上，用0.1%氯化汞（可加0.1%吐温-20）消毒10～15min，或2%次氯酸钠消毒15min，剥去外层鳞片和叶片，再次用0.1%氯化汞消毒5min，无菌水冲洗4～5次，再进一步剥取茎尖，一般为1.0～3.0mm，用于快速繁殖时可取较大的茎尖，接种容易成活与增殖。也可将茎段切割成带1个芽的约1cm长的茎段接种到培养基上。

苹果快繁外植体取材最好在早春萌芽前。因为，成熟未萌发的芽外层有鳞片包裹，消毒时间可长一些也不会伤芽，而已萌发的芽易受污染，消毒时间长了又容易伤芽。

（2）初代培养　初代培养可采用MS＋6-BA2.0mg/L的培养基，培养温度26～28℃，可

在恒温箱中进行暗培养。苹果是木本植物，容易发生褐变，取茎尖培养时可在培养基中加入聚乙烯吡咯烷酮（PVP）、谷氨酰胺、抗坏血酸或活性炭等，能有效降低褐变率。

茎尖接种后培养成苗需时间较长，约35～55d。经过一段时间培养后，茎尖逐步膨大、长高，开始叶片较大，单轴伸长，以后逐步分化出许多侧芽，叶片变小，形成丛生芽。茎段作为外植体接种后培养使侧芽萌发形成短梢，将新生短梢从基部切下，转接到新的培养基中继续培养，逐步形成丛生芽。

（3）继代增殖扩繁　切割丛生芽进行继代增殖培养。继代培养一般采用MS＋6-BA 0.5～1.0mg/L＋NAA0.05mg/L的培养基，也可添加$GA_3$0.5mg/L。培养温度25～28℃，光照强度2000lx，光照时间10h/d，30～40d可继代1次。

（4）生根培养　试管苗长至2～3cm，转移到MS＋IBA0.5～1.0mg/L（3%蔗糖、0.5%琼脂）的生根培养基中诱导生根，当分化形成新根后再转移到1/2MS培养基继续培养，使根进一步伸长。

苹果的试管苗也可以不进行生根，而直接嫁接到苹果矮化砧木上，既可保持树体有良好的矮化特性，又可解决一些苹果品种试管苗生根难的问题。

（5）驯化移栽　当根系发达，根长至约0.5cm时，打开瓶盖或封口膜，在自然光照下炼苗2～3d。移栽时取出试管苗，洗去根部粘着的培养基，栽入疏松透气的基质中。移栽后避免强光照射，定期用弥雾保湿，待幼苗长出新根和新叶后移栽到温室中。

6.3.4　香蕉脱毒与快繁

香蕉（Musa nana Lour.）为芭蕉科芭蕉属多年生单子叶大型草本植物，是世界性的主要水果之一，广泛分布于南北纬30°以内的热带和亚热带地区，我国是香蕉主产国之一，主产区为广西、广东、海南、云南和福建等地，品种资源丰富，栽培历史悠久。食用香蕉分为香蕉、大蕉和粉蕉（含龙芽蕉）三种类型。

香蕉的栽培品种多为三倍体，具有不育性和单性结实特性，栽培的香蕉一般不结籽。生产上传统的繁殖方法一般以球茎发生的侧芽（俗称吸芽）作为种苗进行无性繁殖，其繁殖数量有限，并且导致病害世代蔓延。采用组织培养技术可大大提高其繁殖率，保持品种的优良特性。自1960年Cox等首先开始香蕉的胚培养以来，世界各香蕉生产国相继开展了香蕉离体培养的研究和生产应用，已从香蕉的茎尖、花序轴、花序顶端分生组织、幼胚以及茎尖分生组织等培养成功地获得了再生植株。我国于20世纪80年代开始进行香蕉试管苗的快速繁殖和脱毒苗的培养，并很快实现了工厂化育苗。

1. 香蕉脱毒苗培养

在我国香蕉生产中病毒病危害普遍，常常给生产造成严重损失。如香蕉束顶病毒形成的病害叫香蕉萎缩病，称为“蕉公”，香蕉幼株感染后不能抽蕾结果，成株感染后即使偶尔抽出花蕾，但果实瘦小，没有经济价值。此外，香蕉花叶心腐病也严重危害香蕉，是毁灭性病害。香蕉脱毒方法主要采用茎尖培养脱毒和热处理结合茎尖培养脱毒。生产实践证明，采用

植物离体茎尖培养生产脱毒香蕉试管苗，可使香蕉产量比传统繁殖生产增产30%~50%。

(1) 茎尖培养脱毒　其操作方法为：①外植体选择和消毒。从田间选取生长健壮的吸芽，用自来水冲洗掉泥土，用洗衣粉液洗2~3次，再用自来水冲洗干净。剥去外层苞片，切去基部部分组织，保留具有顶芽和侧芽原基的小干茎（直径5~10cm），置于超净工作台上，经紫外灯杀菌30min，用70%酒精浸泡10s，0.1%氯化汞（加0.1%吐温80）溶液浸泡15~20min，其间常翻动材料，以便充分消毒，然后用无菌水冲洗3~5次，沥干水分。②吸芽接种和培养。在超净工作台上，将消毒后的吸芽切割成1cm×1.5cm×2cm的小块，每块带1~2个芽原基，接种到培养基上，注意材料不可倒置，基部切口插入培养基中，但不能将材料完全包埋在培养基内。吸芽培养可采用MS+6-BA0.5mg/L+KT1.0mg/L+2%~3%蔗糖或MS+6-BA5.0mg/L+15%椰子汁+2%~3%蔗糖。培养物置于28℃温度下培养，初期可不照光，待芽萌动后，光照时间10~12h/d，光照强度2000~3000lx。约经40~60d培养，待长出一定数量的丛生苗，便可用作茎尖剥取的材料。③茎尖剥取和培养。从培养的丛生芽中选取较粗壮、基部膨大（已形成基盘）、3~5cm高的试管苗，在超净工作台上借助双目显微镜，用镊子将小叶片剥去直至露出生长点，然后用微型解剖刀切取大小为0.5~1.5mm、带有1~2个叶原基的茎尖，接种到液体培养基内进行振荡培养，或采取纸桥法液体培养基培养。待茎尖长至3~5mm大小时，便可转移到固体培养基上，切勿将茎尖倒置或斜放。茎尖培养可采用改良培养基，由MS无机盐，附加盐酸硫胺素0.5mg/L、6-BA 2.0~5.0mg/L和2%~5%蔗糖，或改良MS+KT2.0mg/L+CM0.1%的培养基。培养温度25~28℃，光照时间10~12h/d，光照强度1000~2000lx。茎尖分生组织培养5~7d后，生长点顶端形成泡沫状小团，1个月绿色小点即长成1~3个小芽。将小芽转移到相同组分的新鲜培养基上，2个月便长出小叶，继代培养1次，3个月后即可形成小植株。

小贴士

取香蕉吸芽培养，形成丛生苗后即可进行病毒检测，若不带病毒，就可省去茎尖培养环节，直接用于扩繁。

(2) 热处理结合茎尖培养脱毒　将香蕉的地下球茎经35~43℃湿热空气处理100d，再切取新生侧芽上的茎尖分生组织培养。热处理结合茎尖培养脱毒，可省去吸芽培养环节，还可取稍大一些的茎尖（带3~4个叶原基）培养，操作容易，存活率高，脱毒效果好。

(3) 病毒检测　香蕉脱毒苗的鉴定可采用TTC检测法。将蕉叶浸渍于1%的2，3，5-氯化三苯或四氯唑（TTC）溶液中，于36℃保温24h。在显微镜下观察，患束顶病植株叶的整个切片呈砖红或红褐色，其中维管束呈紫红色，其他组织为红褐色。患花叶心腐病植株的整个叶切片呈黑褐色。无病毒植株的叶切片无色。该方法的缺点是灵敏度低，只有病株体内的病毒繁殖到一定数量才能检测出来。此外，病毒检测还可以用抗血清鉴定法、指示植物法、聚合酶链式反应DNA探针等方法。

小贴士

脱毒的香蕉试管苗只是将体内的病毒去除，并没有增强其抗病能力。因此，脱毒苗应移

栽到覆盖400μm尼龙网纱的温室或大棚中繁育，育苗场要远离病毒源，附近不得种植黄瓜、茄子、烟草、蔬菜、豆类作物，防止蚜虫等传播病毒。

2. 香蕉离体快繁

生产上传统的香蕉繁殖方法一般是采用球茎发生的吸芽作为种苗繁殖，通常每个母株每年可以长出数个吸芽，当吸芽长成小植株后，已收果的母株便被砍掉。但是，自然萌发的吸芽苗之间性状不整齐，生长速度和果实成熟时间都不一致，植株间产量差异大。采用组织培养技术培育香蕉试管苗，其繁殖效率非常高，一个芽苗在一年内可以繁殖出数百万株，并且性状整齐，蕉苗质量高。香蕉的组培育苗技术已相当成熟，在世界香蕉主产国被广泛应用。目前我国主产区福建、广东、广西等地已有半数以上的香蕉园种植试管苗。香蕉的离体快繁主要采取茎尖培养和花序轴切片培养。

香蕉试管苗变异率通常比常规繁殖所产生的变异率高，要及时剔除病苗、变异苗，经过全面综合检验后方可用于大田生产。

(1) 茎尖培养快繁　其操作步骤为：①外植体取材、消毒与接种。早春或秋季晴天，采取健壮母株萌发的吸芽，切割成5～8cm长、3cm^{2}的小块。先用自来水冲洗，再用70%酒精浸泡1min，无菌水冲洗1次，再用0.1%氯化汞溶液（加数滴吐温）浸泡10～15min，无菌水冲洗3～5次。剥去苞叶，露出茎尖，切取2～10mm的生长点接种到诱导培养基上。②初代培养。香蕉茎尖培养可采用MS或改良MS+6-BA2.0～5.0mg/L+蔗糖2%～4%+琼脂0.5%～0.8%的培养基。培养初期对光、温要求不严格，培养温度15～29℃均可，但大多数适宜（26±1)℃，光照时间12～16h/d，光照强度1000lx的环境条件。茎尖接种培养1周后开始膨大，生长点露白；培养2周后，叶原基伸长、转绿并开始形成叶片；培养约1个月，茎尖形成芽。③继代增殖扩繁。分割芽从块转接到新鲜培养基中，培养2～4周，每块培养物可长出单芽苗或丛生芽苗。再通过切割丛生芽继代增殖扩繁，15～25d后，每个芽又可增殖3～10个新芽。如此反复即可大量增殖。④生根培养。香蕉生根较容易，在分化培养基和不加任何激素的培养基中均能形成带根苗。但为了培养壮苗，需将芽苗转接到生根培养基中诱导生根。将芽苗转入1/2 MS+NAA0.1～1.0mg/L（或IBA0.5～2.0mg/L）的培养基中培养，即可形成完整植株。⑤驯化移栽。当试管苗长到4～5cm高，有4～5片叶，根系发育良好便可移栽。移栽之前进行练苗，打开瓶盖或封口膜，炼苗3～5d。移栽时小心取出瓶苗，洗净根部附着的培养基，然后移栽于营养土∶蛭石=1∶1或土∶沙∶牛粪=3∶1∶1的基质中。移栽后覆盖塑料薄膜保湿，1周后逐渐揭开薄膜通风。30～45d后便可以移入大田定植。

香蕉吸芽个体较大，从形成开始便长出覆瓦状的叶鞘，层层包合形成圆柱状假茎，生长锥在层层叶鞘保护之中。为了避免交叉污染，在茎尖剥离时，每剥除一层后都应灼烧工具。

剥至生长锥后，将接种工具反复灼烧灭菌后再取下生长锥接种到培养基中。另外，接种时应注意材料的生理极性，不能倒置，基部切口插入培养基内。

香蕉茎尖培养过程中，除茎尖发育成苗外，培养20~30d后，在茎尖基部侧面也产生一些微小白色突起，随后突起增大，进一步分化形成芽。

在香蕉试管苗生根培养基中，加入0.25%~0.5%活性炭、15%椰子汁，均可使试管苗长的更健壮。

（2）花序轴切片培养　在香蕉花穗已完全抽出后，取顶端未结实的花序8~10cm。在超净工作台上，用75%酒精消毒3min，无菌水冲洗2次，切去一端花轴，剥去苞叶。再用75%酒精消毒2min，无菌水冲洗3次，沥干材料表面水分。切去材料两端各2mm变褐的组织部分，剩下部分横切成2~4cm厚的薄片，再纵切成数片，接种到培养基中。花序轴切片培养采用培养基和培养条件与茎尖培养相似，从外植体接种到芽增殖阶段采用弱光培养，生根阶段强光培养。

取香蕉花序轴作为外植体培养，其繁殖系数高于茎尖培养，但试管苗的变异性较大，生产中应予以注意。

培养初始时花序轴为白色，1周后其切面逐渐转褐变黑，而其皮层转为绿色。培养1个月后，切片体积增加4~5倍，在子房与花序轴的结合处，长出许多类似芽的组织块，将组织块转移到相同的新鲜培养基中继代培养，似芽组织不断增殖并形成幼芽，幼芽1个月后即发育成为丛生香蕉幼苗。当幼苗长至2~3cm高时，诱导生根后再进行驯化移栽，其方法同于茎尖培养快繁。

在香蕉组织培养工厂育苗生产中，尤其应避免试管苗产生变异，影响种苗品质。在最佳培养基配方确定后就不要随意变动，即使根据材料生长情况需调整也只能逐步微调，特别是植物生长调节剂类应避免增大用量。如细胞分裂素浓度控制在3.0~5.0mg/L之间，高于5.0mg/L易发生变异，2，4D作用较强烈，最好不用或少用。另外，还要控制继代次数，继代次数越多，变异率越高，一般不宜超过10代。

6.3.5 枇杷离体快繁

枇杷（Erobotrya japonica Lindl.）为蔷薇科枇杷属常绿小乔木，是原产于我国的亚热带常绿果树，其果实成熟于初夏水果淡季，被誉为应时佳果。枇杷的花、果实、根、叶及树皮等均可入药，尤其是枇杷叶中含有苦杏仁苷，对治疗癌症效果显著。此外，枇杷还是优良的蜜源植物和优美的庭院树种。

枇杷生产上繁殖采用共砧，根系不发达，分布浅，根冠比例小，不耐强风、高温、干旱和水涝。枇杷果肉柔软多汁，营养丰富，风味佳美，但其果实内种子多且大，鲜果可食率低，罐头加工程序复杂化。因此，培育无籽果实的研究对于提高果实品质、发展枇杷生产有很大的意义。20世纪80年代初，开始采用组织培养技术快速繁殖枇杷苗，并探索枇杷育种新途径。大多数被子植物的胚乳为三倍体组织，三倍体植物具有无籽或少籽的特性，通过胚乳培养获得三倍体植物，进而培育出无籽枇杷品种。

1. 茎尖培养

（1）外植体取材、消毒与接种　春季2~3月为春芽萌动季节，芽内积累有较多的营养物质；秋季10~11月为夏季摘果后、冬季开花前阶段植株营养积累的高峰期，因此在这两个时间段取材进行组织培养，成芽率较高，其中尤以2~3月春芽萌动季节最佳。选取生长健壮植株上1.5~2cm长的顶芽作外植体，用自来水冲洗干净。在超净工作台上，用75%酒精浸泡消毒15min后，再用0.1%的氯化汞浸泡消毒12min，无菌水漂洗5~6次，用无菌滤纸吸干材料表面水分，剥取0.3~0.5cm的茎尖接种到培养基中。

（2）初代培养　茎尖接种初代培养可采用MS+6-BA0.1~1.0mg/L+NAA0.1~0.5mg/L+$GA_3$0.5mg/L的培养基。茎尖接种初期在25℃左右黑暗条件下培养15~20d，再转入光照培养，光照强度1500~2000lx，光照时间12h/d。茎尖接种后培养1~2个月，便可萌芽、展叶。

（3）继代增殖扩繁　取初代培养形成的萌芽转入MS+6-BA1.0~2.0mg/L+NAA0.2~0.5mg/L的增殖培养基中，培养条件同上。通过增殖培养，一般1个萌芽可产生6~10个丛生芽。

（4）生根培养　当丛生芽长至1.5~2cm左右时，切割分成单苗，转入生根培养基1/2MS+NAA0.5mg/L中诱导生根。一般接种后培养6~7d，幼苗基部形成白色根原基，再经7~10d培养，根系发育良好，根长约0.5cm左右即可进行驯化移栽。

（5）驯化移栽　将瓶苗移至温室或大棚，打开瓶盖或封口膜，在自然光下练苗3~4d后，取出瓶苗，小心洗净根部培养基，栽入蛭石或草炭土、河沙按1:1混合的基质中。移栽初期保持相对湿度80%以上，成活率可达90%左右，经20~30d后，移入苗圃进行常规育苗。

2. 胚培养

从枇杷树上摘取未成熟果实，果实横径约1.0cm，颜色为白色，擦掉表面绒毛并切去宿萼，用自来水冲洗干净，再用洗衣粉溶液浸泡20min，用自来水冲洗30min。然后在无菌条件下，用75%的酒精消毒5min，无菌水冲洗1次，再用0.1%氯化汞消毒15min，无菌水冲洗5~6次。剥出种子，取出幼胚（长度约0.5cm）接入培养基中培养。诱导胚萌芽的培养基为1/2 MS+6-BA2.0mg/L+IAA0.5mg/L。萌芽增殖扩繁的培养基为MS+6-BA2.0mg/L+NAA0.2mg/L。以上各种培养基加蔗糖3%和琼脂0.6%，pH值调至5.8。培养温度22~

26℃，光照时间16h/d，光照强度1500lx。

3. 胚乳培养

以枇杷人工授粉5～8周的幼果为材料，采下的幼果置于4～7℃的冰箱中低温处理17d。接种前除去宿萼并刮去果皮上的绒毛，用自来水冲洗30min。在无菌条件下，用75%的酒精浸泡2～3min，无菌水冲洗2次。剥开幼果，取出种子，再用0.1%氯化汞溶液消毒5min，用无菌水冲洗5～6次。在种子的合点端纵剖一刀，打开种子取出胚囊，在胚囊的胚端轻压一下，挤出幼胚后，只接种胚乳到愈伤组织诱导培养基MS+6-BA2.0mg/L+2，4-D0.5mg/L+$GA_3$0.4mg/L中，40d后可诱导形成愈伤组织。也可将消毒后的种子接种于MS培养基中预培养4d。然后再取出胚乳接种到MS+6-BA2.0mg/L+2，4-D0.5mg/L+$GA_3$0.2mg/L的培养基中诱导愈伤组织。

诱导形成的胚乳愈伤组织先在MS+6-BA2.0mg/L+2，4-D0.3mg/L的培养基上增殖培养1～2代，在此期间，愈伤组织仅有量的增加，颜色及质地、表面状况无明显变化。增殖1～2代的愈伤组织再转至MS+ZT2.0～3.0mg/L+NAA0.1mg/L培养基中诱导愈伤组织分化成芽。胚乳培养时培养基均加琼脂5.5g/L，蔗糖3%，pH 5.8。培养条件为温度23～25℃，光照强度2000lx，光照时间16h/d。

6.3.6 草莓脱毒与快繁

草莓（Fragaria spp.）为蔷薇科草莓属多年生草本植物，在园艺学上属小浆果。草莓原产南美、欧洲等地，现在我国也广泛栽培。草莓色泽鲜艳，果实柔软多汁，香味浓郁，甜酸适口，营养丰富，深受国内外消费者的喜爱。

草莓是多年生宿根草本植物，生产上传统种植主要以匍匐茎繁殖和分株繁殖，其繁殖效率较低，而且在长期无性繁殖中，植株往往积累多种病毒，导致品种退化，产量和品质下降。应用组织培养技术不但能在短时间内快速繁殖大量优质草莓种苗，而且可用于脱除病毒和脱毒种苗的繁殖。自20世纪60年代以来，草莓离体培养技术研究取得了很大进展，在茎尖培养、叶片培养、花药培养、胚培养及脱除病毒等方面都已获得成功，并广泛应用于生产中。

1. 草莓脱毒苗培养

草莓病毒病分布广，种类多，根据在栽培上表现出的症状大致可分为黄化型和缩叶型两种类型。目前我国鉴定明确的草莓病毒病及其类似病害有7种，其中经济危害严重的主要有4种，即草莓斑驳病毒、草莓皱缩病毒、草莓镶脉病毒和草莓轻型黄边病毒。脱除草莓病毒的方法主要有茎尖培养法、热处理结合茎尖培养法以及花药培养法。

（1）茎尖培养脱毒　在草莓匍匐茎大量发生的6～8月，选取生长壮实的匍匐茎或新长成的小秧苗，剪取5cm左右长的顶稍，剥去外层大叶，用自来水冲洗干净。在超净工作台上，用70%酒精浸泡3～5s，无菌水冲洗1次，再用0.1%氯化汞或6%次氯酸钠浸泡2～10min，无菌水冲洗3～5次。将消毒后的材料置于解剖镜下，逐层剥去幼叶和鳞片，直至露出生长点，切取带有1～2个叶原基的茎尖，并迅速接种到MS+6-BA0.5～1.0mg/L+IBA0.2mg/L的初代培养基上，培养条件温度25～30℃，光照强度1500～2000lx，光照时间10h/d。茎尖培养30d左右，即开始分化形成幼芽，幼芽不断生长和增殖，并形成芽丛。切割芽丛转接到MS+6-BA0.5～1.0mg/L的继代增殖培养基中扩大繁殖。

据试验研究报道，小于0.3mm的茎尖脱毒效果好，但成活率低，小于0.5mm的茎尖可获得无病毒植株，而1~3mm的茎尖没有脱毒效果。综合考虑，以切取带1~2个叶原基，0.3~0.5mm大小的生长点为宜。

(2) 热处理结合茎尖培养脱毒　将盆栽草莓苗或试管苗置于高温热处理箱内，白天升温至40℃处理16h，夜间温度降至35℃左右处理8h，箱内湿度为60%~80%，变温处理28~35d。或者在38℃恒温条件下处理10~50d，时间因病毒种类而定。

培育准备热处理的盆栽草莓，要注意选择根系生长健壮的植株，而且不能栽植后马上进行热处理，最好在栽植后生长1~2个月，草莓苗最好带有成熟的老叶，以增加对高温的抵抗能力。另外，在热处理时，为了防止花盆内水分蒸发散失，增加空气湿度，可将花盆用塑料膜包上。

将热处理后新长出的匍匐茎取下进行茎尖组织培养，切取的茎尖可稍大些，一般0.4~0.5mm，带有2~4个叶原基。热处理结合茎尖培养可达到较高的脱毒率，但草莓不耐高温，处理过程中盆栽苗死亡率高，应用比较困难，而采用茎尖试管苗进行热处理可以提高脱毒效果。

据试验研究报道，草莓斑驳病毒用热处理效果好，在38℃恒温条件下处理10~50d即可脱除；草莓轻型黄边病毒和草莓皱缩病毒热处理虽能脱除，但处理时间长，一般需50d以上；而草莓镶脉病毒耐热性强，用热处理法不易脱除。

(3) 花药培养脱毒　1974年日本大泽胜次等首先发现草莓花药培养可以脱除病毒。他在草莓花药培养过程中发现，再生植株比母株生长发育更旺盛，经鉴定通过花药培养愈伤组织形成的再生植株脱毒率达100%。现在，花药培养已成为培育草莓无病毒苗的主要方法之一。

在春季草莓现蕾时，取直径约4mm小花蕾，镜检花药生育期为单核靠边期，于4~5℃低温下处理24h。然后在超净工作台上，用70%酒精浸泡10~15s，再用0.1%氯化汞或6%次氯酸钠浸泡5~8min，用无菌水冲洗3~5次。用镊子小心剥开花冠，取下不带花丝的花药接入MS+6-BA1.0mg/L+IBA0.2mg/L+NAA 0.2mg/L的愈伤组织诱导培养基中。一般花药接种后培养20d后即可诱导出米粒状乳白色的愈伤组织。愈伤组织形成后可转入MS+6-BA0.5~1.0mg/L+IBA 0.05mg/L分化培养基中，诱导再生植株。有些品种不经转移，在花药接种培养50~60d后就有部分直接分化出绿色小植株。

花药培养取材时期是影响花药培养成败的关键之一，不同品种间花粉发育时期会有差异。在实际操作时，当花粉发育到单核期时，采集花蕾，用醋酸洋红染色，压片镜检观察，选择处于单核靠边期的花蕾作为外植体。

（4）病毒检测　目前草莓病毒最常用的检测方法是指示植物小叶嫁接鉴定法。嫁接前1~2个月，将生长健壮的指示植物苗栽于盆中，成活后注意防治蚜虫。从待测植株上采集幼嫩成叶，除去左右两侧小叶，将中间小叶留有1~1.5cm的叶柄削成楔形作为接穗。同时在指示植物上选取生长健壮的1个复叶，剪去中央小叶，在两叶柄中间向下纵切1~1.5cm的切口，将待测植株的接穗插入指示植物的伤口内，用细棉线包扎结合部，罩塑料薄膜袋，或放在高湿度（大于80%）的室内，温度20~25℃。若待检测植株有病毒，嫁接45~60d时，在指示植物新展开的叶片、匍匐茎上会出现病症，见表6-4。如未出现病症，说明待测植株没有病毒。

用指示植物检测草莓病毒，关键是提高嫁接成活率。选用壮苗和较粗的指示植物叶柄嫁接成活率较高；待检株成熟的叶片叶柄楔形削面，长1~1.5cm较易嫁接成活；嫁接在低龄叶片比老龄叶片上的成活率高。

表6-4　几种草莓病毒的指示植物及症状表现

病毒种类	指示植物	症　状
草莓斑驳病毒	EMC	黄白色小斑点，叶脉透明，幼叶褪绿扭曲
	UC_5	叶片出现褪绿斑驳，有时产生形状不整齐的黄色斑纹
草莓轻型黄边病毒	UC_4	叶脉坏死，老叶枯死或变红
	EMC、UC_5、UC_{10}	叶缘失绿、植株矮化
草莓镶脉病毒	UC_5	叶片向背面反卷，叶柄短缩
	UC_6	叶片沿叶脉出现带状褪绿斑，后期变为坏死条纹或条斑
草莓皱缩病毒	UC_4、UC_5、UC_6	叶片皱缩，扭曲变形，发病严重时，匍匐茎、叶柄上出现暗褐色坏死斑，花瓣上产生褐色条纹

应用电子显微镜可直接观察草莓细胞中有无病毒粒子的存在以及病毒颗粒的大小、形状和结构，从而确定被检测草莓试管苗是否完全脱除病毒。超薄切片法可显示细胞与组织中病毒的精确定位与各种形态的改变，但由于观察结果与病毒粒子浓度、形状等因子有关，如果检测方法和时机不当，会引起误差。因此，最好是电子显微镜鉴定与指示植物鉴定两种方法结合，互相验证和补充，检测结果更可靠。只有通过检测确定试管苗已完全脱除病毒，才能

进行大量繁殖，用于生产。

2. 草莓离体快繁

1915年，传教士将欧洲草莓栽培品种引入我国，但种植地区有限。从20世纪70年代后期以来，我国从波兰、保加利亚、比利时、荷兰、美国、日本等地先后引入一些草莓优良品种，并又相继培育出几十个新品种。目前，我国从北部黑龙江、吉林到南部广东，从东部上海到西部新疆都有草莓种植，通过组织培养快速繁育优良草莓品种种苗也在生产上得到广泛应用。

（1）外植体取材、消毒与接种　草莓离体快繁常用母株上新抽出的匍匐茎作为外植体，以每年7～8月份取材最为适宜，此时匍匐茎发生最旺盛。在无病虫害的田块，选择连续3～4d晴日时，剪取5cm左右生长健壮、新萌发且未着地的顶端匍匐茎。用自来水冲洗后，在超净工作台上，用75%的次氯酸钠溶液消毒7～10min，再用无菌水冲洗4～6次。在无菌条件下，剥去茎尖外面的幼叶，一般快繁时切取大小为0.5mm左右茎尖接种到培养基上。

草莓匍匐茎表面茸毛多，消毒液浸泡消毒时易附着气泡，因此需用消毒的镊子在其周围不断搅动，并可在消毒液中加数滴吐温20，以使材料能与消毒液充分接触，得到良好的消毒效果。

（2）初代培养　草莓茎尖培养可采用MS+6-BA0.5mg/L+$GA_3$0.1mg/L+IBA0.2mg/L培养基，接种后培养1～2个月，茎尖形成愈伤组织并分化形成丛生芽。培养温度25～30℃，光照强度1500～2000lx，光照时间10h/d。

（3）继代增殖扩繁　将丛生芽切割成有3～4个芽的芽丛转入MS+6-BA0.5～1.0mg/L的增殖培养基中进行继代培养，经过3～4周的培养可再次继代扩繁。

据试验研究报道，草莓茎尖培养增殖扩繁过程中，若培养基中6-BA浓度过高，形成的芽丛生长会停滞，呈莲座状，当6-BA浓度过低时，形成的芽少，但芽苗长势好。因此，应根据芽苗增殖数量和生长状况适当调整6-BA的用量，一般每簇芽丛有20～30个小芽为宜。另外，注意在低温和短日照下，茎尖有可能进入休眠，所以必须保证较高的温度和充足的光照时间。

（4）生根培养　将芽丛切割成单芽苗转接到1/2MS+IBA0.2～1.0mg/L或NAA0.5～1.0mg/L的生根培养基中诱导生根。

由于草莓发根能力较强，也可将具有2片以上正常叶的试管苗取出进行试管外生根，但

通过试管内生根培养，幼苗发根整齐，生长健壮，移栽成活率高。

（5）驯化移栽　当试管苗根长至2～3cm时，打开瓶盖或封口膜，置于温室或大棚中炼苗3～4d。移栽时小心取出瓶苗，洗净基部培养基，移栽基质选用营养土（疏松沙土、河沙掺入少量泥炭土、腐殖土等有机质）或蛭石，苗床应铺平，灌透水，用竹签打孔或开槽，将试管苗插入其中，并压实苗基部周围基质，栽后轻浇薄水，以利幼苗基部和基质密合。移栽后及时覆盖塑料薄膜保湿，保持空气湿度为80%～100%。2周后开始每天揭开塑料薄膜1次，移栽4周后即可去掉覆盖物，根据情况每天或隔天喷水1次，使苗床不失水，但也不要过湿，以免烂苗。

6.3.7　树莓离体快繁

树莓（Rubus idaeus）为蔷薇科悬钩子属多年生小灌木，原产于欧洲、亚洲和美洲，分布于寒带及温带地区。树莓是北方的主要浆果之一，果实香甜，营养丰富，含有多种维生素，除鲜食外，还可加工成多种果品、饮料，具有很高的经济价值，被誉为第三代水果，有非常诱人的市场前景。目前，我国从美国引进许多优良品种，不仅产量高、品质好，而且果实有多种颜色。树莓种植容易，产出效益高，采用矮化棚架式栽培，种植第2年就开始结果，3～4年进入盛产期，一般亩产量可达1000kg。发展树莓种植前景广阔，运用组织培养离体快繁是加快树莓新品种繁殖和推广的有效途径。

1. 外植体取材、消毒与接种

从生长健壮、无病虫害的树莓植株上取春节萌发的3～4cm新梢，自来水冲洗10min。在超净工作台上，用70%酒精浸泡20～30s，0.1%氯化汞溶液浸泡8～10min，无菌水冲洗4～6次，用无菌滤纸吸干材料表面水分。在无菌条件下，将树莓新梢剪截成约1cm长的带芽茎段，接种到培养基上。

2. 初代培养

初代培养带芽茎段可采用MS+6-BA1.0mg/L+NAA0.1mg/L+$GA_3$0.1mg/L的培养基，培养温度23～26℃，光照强度2500～3000lx，光照时间18～24h/d。带芽茎段接种后7～10d茎尖和腋芽直接萌发伸长，培养20d后芽伸长至3～4cm，基部萌发丛生芽3～7个。

3. 继代增殖扩繁

将丛生芽剪截成带1～2个芽的茎段，转接到MS+6-BA0.5～3.0mg/L+NAA0.1mg/L的培养基上，1个月后可长至4cm左右，带6～8片叶，基部也可分化出3～5个小苗。反复转接，可不断增殖。

4. 生根培养

选取生长健壮的小苗转接到MS+NAA0.5～1.0mg/L的培养基上诱导生根。在20～27℃条件下7～10d可在幼茎基部形成根原基。

5. 驯化移栽

根原基形成后，可直接移栽到稻壳灰与黄沙土（1:1）拌匀的基质中，或者移栽到5cm厚的水草床内。移栽后浇透水，并覆盖塑料薄膜，保持相对湿度90%～95%，成活率可达85%以上。培养30d左右可移栽至大田种植。一般5月份移栽的小苗经4～5个月的生长，可长成高度25～30cm、基部茎粗0.5cm的种苗。

6.3.8 甘蔗脱毒与快繁

甘蔗（Saccharum officinarum）为禾本科甘蔗属多年生宿根草本植物，原产于热带、亚热带地区。甘蔗是一种高光效的 C_4 植物，光饱和点高，二氧化碳补偿点低，光呼吸率低，光合强度大，因此甘蔗生物产量高，收益大。甘蔗是世界上重要的糖料作物，也是我国制糖的主要原料，在我国广东、广西、福建、海南、四川、台湾、云南等省广为种植，我国的甘蔗产量居世界第3位。

在生产上，甘蔗通常是以蔗茎节上的腋芽繁殖，即将蔗茎砍成具有1个或多个节的茎段作种茎进行繁殖，或者在每年砍伐后，利用残留在土中茎基上的腋芽作宿根繁殖。种茎繁殖速度慢，用量大。据统计，甘蔗产区每年需留用种蔗的数量约占全年总产量的1/5。甘蔗在种植过程中病害很多。据报道，全世界已发现甘蔗病害有120多种，其中病毒病无法用药剂防治，利用种茎繁殖或宿根繁殖，使病毒在植株体内逐代积累，且随种茎远距离传播，因而加大了甘蔗病毒病的传播范围和侵染程度，致使良种退化，产量降低，糖分减少。因此，采用组织培养快速繁殖甘蔗种苗、培养脱毒苗，既可以减少种蔗用量，又能防止病毒病的传播和危害，在生产上具有重要的利用价值。

1. 甘蔗茎尖培养脱毒与快繁

危害甘蔗的病毒主要有甘蔗花叶病毒，该病也叫嵌纹病，最早于1892年在爪哇发现，当时称为黄条病。花叶病在世界多数国家甘蔗产区都有发生，在我国甘蔗产区也普遍发生，花叶病有A、B、H、J 4个生理小种，主要由蚜虫传播，蔗刀也会传播花叶病，即斩过带病蔗种的蔗刀再斩健康蔗种时，可将病毒传到健康蔗茎中。危害甘蔗的病毒病还有甘蔗斐济病、白叶病、波条病、条斑病、宿根矮化病及萎缩病等。此外，玉米矮花叶病毒、玉米条纹病毒也能侵染甘蔗。其中花叶病、宿根矮化病导致甘蔗植株变矮、节间变短、糖分下降，使甘蔗减产10%～30%，干旱时感病率可达100%。巴西李增生（Lees. T. S. G）博士报道，所有甘蔗品种的健康良种在生产上使用1年后，100%感染宿根矮化病。干旱蔗区更加严重，到目前为止还没有发现任何品种能够抗宿根矮化病。目前巴西、古巴等国利用甘蔗茎尖培养技术结合热处理，能脱除蔗株上的花叶病、宿根矮化病，生产健康种苗，可使甘蔗增产20%～40%。在我国广西也已大量种植脱毒种苗，对良种甘蔗的繁殖及脱毒起到极大的推动作用。

（1）外植体取材、消毒与接种　在甘蔗旺盛生长阶段取材，适于脱毒培养的外植体材料有甘蔗腋芽和茎端生长锥。以茎端生长锥为材料时，因被多层幼叶紧密包裹在内，尤其是位于茎端生长锥以上6cm以内的部分通常无污染，仅需用75%酒精将呈卷筒状的幼叶外表浸泡30s，无菌水冲洗2次后，将茎段幼叶全部剥除露出生长锥，切下生长锥放入无菌水中，将切口处的酚、酮类物质清洗干净便可接种。以腋芽为材料时，应从生长健壮的植株有叶鞘包裹部分的细嫩茎段上取芽，用手术刀切取单芽，剥去外部鳞片，用自来水冲洗干净。在超净工作台上，先用75%酒精进行表面消毒，再用2%次氯酸钠溶液消毒10～15min或0.1%氯化汞消毒8～10min，无菌水冲洗4～5次，无菌滤纸吸干表面水分。在解剖显微镜下，用接种针和解剖刀小心剥离茎尖生长点以外的组织，直至露出生长点，切下约1～2mm的茎尖组织（带1～2个叶原基的生长点），在无菌水中清洗后接种到培养基中。

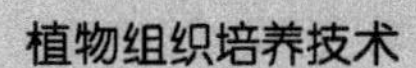

小贴士

据试验研究报道，甘蔗茎尖培养外植体取材时间以夏、秋两季为好，即5~8月份，此阶段气温高，光照强，雨水充沛，甘蔗处于旺盛生长阶段，所取材料愈伤组织诱导率可达80%~90%，而且愈伤组织色泽白亮，有的外植体很容易产生颗粒状细胞团并长出绿苗。

小贴士

由于甘蔗茎尖组织切割后很容易褐变，接种时将茎尖组织预先在无菌水中浸泡30min，在诱导培养基中添加0.5%活性炭（AC）或抗氧化剂如聚乙烯吡咯烷酮（PVP）等，并且根据外植体的褐变情况，不断地将外植体转移到新鲜的培养基中，可减少外植体褐死率。

（2）初代培养　诱导茎尖产生丛生芽的培养基可采用MS+6-BA2.0mg/L+NAA0.1mg/L+蔗糖30g/L。茎尖初代培养可采用液体滤纸桥静止方式培养。培养温度25~30℃，接种初期在自然散射光下培养，诱导丛生芽形成阶段光照强度2000~3000lx，光照时间10~12h/d。培养1周后，茎尖组织开始萌动，由白色逐渐转变为绿色，3~5周后顶芽伸长，接着在顶芽的周围长出许多小芽，形成丛芽苗，每一个茎尖可分化出3~5个小芽。

（3）继代增殖扩繁　切割丛生芽转入MS+6-BA2.0~3.0mg/L+NAA0.1~0.3mg/L+蔗糖20~30g/L的培养基中进行增殖扩繁。

小贴士

甘蔗离体培养过程中体内激素有累积现象，因此继代培养以不超过10代为宜。若继代次数过多，试管苗质量下降，苗变纤细，对根的诱导和移栽成活率均有不利影响。

（4）生根培养　选择生长健壮，长约2~3cm的芽苗转接到1/2MS+NAA1.5~2.0mg/L+IBA0.4~0.8mg/L+多效唑（PP_{333}）0.5~3.0mg/L的培养基中诱导生根。

（5）驯化移栽　当试管苗根系形成，根长约0.3~0.5cm时，即可进行驯化移栽。基质选用蛭石或草炭土:河沙=1:1，移栽初期保持相对湿度80%以上。经30~50d培育后，即可作大田蔗种用。

小贴士

据试验研究报道，甘蔗腋芽的培养方式可用（半）固体培养、液体培养和固液双层培养等，但以液体培养最佳。因为液体培养能促进丛生芽发生，其幼苗假茎粗细、苗数、根数、根粗等均优于用其他培养方式所得的幼苗。

另外，生根培养阶段培养基中添加多效唑（PP_{333}），根诱导率高，且根粗壮，还可防止幼苗徒长，提高幼苗质量，移栽后成活率高。

2. 热处理结合茎尖培养脱除病菌

热处理方法对甘蔗花叶病（病毒病）和甘蔗宿根矮化病（细菌性病害）、甘蔗黑穗病（真菌性病害）等的去除效果较好。通常采用的热处理方法有：

（1）温水浸种　将蔗茎切段放在50～52℃温水中处理2～3h。

（2）热气处理　在电热鼓风恒温箱中，以54～58℃处理8h。此法处理时应用全茎蔗苗，并密闭处理箱门，避免水汽外溢。

（3）高温培养催芽　将蔗茎砍成单芽段，置于37～40℃温室培养，待蔗芽萌发长至1～2片叶时取材培养。

通过热处理后的茎段，再经培养使其腋芽萌发，切下蔗芽消毒后，在无菌条件下剥取茎尖分生组织培养。热处理结合茎尖培养可以从感染花叶病和宿根矮化病的甘蔗种株上获得健康种苗，这些健康种苗不仅生长快，而且产量增加幅度大。

3. 心叶组织培养

（1）取材、消毒与接种　取茎端生长锥，用75%酒精将呈卷筒状的幼叶浸泡消毒30s，无菌水冲洗2次后，在无菌条件下剥除外部叶鞘，留下直径为0.5cm的心叶，横切成1～2mm的薄片，接种到培养基中。

（2）初代培养　心叶愈伤组织诱导培养基可采用MS+2，4-D3.5mg/L+蔗糖30g/L+琼脂0.7%。接种2～3d后外植体就开始膨胀，7～8d后便会形成白色的愈伤组织，其诱导率达50%以上。将愈伤组织及时转入芽苗分化培养基NM（去掉N_6中的微量元素，加入MS的微量元素）+KT1.0mg/L+NAA0.5mg/L+IBA 0.5mg/L+蔗糖30g/L+琼脂0.7%。培养温度25～30℃，光照时间12h/d，光照强度1500～2000lx。

小贴士

一般由心叶愈伤组织培养分化出的芽苗比较纤弱，将其转入较低浓度细胞分裂素的培养基上，可以达到培养壮苗的目的，经过1～2代的增殖，其芽苗与茎尖组织分化出形成的芽苗之间的差异逐渐缩小。

10d左右可分化形成绿色芽点，继续培养可见绿色芽点形成绿色丛生芽苗。

（3）继代增殖扩繁　将诱导出的丛生芽苗转入增殖培养基上增殖扩繁，增殖培养基为改良MS（即去掉维生素的MS）+6-BA5.0mg/L+NAA0.05mg/L+蔗糖30g/L，并随着继代次数的增加，添加6-BA与NAA的浓度逐渐下降，在增殖培养基中含有较低浓度的生长素与细胞分裂素，可以培育健壮的丛生芽苗。

（4）生根培养及驯化移栽　选取生长健壮的丛芽苗切割成单苗转接到生根培养基上诱导生根，待根系发育良好，即可进行驯化移栽。

实训6-4 柑橘茎尖微嫁接脱毒

● **实训目的**

学习茎尖微嫁接脱毒技术，掌握柑橘茎尖微嫁接操作方法。

● **实训要求**

1. 砧木种子处理方法正确，苗龄合适。
2. 茎尖剥离方法正确，大小合适。
3. 微嫁接方法正确，成活率高。

● **实训准备**

1. 材料与试剂

枳壳、枳橙等砧木种子，柑橘试管苗或细嫩枝条。

75%酒精、0.1%氯化汞、0.1%吐温20、无菌水、无菌滤纸、MS培养基各种母液、平底试管等。

2. 仪器与用具

超净工作台、解剖刀等。

● **方法步骤**

1. 砧木准备

（1）砧木种子消毒　选取充实饱满、无病虫的枳壳、枳橙等种子，用自来水冲洗干净，再用纱布包好，放入45℃温水中预泡5min，再用55℃热水浸泡50min。在超净工作台上，用75%酒精浸泡1min，再用0.1%氯化汞溶液浸泡10min，无菌水冲洗4~6次，用无菌滤纸吸去种子表面水分备用。

小贴士

砧木种子应经过低温层积处理，即在果实采收季节，采集枳壳、枳橙等新鲜、圆正的果实，用浓度为300mg/kg的抑迈唑洗果，果实在冷凉处贮藏到第2年春、夏季取用。或采收后取出种子，用自来水冲洗干净，再用消毒剂处理后，然后用河沙堆埋过冬，第2年春、夏季取用。

（2）砧木苗培养　在超净工作台上，用手术刀或镊子剥去种皮，播种于MS固体培养基上，每支试管播2~3颗种子。先置于暗室中培养2周左右（形成黄化嫩苗），然后置于室内散射光下培养1~2d，培养温度为（28±1）℃，芽苗萌发即可待作砧木用。

2. 接穗准备

用于柑橘茎尖微芽嫁接的接穗材料可采用以下两种方法获取：

1）直接从田间生长旺盛的植株嫩梢上剪取1.5~3.0cm长的芽梢，用自来水冲洗片刻。在超净工作台上，用70%的酒精浸泡10~20s，再用0.1%的氯化汞溶液浸泡消毒5~10min，无菌水冲洗4~6次，置无菌水中暂存备用。

褐变是影响嫁接成活率的重要因素，若将接穗采用分批消毒，可缩短待用时间，减轻褐变。另据试验研究报道，将茎尖先放在吸有抗坏血酸溶液的无菌滤纸上，置于加盖培养皿中，然后再嫁接，可降低嫁接苗的褐变率，使含有一个叶原基的茎尖保持鲜嫩的色泽。

2）取组织培养的无菌柑橘试管苗作接穗。

3. 微芽嫁接

嫁接方法可采用倒“T”形切接法、垂直压法、嵌芽腹接法等，其具体操作方法详如图6-1所示。

据试验研究报道，先将洗净消毒或无菌培养的茎尖接穗浸泡在0.5mg/L浓度的6-BA溶液中10min，然后再嫁接，可提高成活率。

4. 嫁接苗培养

嫁接苗用液体纸桥法培养，操作方法如图6-2所示。嫁接苗置于25～30℃培养室中，先在弱光（800lx）下培养，光照时间12～16h/d，待长出新叶后，可将光照增至1500～2000lx。培养1周后采用正常光照培养。试管苗长出1片真叶时，进行转管、除萌。

5. 嫁接苗驯化移栽

当嫁接苗长出2片小叶时即可移栽。先将试管苗移到温室或大棚中炼苗1～2d，随后打开封口膜再炼苗1～2d，然后用镊子将小苗小心取出，洗净附着的培养基，栽入装有无菌土的营养钵中。

6. 病毒检测

采用指示植物检测法，取微嫁接苗的叶片，研磨取液接种到指示植物豇豆叶片上，数日后观察有无症状出现。带毒汁液接种后的豇豆叶片局部出现坏死，或生长叶片产生斑驳和坏死现象，阳性对照则生长健康。

注意事项

- 控制好砧木苗龄，太嫩或老化的砧木苗都不易嫁接成功。
- 茎尖剥取和嫁接过程中要严格控制无菌操作，避免污染。
- 嫁接苗培养过程中应注意观察，及时除掉砧木萌芽，否则会影响接穗生长。

- **实训指导建议**

柑橘茎尖微嫁接操作难度较大，实训时应根据条件尽可能多准备些材料，让学生反复操作训练，以达到掌握其操作技术的要求。

● **实训考核**

考核重点是操作规范性、准确性和熟练程度。考核方案见表6-5。

表6-5 柑橘茎尖微嫁接实训考核方案

考核项目	考核内容及标准		分值
	技能单元	考核标准	
现场操作	实训准备	培养基配制及灭菌、接种室及超净工作台消毒、药品及器械等准备齐全	5分
	砧木准备	种子处理、消毒方法正确，苗龄合适，生长良好	15分
	接穗准备	消毒方法正确，材料切割大小适宜，符合标准；无菌操作规范、熟练	15分
	嫁接	嫁接操作方法正确，滤纸桥及嫁接苗放置方法正确	15分
	文明、安全操作	操作文明、安全，器皿和用具摆放有序，场地整洁	5分
	团队协作	小组成员分工明确、相互协作、积极思考、认真讨论	5分
结果检查	产品质量	嫁接苗转接、除萌等管理及时，成活率达50%	20分
	观察记载	定期观察，记载详细、准确	10分
	实训报告	实训报告撰写内容清楚、数据详实、字迹工整	10分

工作任务4 蔬菜脱毒与快繁

蔬菜栽培历来在农业生产上具有重要的地位，随着经济的发展和人们生活水平的提高，对蔬菜栽培的要求也越来越高，无公害绿色蔬菜受到人们的喜爱，市场前景广阔。植物组织培养技术已广泛运用于蔬菜育种和良种繁育，尤其是许多无性繁殖类蔬菜脱毒及良种快繁，对提高蔬菜生产的产量和品质发挥了极其重要的作用。

6.4.1 马铃薯脱毒与快繁

马铃薯（Solanum tuberosum）为茄科茄属一年生草本植物，其块茎可供食用，原产于南美秘鲁，现在已是全球性的重要作物，在我国分布也很广。马铃薯生长期短，产量高，适应性广，营养丰富，耐储运，用途广，是重要的粮食、蔬菜兼用作物。

栽培马铃薯为同源四倍体，在生产上以块茎留种无性繁殖。马铃薯在种植过程中易感染病毒，现已知危害马铃薯的病毒有20多种，我国马铃薯产区主要的危害病毒有马铃薯卷叶病毒、马铃薯A病毒、马铃薯Y病毒、马铃薯M病毒、马铃薯X病毒、马铃薯S病毒和马铃薯纺锤块茎病毒等。由于长期以块茎无性繁殖，病毒逐代积累，逐年加重，引起种薯退化，产量降低，品质变劣。马铃薯卷叶病毒和马铃薯Y病毒的一些株系，常使马铃薯块茎产量减少50%～80%。

从20世纪50年代中期开始，欧洲的一些马铃薯生产大国（如英国、德国和荷兰等）就开始了以茎尖分生组织培养脱除马铃薯病毒为基础的无病毒种薯生产体系建设的研究，至60年代末，欧、美主要马铃薯生产大国均先后成功地建立了制度化的无病毒马铃薯种薯生产体系，种薯质量因而得以改善或保障。我国的马铃薯茎尖脱毒研究起始于20世纪70年代初，目前已形成一些工厂化微型薯生产基地，并建立了合理的良种繁育体系，对改善马铃薯

种植技术，提高产量和质量起到了极大的促进作用。

1. 茎尖培养脱毒

(1) 外植体取材和消毒　培养材料可直接取自生产大田，顶芽和腋芽都能利用，但顶芽的茎尖生长要比取自腋芽的快，成活率也高。为了减少污染，对于田间种植的材料，也可以切取插条，在实验室的营养液中生长，2~3周后除去顶芽，以促进腋芽生长，切取腋生枝作茎尖剥取的材料，由室内插条的腋芽长成的枝条比直接取自田间的枝条污染少。也可将马铃薯块茎消毒后放置在较低温度和较强光照条件下促使萌发，取其粗壮顶芽。另外，给植株定期喷施0.1%多菌灵和0.1%链霉素的混合液对防止污染也十分有效。

切取1~2cm长的顶芽或侧芽，除去外部可见的小叶，用自来水冲洗干净。在超净工作台上，用70%酒精处理30s，再用10%漂白粉溶液浸泡5~10min，用无菌水冲洗2~3次，用无菌滤纸吸干材料表面水分。

小贴士

剥离茎尖至露出生长点后，切取茎尖用解剖刀要在酒精灯上反复灼烧，严格灭菌，以防交叉感染。并且，解剖时必须注意使茎尖暴露的时间越短越好，因为超净工作台上的气流和酒精灯散出的热量会使茎尖迅速变干，在材料下垫上一块湿润的无菌滤纸也可起到保持茎尖新鲜的作用。

(2) 茎尖剥离与培养　将消毒后的材料放在10~40倍的双筒解剖镜下，用解剖针剥去外部幼叶，直至露出圆亮的生长点，用解剖刀切取0.1~0.3mm、带有1~2个叶原基的茎尖，并迅速接种到诱导培养基上。

马铃薯茎尖分生组织培养采用MS和Miller两种基本培养基效果都很好。附加少量(0.1~0.5mg/L)的生长素或细胞分裂素或两者均加，能显著促进茎尖的生长发育，其中生长素NAA比IAA效果更好些。少量的赤霉素类物质(0.1~0.8mg/L)有利于茎尖的成活与伸长。但浓度不能过高，使用时间也不能过长，否则会产生不利影响，使茎尖不易转绿，叶原基迅速伸长，但生长点并不生长，最后整个茎尖褐变致死。

培养条件一般要求温度(25±2)℃，光照强度前4周1000lx，4周后可增至2000~3000lx，光照时间16h/d。在正常情况下，茎尖颜色逐渐变绿，基部逐渐增大，茎尖逐渐伸长，大约1个月左右就可见明显伸长的小茎，叶原基形成可见的小叶，继而形成幼苗。

小贴士

茎尖脱毒的效果与切取的茎尖大小直接相关，茎尖越小脱毒效果越好，但茎尖越小再生植株的形成也越困难。病毒脱除的情况也与不同种类的病毒有关。如由只带一个叶原基的茎尖培养所产生的植株，可全部脱除马铃薯卷叶病毒，约80%的植株可脱除马铃薯A病毒和Y病毒，约50%的植株可脱除马铃薯X病毒。

(3) 病毒检测　病毒检测是马铃薯茎尖脱毒不可缺少的环节，检测方法有指示植物鉴定法、目测法、抗血清鉴定法及电镜检测法。

1）指示植物鉴定法。常用于马铃薯病毒鉴定的指示植物有苋科植物千日红和藜属植物觅色藜等，其中有产生局部坏死斑的植物，见表6-6，系统发生寄主，见表6-7。采用汁液涂抹方法，取被鉴定植株幼叶1～3g，置于等容积（W/V）的缓冲液（0.1mol/L磷酸钠）中研成匀浆，再在汁液中加入少许600号金刚砂，作为指示植物的磨擦剂，使叶片造成小的伤口，又不破坏表皮细胞。然后用棉球蘸取汁液在指示植物叶面上轻轻涂抹几次进行接种，约5min后用清水冲洗叶面。接种时也可用纱布垫、海绵、塑料刷子及喷枪等来接种。把接种后的植物放在温室或者防虫网内，保温15～25℃，株间与其他植物间都要留一定距离。症状的表现取决于病毒性质和汁液中病毒的数量，一般需要6～8d或几周时间，指示植物即可表现症状。凡是出现枯斑、花叶等病毒症状的茎尖苗为带毒苗，应将相应的试管苗淘汰。

表6-6　马铃薯病毒的局部坏死斑寄主

寄　主	X病毒	S病毒	M病毒	A病毒	Y病毒	奥古巴花叶病毒	纺锤形块茎类病毒
千日红	+	(+)	(+)				
酸浆					+		
地霉松	(+)			+	+	(+)	
毛曼陀罗			+				
灰条藜		+	+				
指尖椒	+					+	
中国莨菪							+
中国枸杞					+		
豇豆		+	+				

注：“+”产生枯死斑点；（+）有时产生枯死斑点。

表6-7　马铃薯病毒的系统发生寄主

病　毒	寄　主	病 状 特 征
X病毒	烟	7d轻重不同花叶和坏斑，因株系而异
	曼陀罗	7d轻重不同花叶和坏死斑，因株系而异，可用于与重花叶病毒分开
S病毒	第布内烟	20d产生明脉和斑驳
纺锤形块茎类病毒	番茄	2～3周植株矮化，分枝直立
A病毒	心叶烟	10d产生明脉，皱缩
X病毒	烟	7～10d产生明脉，脉间花叶
M病毒	番茄	带病无病状，可用于与隐潜花叶病毒分开
卷叶病毒	酸浆	7～10d矮化褪绿，卷叶
奥古巴花叶病毒	心叶烟	12d黄斑花叶

2）目测法。根据脱毒苗和带毒苗在形态、长势上差异来进行鉴定。脱毒苗生长快，叶色浓，叶平展、植株健壮。带毒苗长势弱、叶色淡，叶片上出现花叶和褪绿斑。在培养过程中应时常观察，及时将带病毒症状明显的试管苗去除。

3）抗血清鉴定法。除纺锤形块茎类病毒外，感染马铃薯的病毒都可制成抗血清，不同病毒产生的抗血清都有各自的特异性。

4）电镜检测法。病毒的形状和大小是病毒相当稳定的特征，因此可以通过电子显微镜

直接观测病毒的形状和大小，并进行病毒的鉴定，见表6-8。棒状或线状病毒可直接用病株粗汁液观察；球状病毒不能用粗汁液直接进行观察，因为植物汁液中含有许多球状的正常组分，其大小与病毒相近，所以必须经过提取或提纯后才能鉴定病毒的形态和大小。制片后在电镜下观察，观察病毒的形状并测量病毒颗粒的长度和宽度，以确定病毒种类。

表6-8　部分马铃薯病毒的形态

病　　毒	形　　状	大小/nm	
		长	宽
马铃薯卷叶病毒	球状	23	—
马铃薯A病毒	线状	730	11
马铃薯Y病毒	线状	730	11
马铃薯M病毒	线状	650	1213
马铃薯X病毒	线状	515	13
马铃薯S病毒	线状	650	1213
马铃薯奥古马花叶病毒	线状	580	1112

（4）增殖扩繁　经病毒检测鉴定脱除病毒的苗称为脱毒苗，可采用固体培养基或浅层静止液体培养方法进行增殖扩繁。

在无菌条件下，取脱毒试管苗单节切段，每个茎段带1~2个叶片和腋芽，斜插或平放在固体培养基上，培养基可采用MS+蔗糖3%+琼脂0.6%，培养温度22℃，光照强度1000lx，光照时间16h/d。经20d左右培养可发育成5~10cm高小植株，可再进行切段繁殖。此法速度快，每月可繁殖5~8倍。同时可在瓶内直接诱导微型马铃薯的产生，方法为当植株长到4~5cm时转入MS+香豆素50~100mg/L+蔗糖3%+琼脂0.6%的培养基上，培养温度22℃，在黑暗条件下即可诱导出微型种薯。

将脱毒试管苗多节切段接种在液体培养基上，进行浅层静止液体培养。液体培养基上幼苗生根快，根粗壮，便于移栽，同时省去大量琼脂，降低成本，提高试管苗成活率。培养基可用不加任何激素的MS，培养基中的烟酸、肌醇都可以减去。切段繁殖的速度很快，在温度25~28℃，光照强度3000~4000lx，一般每月能增殖7~8倍。

（5）驯化移栽　马铃薯试管苗生根容易，一般在增殖扩繁过程中就能形成有根苗，所以可以不需再进行生根培养即可移栽。移植前7d，将长有5~7片叶、高3~5cm的试管苗移到温室，在不打开瓶盖或封口膜的状态下炼苗3~5d，温室内白天温度控制在23~27℃，夜间不低于14℃。为防止强光、高温灼伤试管苗，在温室顶上加盖1层黑色遮阳网，在摆放试管苗的苗床或畦内浇上水，维持试管苗周围的湿度。经过炼苗可使试管苗的茎叶变硬，加上光照增强，茎秆变粗，叶片肥厚浓绿，从而提高了试管苗的抗逆性和对环境条件的适应能力。

小贴士

马铃薯的试管苗一般很柔嫩，为了提高移栽成活率，在移栽前可先进行壮苗培养，即在

培养基中加 B_9 或 CCC 10mg/L，温度降至 15～18℃，加强光照到 3000～4000lx，光照时间 16h/d。

移植基质可采用珍珠岩、蛭石按 1∶1 混合拌匀，将消毒后的基质装入育苗盘或苗床中，浇透水。移栽时用镊子将试管苗从瓶内轻轻取出，放于 15℃的清水中洗去基部附着的培养基，再扦插到基质中，撒少量营养土，然后再用细雾水喷浇，使扦插茎段同基质很好的接触，以免使茎段裸露而影响生长。移栽后水分、温度及养分管理应根据气候变化和苗情而定。一般情况下，扦插后最初几天，每天上午喷 1 次水，保持幼苗及基质湿润。但喷水量不能过多，以免造成渍水和地温偏低而影响幼苗生长，甚至引起烂苗。随幼苗生长逐渐减少浇水次数，但每次用水量逐渐加大，在整个幼苗生长期，温室内的相对湿度保持在 85% 以上，气温白天控制在 25～28℃，夜间保持在 15℃以上。当幼苗成活，长出新根，萌发新叶后，可根据苗情适当追肥。

小贴士

切忌暴热时间凉水浇苗，为提高水温，可提前用桶存水于温室中。此外，为保持温室中有较高的湿度，防止幼苗茎皮硬化，将温室内所有空地全都浇上水，以保持温室内较高空气湿度。

小贴士

为了提高脱毒苗的繁殖率，可采用剪芽扦插繁殖方法，即在防蚜虫温室内，将脱毒苗移栽到土壤已消毒的盆钵或苗床中，缓苗后剪去顶芽，以促进腋芽生长，短时间内即可获得十几个扦插枝。将带有 3 个叶片的扦插枝除去最下部的 1 片叶，扦插于经过消毒的基质中，1 周后扦插枝即可生根，又可继续剪取扦插枝繁殖，也可使其产生微型薯。

2. 热处理脱毒

许多研究证明，有些马铃薯病毒很难通过茎尖培养完全脱除，如马铃薯纺锤形块茎类病毒用茎尖培养法很难获得无病毒苗，马铃薯 X 病毒和马铃薯 S 病毒用常规的茎尖培养法脱毒率也仅在 1% 以下。在生产上，马铃薯品种可能同时感染几种病毒，因此仅通过茎尖培养脱除病毒效果可能不理想，而热处理却可大大提高脱毒率。因此，采用热处理与茎尖培养相结合的方法，可取得良好的脱毒效果。

小贴士

连续高温处理，特别是对培养茎尖连续进行高温处理会引起受处理材料的损伤，因此若要消除马铃薯卷叶病毒，采用 40℃（处理 4h）与 20℃（处理 20h）两种温度交替处理，比单用高温处理的效果更好。

热处理方法是将块茎放在暗处，使其萌芽，伸长1～2cm时，用35℃的温度处理1～4周，处理后取尖端5mm接种培养；或发芽接种后再用35℃处理8～18周，然后再取茎尖培养，对于马铃薯X病毒和马铃薯S病毒的脱毒效果较为理想。为彻底脱除马铃薯纺锤块茎病毒，需对植株采用两次热处理，然后再切取茎尖进行培养。第1次是2～14周的热处理，经茎尖培养后，选只有轻微感染的植株再进行2～12周的热处理，经2次热处理后产生的部分植株会完全不带马铃薯纺锤块茎病毒。

3. 微型薯生产

由试管苗生产的重1～30g的微小马铃薯被称为微型薯。作为种薯的微型薯不带病毒，质量高，具有大种薯生长发育的特征特性，能保证马铃薯高产不退化，增产效果一般在40%以上。微型种薯是马铃薯良种繁育的一项改革。许多国家已经在马铃薯良种繁殖体系中采用微型薯生产方法，并且以微型薯的形式作为种质保存和交换的材料。

（1）试管内生产微型薯　试管内生产微型薯要求条件较严格，费用较高，但产品的质量好，整齐度一致，一般只有1～5g。由于在瓶内培养不带病原菌，因此可作为原原种使用，或作为基础研究材料和病毒鉴定的试验材料。

试管内生产微型薯分以下两个步骤：①单茎段扩大繁殖。将脱毒试管苗的茎切段，每个茎段带有1～2个叶片和腋芽，每个三角瓶中接4～5个茎段。培养温度22℃，光照时间16h/d，光照强度1000lx。常采用的培养基有MS+3%蔗糖+0.8%琼脂、MS+2%蔗糖、MS+CCC 50mg/L+6-BA6.0mg/L+0.8%琼脂、MS+50～100mg/L香豆素、MS+3%蔗糖+4%甘露醇+0.8%琼脂等。②微型薯诱导。当茎段扩繁的小植株长至具有3～5片叶时，加入液体培养基MS+6-BA2.0～10mg/L或MS+6-BA2.0～10mg/L+IAA1.0mg/L+CCC 100～500mg/L+蔗糖80～100g/L，放入培养室，遮光黑暗培养，温度（20±2）℃，空气相对湿度50%～60%，自然通风培养。经40～70d后，在植株叶腋处长出微型薯。

微型薯诱导必须在黑暗条件下进行，否则只有植株生长，难以形成小薯。

（2）温室多层架盘工厂化生产微型薯　根据温室高度，采用4～6层育苗架，每层育苗架上放置育苗盘，基质可采用蛭石、珍珠岩或马粪等。将脱毒试管苗以单茎段或双茎段扦插，扦插时以$GA_3$3mg/L+NAA5mg/L浸泡茎段，扦插苗成活率可达98%。然后在人工调控的温度和光照下经60～90d即可收获微型薯。

（3）低网畦生产微型薯　选择背风向阳处，南北向挖长方形畦，深33cm，宽1.2m，长度随栽苗多少而定，如图6-3所示。挖出的表土堆放畦边距离30cm远，防止病毒传播。畦挖好后，施厩肥30～50kg/m^2，深翻20cm，整细耙平。栽苗前半个月，畦内喷800倍液乐果灭蚜，封盖塑料膜，增加畦温。栽苗密度为40～60株/m^2。栽苗后不仅要将地膜重新覆盖，以保温、保湿，而且要在畦上搭拱棚架，封盖另一层塑料薄膜。栽后20d除去地膜进行培土，然后将棚架上的塑料薄膜换成45～50目防虫纱网，经过70～90d即可得到大量1.5～12g的微型薯。

移栽基质中生产微型薯时，当幼苗长至6～8cm高时，为了防治绿薯产生，每隔3～4周培土（蛭石、珍珠岩或细土）1次，厚度为2cm。移栽40d左右，值薯块膨大期，注意控制温度白天25℃，夜晚15～18℃，并追施0.1%～0.3%的磷酸二氢钾2～3次。当植株叶子发黄，薯块直径超过1cm以上时，及时减少浇水，适当控制栽培基质含水量，直至茎叶开始枯黄。

一般移栽苗生长70d后，微型薯长到3g以上时即可开始收获。拔去地上部植株，晾晒1～2d后，挖出薯块，分级处理，置于通风、阴凉处1～2d，吹干表面水分后，即可装入透气的袋子或容器中入库贮藏。

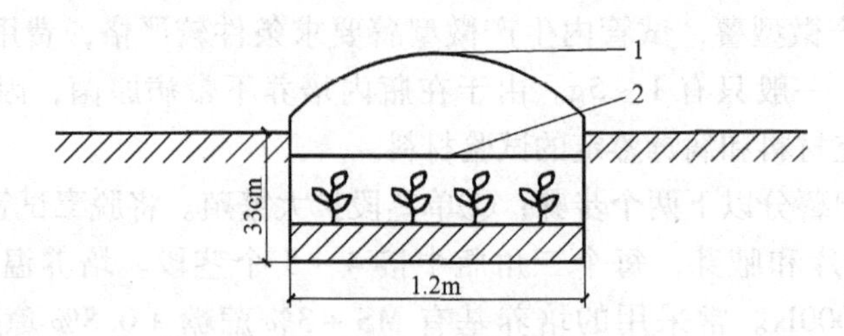

图6-3　低网畦生产微型薯

1—防蚜纱网　2—塑料薄膜

6.4.2　甘薯脱毒与快繁

甘薯（Ipomoea batatas）为旋花科多年生草本植物，又名山芋、红芋、番薯、红薯、白薯、白芋、地瓜、红苕等，茎叶可作蔬菜，块根可作粮食，也是饲料和轻工业的重要原料，用途广泛。我国甘薯种植面积占世界的80%以上，是世界上最大的甘薯生产国。

甘薯是一种采用无性繁殖的杂种优势作物，营养繁殖易导致甘薯病毒蔓延，致使产量和质量降低，种性退化。在引起甘薯品种退化的诸多因素中病毒占主导。病毒病已成为我国甘薯生产的最大障碍之一。

1919年Eusign首先报道甘薯病毒病，其后许多国家也报道了甘薯病毒的危害情况。近年来，这方面的研究已取得较大进展。侵染甘薯的病毒有10多种，主要有甘薯羽状斑驳病毒、甘薯潜隐病毒、甘薯花椰莱花叶病毒、甘薯脉花叶病毒、甘薯轻斑驳病毒、甘薯黄矮病毒、烟草花叶病毒、烟草条纹病毒、黄瓜花叶病毒，此外还有尚未定名的C-2和C-4。甘薯病毒往往呈复合侵染，感病植株叶皱卷、花叶、黄化、羽状斑驳或环斑，地上部分长势弱，结薯少，薯块小，皮色淡，表皮粗糙、龟裂，种性退化，品质和产量降低。甘薯病毒病主要是随营养繁殖体传播，也可由桃蚜、棉蚜等传播。利用甘薯茎尖培养获得脱毒苗可大幅度提高产量和品质，此技术现已在生产上广泛应用。

1. 茎尖培养脱毒

(1) 外植体取材和消毒　选择适宜当地栽培的高产、优质和特殊用途的生长健壮甘薯品种植株作为母株，取枝条，剪去叶片切成带一个腋芽或顶芽的若干个小段，用自来水冲洗

数分钟。在超净工作台上，用70%酒精处理30s，再用0.1%氯化汞消毒10min，无菌水冲洗4~6次，或用2%次氯酸钠溶液消毒5min，无菌水冲洗3次。

（2）茎尖剥离和培养　在无菌条件下，将消毒好的茎段置于解剖镜下，用解剖刀剥去顶芽或腋芽上较大的幼叶，切取0.3~0.5mm，带1~2个叶原基的茎尖分生组织，迅速接种到培养基上。

甘薯茎尖培养可采用MS+IAA0.1~0.2mg/L+6-BA0.1~0.2mg/L+3%蔗糖的培养基，若添加$GA_3$0.05mg/L对茎尖生长和成苗有促进作用。培养基pH 5.8~6.0，培养温度25~28℃，光照强度1500~2000lx，光照时间14h/d。不同品种的茎尖生长情况有差异。一般培养10d茎尖膨大并转绿，培养20d左右茎尖形成2~3mm的小芽点，且在基部逐渐形成黄绿色愈伤组织。此时应将培养物转入无激素的MS培养基上，以阻止愈伤组织的继续生长，促使小芽生长和生根。

小贴士

甘薯茎尖培养时，芽点基部少量的愈伤组织对茎尖生长成苗有促进作用，但愈伤组织的过度生长则对成苗非常不利，而且有明显的抑制作用。

当试管苗长至3~6cm时，将小植株切段进行短枝扦插，除顶芽一般带1片展开叶外，其余全部切成1节1叶的短枝。切下的短枝立即转接于无激素的MS培养基中，培养条件同茎尖培养。2~3d后切段基部即产生不定根，30d左右长成具有6~8片展开叶的试管苗。待试管苗初级快繁到一定数量后，将同株号的试管苗分成三部分，一部分保存，另一部分直接用于病毒鉴定，再一部分移入防虫网室内的无菌基质中培养。茎尖培养产生的试管苗，经过严格病毒检测后，选择已脱毒的试管苗进行扩繁。

2. 病毒检测

甘薯病毒检测方法有目测法、指示植物鉴定法、抗血清鉴定法及电子显微镜检测法。

（1）目测法　甘薯病毒为系统感染，薯苗、薯块均可带毒。薯叶上的主要症状有褪绿斑点、花叶、皱缩、明脉、脉带、紫色斑、紫环斑、枯斑、卷叶等；薯块外表面褐色裂纹、排列成横带状；薯块表面完好，内部薯肉木栓化（经贮藏后发生），剖视薯块可见肉质部有黄褐色斑块。甘薯病毒病症状受病毒种类、甘薯品种类型、生长阶段、环境条件等因素影响而复杂多变，并有隐性症状，根据症状只能作初步诊断，难以确切定性。

（2）指示植物鉴定法　常用指示植物有巴西牵牛，该植物对多种侵染甘薯的病毒敏感，受病毒侵染后叶片上易产生系统性症状。指示植物鉴定检测在防虫网室中进行，可采用两种方法：①汁叶涂抹法。将待测的薯芽汁液接种于巴西牵牛子叶的伤口上，带毒汁液接种培育后新生叶上出现系统性明脉、脉带、褪绿斑点、中脉扭曲、生长受抑制，甚至枯死等。②小叶嫁接法。将要检测的植株单节切段去叶削成楔形作接穗。播种巴西牵牛种子，选具有1~2片真叶幼苗作砧木。在砧苗下胚轴中部切1个斜口，把契形接穗插入，用棉线绑缚扎住。嫁接苗置于25~30℃防虫网室内遮阴保湿2~3d，10d后检查巴西牵牛上部新生叶片上有无出现系统明脉、脉带和褪绿斑等症状。每样本接种3~5株，有1株发病即认为该样本带毒，如果都不发病，应再重复嫁接1次，经两次测定均不发病即断定为无毒苗。

嫁接检测的优点是灵敏度高，某些样本在血清学检测中呈阴性，嫁接检测为阳性；无需抗血清就同时检测多种甘薯病毒，方法简便易行，成本低。缺点是需时间长和不能区分病毒种类。

(3) 血清学检测法　将待检测的茎尖苗叶片制样，用几种病毒的抗血清做琼脂双扩散(SDS)酶联免疫吸附法（ELISA）或斑点结合酶联免疫法（Dot-ELISA）检测，呈阳性反应的为带毒苗。其中 Dot-ELISA 简便易行，成本低廉，适合大量样本的测定。

为了降低生产成本，甘薯脱毒试管苗扩繁过程中培养基可用 1/2MS 甚至 1/4MS 的大量元素，以砂糖代替蔗糖，以自来水代替蒸馏水或无离子水，利用自然光。另外，温度、pH 对甘薯茎尖培养有明显的影响。据试验研究报道，茎尖分生组织在 28~30℃ 产苗率高，长势好；pH 在 4.6~7.0 之间，对茎尖培养容易成苗的品种无明显差异，而对较难培养成苗的品种则以低 pH 时成苗率高。

(4) 电子显微镜检测法　一般可用免疫电镜检测，将覆 Formvar 膜的铜网放于抗血清液滴上孵育 30min（37℃），用铜网 TBS，重蒸馏水冲洗，吸干，负染 3min 后置于电镜下观察；也可用普通电镜检测，将覆膜的铜网扣于检测样品液滴上孵育 5min，用 PBS 冲洗，再在双氧铀液滴上孵育负染 5min，用 PBS 冲洗后置于电镜下观察。

此外，利用现代分子生物学方法，例如核酸斑点杂交法，双链 RNA 分析法、PCR 检测法等也得到广泛的应用。

3. 脱毒苗扩繁和种薯生产

通过病毒检测的脱毒苗继续在试管内进行切段快繁，试管繁殖脱毒苗一般 30~40d 为 1 个繁殖周期，1 个腋芽可长出 5 片以上的叶。待试管苗繁殖到一定数量后，即可在防虫条件下于无菌基质中进行栽培繁殖。在防虫温室或网室内的无病毒土壤上栽种脱毒苗，所结小薯即为原原种薯，育出的薯苗为原原种苗。甘薯剪秧扦插，每 10d 即可剪苗一次，以苗繁苗的方法更有利迅速扩繁。

以原原种（苗）为种植材料，在防虫条件下的无病毒土壤上培育出的薯块即为原种。以原种苗在大田条件下生产所结薯块即为生产用种薯（良种）。种薯生产可分为不同等级，一级种薯的生产要求在隔离的地块上栽培原种，地块四周 500m 范围以内不栽同种植物，并要求注意及时防虫治病。二、三级种薯生产地块要求的条件可适当降低，种薯每种 1 年降 1 级。脱毒种薯、种苗用于生产，增产效果一般可维持 2~3 年，其后就应更换新的脱毒种苗、种薯。

6.4.3　大蒜脱毒与快繁

大蒜（Allium sativum）为百合科葱属多年生草本植物，地下鳞茎分瓣，辛辣，有刺激

性气味，可食用或供调味，也可入药。大蒜是我国目前主要的出口创汇蔬菜，占世界蒜出口贸易量的70%以上，在国际蔬菜贸易中占有重要地位。

大蒜是一种花粉败育型植物，自然条件下不结籽。在生产上通常采用鳞茎繁殖，由于病毒侵染并容易通过蒜种积累和传播，导致品种退化，表现为蒜头小、品质差、产量低，一般减产30~50%，给生产带来巨大损失。目前已发现侵染大蒜的病毒有10多种，其中主要有洋葱黄矮病毒、韭葱黄条斑病毒、青葱潜隐病毒、大蒜潜隐病毒、大蒜花叶病毒、洋葱螨传潜隐病毒等。利用组织培养技术可有效脱除大蒜病毒，明显提高大蒜产量和品质。

1. 大蒜脱毒苗培养

大蒜多种器官可用于组织培养脱毒，如图6-4所示。目前脱除大蒜病毒的方法主要有茎尖培养、花序轴离体培养、茎盘培养、茎盘圆顶培养、体细胞胚发生培养等。

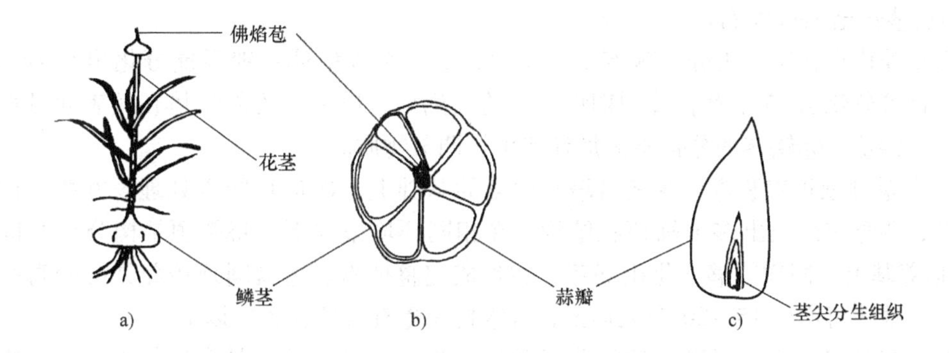

图6-4 大蒜植株和组织器官示意图

a）大蒜植株 b）鳞茎横切面结构 c）蒜瓣纵切面结构

（1）茎尖培养脱毒 将大蒜鳞茎在4℃下贮藏30d左右，以打破休眠。在超净工作台上，将蒜瓣经表面消毒后，在解剖镜下剥取0.3~0.5mm长的带1个或不带叶原基的茎尖（图6-4c），接种到B_5+6-BA1.0~3.0mg/L+NAA0.1~0.5mg/L+蔗糖30g/L+琼脂8g/L的芽分化培养基上。培养温度为（25±1）℃，光照强度1200~2000lx，光照时间12h/d。培养40d后，茎尖伸长形成一个绿色芽点，开始分化，形成侧芽，100d后形成丛生芽。

小贴士

据试验研究报道，茎尖培养结合热处理可提高茎尖脱毒效果，方法是将大蒜幼苗置于30℃、光照16h/d，处理1周后温度升至36℃，2周后在升温至38℃维持2~3周，然后进行茎尖培养，脱毒率可达85%~100%；或将鳞茎在37℃恒温下干热处理4周，脱毒率达84%~100%；以50~52℃热水浸泡鳞茎30min，也可以明显提高脱毒效果。

（2）花序轴离体培养脱毒 多数病毒不能通过分生组织和种子传播，因此采用花序轴离体培养也可达到脱毒的目的，而且花序轴顶端分生组织具有很强的腋芽萌发潜力，培养较为简便，是一种高效培育脱毒大蒜的方法。

当大蒜进入生殖生长期后，于晴天在田间采摘蒜薹（图6-4a）。在超净工作台上，用消

毒后的工具剪取蒜薹总苞段，用70%的酒精浸泡1min，然后用0.1%的氯化汞浸泡12min，无菌水冲洗5~6次后，剥去外层苞叶，横切花序轴顶部，除去花茎部分，留下花序轴接种。花序轴初代培养可采用B_5+6-BA2.0mg/L+NAA0.1mg/L，pH 6.5的培养基，继代培养采用MS+6-BA 2.0mg/L+NAA0.1mg/L+$GA_3$0.05mg/L+蔗糖20g/L，pH 6.2的培养基。大蒜花序轴培养需要较高的pH和较高浓度的细胞分裂素以及一定浓度的GA_3，这与其大量腋芽原基的萌发生长有关。

（3）茎盘培养脱毒　在无菌条件下，将带有茎盘的鳞茎基部切成立方体小块，放入70%酒精中浸泡消毒5min，去掉贮藏叶和营养叶，剩下约1cm厚的茎盘，再将每个茎盘分成4份，接种到LS固体培养基上，置于温度25℃、光照强度3000lx、光照时间16h/d条件下培养。约1周后茎盘外植体表面出现多个圆顶状结构，并长出愈伤组织，2周后分化出绿芽，3周后茎长至1cm左右。

茎盘培养优点在于：①分化效率高，其他方法1个外植体一般只能分化出5~6个芽，而1个茎盘可分化出15个芽；②周期短，大约3周后，以茎盘为外植体在其表面可直接分化出多个小鳞茎；③鳞茎的分化不需加任何生长调节物质。

（4）茎盘圆顶培养脱毒　在茎盘培养脱毒的基础上再次进行脱毒处理，方法是在茎盘培养早期，茎盘表面长出多个圆顶状结构。在相同环境条件下，将圆顶结构分离并接种到LS固体培养基上，同样能够分化出绿芽，并长成完整植株。茎盘圆顶培养具有较高的繁殖率，每个小鳞茎可产生15~20个无毒苗，且维持无毒有效期在3年以上。

（5）体细胞胚胎发生脱毒　体细胞胚胎发生途径繁殖大蒜，具有数量多、速度快、结构完整、遗传性稳定等优点。目前，从大蒜的茎尖、茎尖周围组织、叶原基、幼嫩叶、成熟叶、花梗、花药、根尖、茎盘等几乎所有的组织器官的离体培养都可以获得愈伤组织。在适宜的培养基上可获得体细胞胚和再生植株。

2. 病毒检测

生产上大蒜病毒检测的常用方法有目测法和指示植物鉴定法。

（1）目测法　大蒜病毒病主要表现出花叶、扭曲、矮化、褪绿条斑和叶片开裂等症状。根据这些症状在田间的表现，直接剔除病株。

（2）指示植物鉴定法　鉴定大蒜病毒用的指示植物主要是茄科、藜科、十字花科和百合科等植物，这些植物分别对某种病毒有专一性的反应。采用汁液涂抹法检测，取试管苗幼叶约1g，加入10倍的pH 7.0磷酸缓冲液在研钵中研磨，制取汁液。用500~600目金刚砂撒在藜或蚕豆等指示植物叶片上，轻轻摩擦。再蘸取被测样本汁液分别涂抹于指示植物的叶片上，2周后观察结果。

当病毒浓度较低时，指示植物不能检测出来。而且，由于指示植物的症状表现因病毒株系及气候条件的不同有很大差异。所以，不同地区应筛选适合当地条件的指示植物。另外，指示植物特异性不强，无法有效的检测复合侵染的病毒种类。因此，血清学检测法、电镜检测法等更准确。

其他脱毒鉴定方法还有血清学检测法、电镜检测法等。

3. 大蒜脱毒苗扩繁

大蒜脱毒苗扩繁主要选择丛生芽繁殖和微型鳞茎培养繁殖两种途径。

（1）丛生芽繁殖　在无菌条件下，将经过病毒检测的脱毒丛芽簇块切割成含1～2个芽的小块，接种到增殖培养基中，继代增殖培养。也可将脱毒苗在鳞茎盘上部1cm处切去假茎，再贴近鳞茎盘底部切去木栓化组织（约0.2～0.3mm），将切取的带鳞茎茎盘的苗段接种到增殖培养基上，培养4～6周后每苗段又可得3～6株芽的丛芽簇块，如此重复可获得大量脱毒苗。

由茎尖增殖的芽数因基因型和培养基的激素水平不同而异。据试验研究报道，紫皮蒜的增殖能力较白皮蒜略强，附加6-BA2.0mg/L＋NAA0.5mg/L对芽的增殖效果最好，培养100d的增殖系数紫皮蒜为6.67，白皮蒜为6.25，且增殖的每个芽苗均已生根，形成完整的再生植株，可以免去生根培养的步骤，简化了培养程序。

（2）微型鳞茎培养繁殖　将大蒜脱毒苗在鳞茎盘上部1cm处切去假茎及叶片，再贴近鳞茎盘底部切去木栓化组织（0.2～0.3mm），将切取的带鳞茎茎盘的苗段接种到B_5＋6-BA 0.1～0.5mg/L＋NAA 0.1～1.0mg/L＋蔗糖5%～12%的培养基上。培养温度（23±2）℃，光照强度1000～3000lx，光照时间14～16h/d。培养3～4周后先获得生根幼苗，再培养4～6周，幼苗基部开始膨大，形成微型鳞茎。

4. 驯化移栽

生根试管苗先移栽于珍珠岩或泥炭土中，保湿1周，1个月后再移栽至大田。试管小鳞茎需先打破休眠（4℃低温处理1个月）后，可直接栽入土壤。小鳞茎繁殖系数高，成活率高，是大蒜脱毒苗繁殖的一条新途径。

6.4.4　生姜脱毒与快繁

生姜（Zingiber officinale Roscoe）又名黄姜，为姜科姜属多年生宿根草本植物，根茎肉质，肥厚，有芳香和辛辣味。生姜在我国栽培历史悠久，分布广，是集调味品、加工食品原料、药用、蔬菜为一体的多用途作物。每年大量出口到北美、欧洲和东南亚国家，国内销售量也很大。

生姜在生产上长期采用无性繁殖，容易感染多种病毒病并逐代积累、传播。生姜主要的病毒有烟草花叶病毒、黄瓜花叶病毒，主要表现为叶片出现系统花叶、褪绿、皱缩等，并导致种性逐渐退化，品质变劣，产量下降。利用组织培养技术生产脱毒生姜种苗，已成为防治病毒和提高生姜产量及品质的主要方法。脱毒生姜生长快、长势旺、抗病、耐高温、抗逆境能力显著增强，姜块色泽鲜亮、均匀整齐、辣味浓、品质明显改善，同时能大幅度提高产量，在生产上脱毒姜种比原品种增产50%以上，一般每667m^2产量可达5000kg，增产效益十分显著。

1. 生姜脱毒苗培养

生姜脱毒苗培养可采用茎尖培养和热处理结合茎尖培养方法。

(1) 茎尖培养脱毒　精选快大、肉厚、皮色黄亮、无腐烂和病虫危害的健壮姜块，用自来水冲洗干净，用50%多菌灵800倍液浸泡消毒，然后置于消毒过的河沙中，在(25±2)℃条件下催芽。经2~3周不定芽萌发至1~2cm时，掰下姜芽，剥去易除叶片，用洗衣粉溶液浸泡10min，用自来水冲洗干净。在超净工作台上，用70%酒精消毒30s，无菌水冲洗1~2次。再用0.1%氯化汞溶液消毒20min，无菌水冲洗4~5遍，用无菌滤纸吸干表面水分。

在超净工作台上，将消毒后的材料放在10~40倍的双筒解剖镜下，剥取0.2~0.3mm大小、带1~2个叶原基的茎尖，并迅速接种到MS+KT1.0mg/L+NAA1.0mg/L+蔗糖3%+琼脂0.5%，pH 5.8的培养基上，培养温度(26±2)℃，光照时间12h/d，光照强度4000lx。茎尖培养也可先接种到MS+6-BA2.0mg/L+IAA0.2mg/L的培养基上，在25℃条件下暗培养；愈伤组织形成后再转入MS+6-BA1.0mg/L+IAA0.1mg/L的培养基上，并进行光培养。

待茎尖萌芽长至3~5cm、具有4~5片叶时，从基部留0.5~1cm剪下，留下部分转接到相同培养基上，剪下的茎叶用作病毒检测。

(2) 热处理结合茎尖培养脱毒　将经过消毒处理的姜块置于36~38℃的光照培养箱内培养，持续5~6周，以钝化病毒，待不定芽萌发至1~2cm时，再切取姜芽剥离茎尖培养。也可将切取的姜芽洗净后，经过50℃高温热处理5min，杀死部分病毒，再进行消毒后剥取茎尖培养。

2. 脱毒检测

引起生姜种性退化的主要病毒为黄瓜花叶病毒和烟草花叶病毒。检测方法主要采用目测法、指示植物鉴定法及间接ELISA检测法等。

(1) 目测法　脱毒苗生长快，健壮，叶片平展，叶色浓绿，不带皱纹；而带毒苗生长势弱，叶片卷曲，叶色淡且出现花叶斑纹，褪绿斑点等。

(2) 指示植物鉴定法　用于生姜病毒检测的指示植物有心叶烟、曼陀罗、苋色藜、昆诺藜等。取经脱毒处理的试管苗，剪下茎叶，置于消毒的研钵中，加入10倍的pH 7.0磷酸缓冲液研磨，制取汁液。用500~600目金刚砂轻轻摩擦指示植物叶片，再醮取被测样本汁液分别涂抹于指示植物的叶片上，置于防虫网室或温室内培养，经3~4d观察，发现有系统花叶、局部枯斑、褪绿斑等症状，表明为带毒株，应及时淘汰相应的试管苗；若指示植物上无病毒症状表现，说明相应植株已脱除病毒，可用作脱毒苗繁殖。

(3) 间接ELISA检测法　在对侵染姜的病毒进行系统鉴定的基础上，ELISA间接检测体系对脱毒处理的生姜试管苗及原种进行检测。检测程序如下：包被抗原→加第1抗血清→加测试抗血清→加底物邻苯二胺→用ELISA检测仪(酶标仪)测定相应波长下的光吸收值。阳性判断标准为检测样品(OD/阳性对照OD)≥2。

3. 生姜脱毒苗扩繁

经过病毒鉴定的脱毒苗即可进行大量增殖扩繁。生姜脱毒苗增殖扩繁的途径有丛生芽繁殖和微型姜块培养等方式。

(1) 丛生芽繁殖　将试管丛生苗分割成单株重新接种到新的培养基上进行增殖扩繁。在继代培养中要掌握好培养基中的激素调节，BA和NAA可促进生姜幼芽发生，且具有相互增益效应，但过高或过低浓度的BA及NAA组合对芽的诱导、增殖倍数、生长情况都会有不好影响。在继代的不同阶段采用的激素浓度水平也应不同，前期可用的浓度高些，随着继代次数的增加，激素浓度应适当降低。

（2）微型姜块培养 对生姜试管苗进行根茎诱导，可形成微型姜块。将生姜试管丛生苗接种到 MS + 6-BA0.5 ~ 1.0mg/L + NAA0.5 ~ 1.0mg/L + PPP_{333} 2.5mg/L + 蔗糖 6.0% ~ 10.0% 培养基中，培养温度（26 ±2）℃，光照强度 1500lx，光照时间 12h/d，可见茎基部逐渐膨大形成微型姜块。

4. 生根培养

选择高 3 ~4cm 左右的小苗切下，接种到 1/2MS + NAA 或 IBA 0.2 ~0.5mg/L 的培养基上诱导生根，培养条件与继代培养相同。15d 左右有白色根形成，20d 后即可进行炼苗移栽。微型姜块不需生根即可直接进行移栽。

5. 驯化移栽

选根系发育良好、生长健壮、高约 5cm 的试管苗，先置于室外自然条件下炼苗 5 ~7d，再将瓶盖打开炼苗 2 ~3d，然后取出瓶苗，洗净基部附着的培养基，先植于经过消毒的基质上，基质可选用珍珠岩、蛭石按 1∶1 配合，或珍珠岩、灭菌菜园土、草炭按 1∶2∶1 配合。移栽后及时浇透水，并覆盖塑料薄膜，注意保湿、保温，温度控制在 24 ~28℃，湿度 60% ~ 80% 左右。移栽幼苗 2 周左右即可发出新根，可逐步揭开覆盖薄膜，再过 10d 后可全部揭开覆盖薄膜，一般成活率可达 95% 以上。经过 35 ~50d 培养即可移栽入原种生产田。

小贴士

据试验研究报道，生姜试管苗移栽后，温度和湿度对成活率影响很大。空气相对湿度为 60% ~80% 试管苗成活率较高，低于 60% 则苗尖逐渐干枯，大于 80%，苗基部及叶易产生病害而腐烂。温度 24 ~28℃ 最适宜生姜幼苗的生长。温度过低，幼苗地上部生长受抑制，而根部生长旺盛，易形成肥大的肉质根。肉质根吸收能力差，使幼苗生长缓慢或不生长；温度过高，幼苗根部易受杂菌危害而发生腐烂，导致幼苗死亡。

6. 种姜生产

脱毒姜种可分为 3 代，脱毒试管小苗为原原种苗，先在苗床中育成原种大苗，然后移栽到原种生产田或防蚜虫网室中生产原种。原种栽入大田生产脱毒生姜生产用种，即可上市销售，或继续用于生产脱毒姜生产用种。

6.4.5 无籽西瓜离体快繁

西瓜（Citrullus vulgaris）为葫芦科西瓜属草本植物，原产于非洲，在我国栽培历史悠久，栽培地区也十分广泛。西瓜果实甘甜多汁，清爽解渴，实为盛夏佳果。无籽西瓜是先将二倍体西瓜的染色体数加倍形成同源四倍体，再用同源四倍体作母本与二倍体杂交，从而获得同源三倍体西瓜。人工创造的同源三倍体西瓜高度不育，产生无籽的果实。无籽西瓜含糖量高、品质好，商品价值高。但是，由于三倍体无籽西瓜制种产量低，种子成本高、价格贵，并且三倍体无籽西瓜种子中很多胚芽发育不良，子叶畸形，种皮厚，存在种子发芽率低，成苗率低，前期生长缓慢等现象，影响了在农业生产上的推广和应用。利用组织培养离体快繁技术与嫁接技术相结合，可对优良的三倍体无籽西瓜进行无性繁殖和保存，通过嫁接的无籽西瓜试管苗成活率高、前期生长势旺、抗病力强、提早结瓜、产量高，并能保持原品

种的优良特性，克服了单纯实生苗和试管苗两者的不足。

1. 无籽西瓜离体培养

（1）外植体取材、消毒与接种　取无籽西瓜的种子，用清水浸泡24h。在超净工作台上，用70%酒精消毒1～2min，再用0.1%氯化汞溶液消毒15～20min，无菌水冲洗4～5次，用无菌滤纸吸干表面水分，直接或去掉种壳后接种。也可先将种壳去掉，再用70%酒精消毒30s，0.1%氯化汞溶液消毒6～8min，无菌水冲洗4～5次，用无菌滤纸吸干表面水分后接种。

（2）初代培养　消毒后的种子接种在不添加任何激素的MS或1/2MS培养基中，培养温度30～33℃，先置于自然散射光下培养，待种子发芽后补充光照。当种子长出胚根和子叶后，切取带子叶的顶芽或长1cm左右的顶芽，转接到MS+6-BA0.5～1.0mg/L+IBA0.2～0.5mg/L+蔗糖3%（pH 6.4）的培养基中，培养温度（26±2）℃，光照强度2000～3000lx，光照时间10～12h/d。顶芽生长缓慢，其周围子叶叶腋间的腋芽开始萌动，并且与顶芽一起增殖，培养约20d后即可形成丛生芽。

小贴士

西瓜离体培养芽苗增殖数量与激素种类和浓度有关。据试验研究报道，附加6-BA 0.5mg/L，培养3～4周后，可形成具有5～10个芽的芽丛，继续提高细胞分裂素浓度，虽然能增加芽的数量，但芽苗弱，茎不伸长，难以利用。

（3）继代增殖扩繁　取丛生芽切割成单芽转接到培养基中，经3～4周的培养，又可形成丛生芽，如此反复转接，可长期保持并扩大生长旺盛的无性系。

2. 试管苗嫁接

（1）接穗芽苗伸长培养　一般长度在2cm以上的健壮芽苗作接穗成活率高，长度不足1cm的细嫩芽苗嫁接不易成活。因此，西瓜试管苗在进行嫁接前需要进行伸长培养。方法是嫁接前将芽苗转接到不加激素或添加$GA_3$1.0～2.0mg/L的MS培养基中培养，促进芽苗伸长。

（2）砧木苗培育　选择适宜本地栽培、根系发育良好、抗病性强的瓠瓜、南瓜、冬瓜等瓜类品种作砧，长瓠瓜是西瓜嫁接的理想砧木。砧木种子最好播在营养钵（袋）中，以方便管理。种子播种前用65℃左右热水浸泡烫种，然后用凉水浸泡12h，再置于恒温箱中催芽后播种。出苗前苗床温度保持在25～28℃之间，出苗后苗床温度保持在20～25℃之间。砧木出苗后10～15d，第1片真叶展开后是嫁接的最好时期。

小贴士

据试验研究报道，将无籽西瓜试管苗在试管内生根成苗（生根培养基以1/2MS添加低浓度的NAA、IBA），然后以蛭石为基质进行移栽，无土栽培营养液配方为1000mL自来水中加入硝酸钙500g、硝酸钾800g、硫酸铵250g、磷酸二氢钾250g、硫酸镁200g、硫酸亚铁20g、硫酸锰10g、氯化钠10g，pH 6.0。

无土栽培的试管苗早期不用于嫁接，而是剪取顶芽扦插，扩繁接穗数量，试管苗不断采

芽和萌生新芽，1株能采30个芽左右，提高了试管苗的利用率，并且通过无土栽培的接穗粗壮，嫁接容易成活，嫁接苗生长整齐一致。

（3）嫁接与嫁接苗的管理 常用的嫁接方法有顶插接、劈接或半劈接法。嫁接后立即放置于苗床中，覆盖塑料薄膜，维持相对湿度100%，白天温度20～25℃，夜间15℃以上。一般7～10d，接穗和砧木即可愈合成活。逐渐揭开覆盖薄膜通风、透光，及时除去砧木子叶节萌发的腋芽。一般培养30～40d，待接穗长成5～8片叶，瓜蔓长6～8cm时，在室外炼苗7d左右，即可定植于大田。

实训6-5 番茄离体根培养

● **实训目的**

了解植物根离体培养过程，掌握番茄离体根培养的操作技术。

● **实训要求**

严格无菌操作规范，控制污染。

● **实训准备**

1. 材料与试剂

番茄种子。

70%酒精、7%漂白精液（15片漂白精加100mL水，溶解后取上清液）、3%～10%过氧化氢、0.1%氯化汞、无菌水等。

与White培养基相比，改良培养基降低了大量元素的浓度，但增加了甘氨酸和烟酸的用量，盐酸硫胺素和盐酸吡哆素对离体根的培养作用明显。

2. 培养基

改良培养基，配方见表6-9。

表6-9 番茄离体根培养基成分 （单位：mg/L）

化学物名称	用量	化学物名称	用量
Ca（NO_3）2	143.90	KI	0.38
Na_2SO_4	100.00	$CuSO_4$	0.002
KCl	40.00	MoO_3	0.001
$KH_2PO_4 \cdot 2H_2O$	10.00	甘氨酸	4.00
$MgSO_4 \cdot 7H_2O$	368.00	烟酸	0.75
$MnSO_4 \cdot 4H_2O$	3.35	V_{B1}	0.10
Fe（$C_6H_5O_7$）$\cdot 3H_2O$	2.25	V_{B6}	0.10
$ZnSO_4 \cdot 7H_2O$	1.34	蔗糖	15000
H_3BO_3	0.75	pH	5.2

3. 仪器与用具

超净工作台、高压灭菌锅、接种器械、烧杯、培养皿、酒精灯等。

● **方法及步骤**

1. 种子消毒

挑选饱满、无病斑的番茄种子，先用自来水冲洗。在超净工作台上，用70%酒精表面消毒30s，倒出酒精，再倒入7%的漂白精溶液浸泡消毒10min，或用0.1%氯化汞溶液浸泡消毒5~10min，用玻璃棒搅拌，使其充分消毒，弃去消毒液，用无菌水冲洗5次，沥干备用。

2. 无菌播种

在超净工作台上，用镊子将经消毒的种子播于铺有无菌湿滤纸的培养皿中，置于恒温箱中暗培养2~7d，即可长出无菌胚根。

3. 根尖接种及培养

在超净工作台上，剪取0.3~1cm长的无菌根尖，接种于盛有40mL液体培养基的三角瓶中，使根尖漂浮在液面上，并塞上棉花塞。接种后将培养物置于25℃恒温箱中暗培养。

4. 继代增殖扩繁

番茄离体根培养10~14d后，可以长出许多侧根，此时便可进行继代增殖扩繁。选取生长旺盛，根色鲜白的培养物作为再培养的材料。在无菌条件下剪取侧根和主根的根尖（长0.3~1cm），用钩形接种针钩出根尖，移入新鲜培养液中，进行静置恒温暗培养。如此重复，15d左右继代1次，就可得到从单个根尖培养形成根的繁殖系，并可继代培养数年。

注意事项

● 接种前应提前配制培养基并进行灭菌，接种室及接种器械使用前均进行消毒和灭菌处理。

● 接种过程应严格无菌操作，减少污染。

● **实训指导建议**

让学生充分了解根离体培养的意义和作用。

番茄离体根培养还可选择MS、1/2MS、White培养基，学生分组实训，各组可选择不同的培养液作比较。

● **实训考核**

考核重点是操作规范性、准确性和熟练程度。考核方案见表6-10。

表6-10 番茄离体根培养实训考核方案

考核项目	考核内容及标准		分值
	技能单元	考核标准	
现场操作	实训准备	培养基配制及灭菌、接种室及超净工作台消毒、药品及器械等准备齐全	10分
	种子消毒 无菌播种	取材适当，消毒流程正确，每步操作到位；种子无菌播种操作方法正确	20分

（续）

<table>
<tr><th rowspan="2">考核项目</th><th colspan="2">考核内容及标准</th><th rowspan="2">分　值</th></tr>
<tr><th>技能单元</th><th>考核标准</th></tr>
<tr><td rowspan="3">现场操作</td><td>接种</td><td>材料切割大小适宜，符合标准；无菌操作规范、熟练</td><td>20分</td></tr>
<tr><td>文明、安全操作</td><td>操作文明、安全，器皿和用具摆放有序，场地整洁</td><td>5分</td></tr>
<tr><td>团队协作</td><td>小组成员分工明确、相互协作、积极思考、认真讨论</td><td>5分</td></tr>
<tr><td rowspan="3">结果检查</td><td>产品质量</td><td>能根据培养物生长情况及培养阶段要求及时转接。每次接种5d后统计污染率低于2%</td><td>20分</td></tr>
<tr><td>观察记载</td><td>定期观察，记载详细、准确</td><td>10分</td></tr>
<tr><td>实训报告</td><td>实训报告撰写内容清楚、数据详实、字迹工整</td><td>10分</td></tr>
</table>

实训6-6　大蒜脱毒与快繁

● 实训目的

掌握大蒜热处理结合茎尖培养脱毒与快繁技术。

● 实训要求

严格无菌操作规范，控制污染。

● 实训准备

1. 材料与试剂

大蒜鳞茎。

70%酒精、0.1%氯化汞、10%次氯酸钠、无菌水等。

2. 培养基

B_5 +6-BA1.0～3.0mg/L+NAA0.1～0.5mg/L+蔗糖30g/L+琼脂7g/L，pH 5.8。

3. 仪器与用具

超净工作台、高压灭菌锅、接种器械、烧杯、培养皿、解剖镜、酒精灯等。

● 方法及步骤

1. 大蒜鳞茎破除休眠与热处理

选择生长健壮、无病虫害、具有品种典型性状的大蒜鳞茎，置于4℃冰箱中贮藏30d左右，以打破休眠。然后在37℃下恒温箱中热处理4周，或以50～52℃热水浸泡鳞茎30min。

2. 外植体取材和消毒

将蒜瓣经流水冲洗10min，在超净工作台上，用70%酒精浸泡30s，再用0.1%氯化汞溶液消毒10min，无菌水冲洗5次；或用10%次氯酸钠溶液消毒15min，无菌水冲洗3次。

3. 茎尖剥离与培养

在超净工作台上，将消毒后的蒜瓣置于解剖镜下，剥取0.3～0.5mm长、带1个或不带叶原基的茎尖接种到培养基上。

培养温度为（25±1）℃，光照强度1200～2000lx，光照时间12h/d，空气相对湿度60%以上。

4. 继代增殖扩繁

茎尖培养2～3周即可成苗，当苗长至1～2cm高，可转入继代培养基中增殖扩繁。

5. 病毒检测

采用指示植物鉴定法（汁液涂抹法检测），选择茄科、藜科、十字花科和百合科等植物作指示植物。

取试管苗幼叶约1g，加入10倍的pH 7.0磷酸缓冲液在研钵中研磨，制取汁液。用500～600目金刚砂撒在藜或蚕豆等指示植物叶片上，轻轻摩擦。再醮取被测样本汁液分别涂抹于指示植物的叶片上，2周后观察结果。

注意事项

- 严格按照热处理方案操作，保证处理温度和处理时间。
- 茎尖剥离及接种过程应严格无菌操作，避免污染。
- 适当扩繁茎尖产生的试管苗，并对每个茎尖形成的无性系准确编号，以备病毒检测后能准确淘汰带毒无性系，保留无毒系。

● **实训指导建议**

大蒜多种器官可用于组织培养脱毒，如茎尖培养、花序轴离体培养、茎盘培养、茎盘圆顶培养等，可根据条件选择外植体材料。

大蒜器官离体培养一般采用B_5作为基本培养基，添加不同浓度配比的6-BA和NAA，应提前做好预备试验，根据不同品种、不同外植体材料及不同培养阶段选择适合的激素配比。学生可分组实训，采用不同的激素配比作比较。

● **实训考核**

考核重点是操作规范性、准确性和熟练程度。考核方案见表6-11。

表6-11　大蒜脱毒与快繁实训考核方案

考核项目	考核内容及标准		分值
	技能单元	考核标准	
现场操作	实训准备	培养基配制及灭菌、接种室及超净工作台消毒、药品及器械等准备齐全	10分
	热处理	人工气候箱或恒温箱内温度、光照设置正确。热水浸泡温度适宜	10分
	外植体取材及消毒	取材适当，消毒流程正确，每步操作到位	15分
	茎尖剥离及接种	切取茎尖准确、大小适宜；接种迅速，无菌操作规范、熟练	15分
	文明、安全操作	操作文明、安全，器皿和用具摆放有序，场地整洁	5分
	团队协作	小组成员分工明确、相互协作、积极思考、认真讨论	5分
结果检查	产品质量	材料接种摆布合理，方向正确，深浅适宜，无干枯现象；5d后统计污染率低于10%	20分
	观察记载	定期观察，记载详细、准确	10分
	实训报告	实训报告撰写内容清楚、数据详实、字迹工整	10分

工作任务5 药用植物离体培养

药用植物是指含有生物活性成分，可用于疾病预防和治疗的植物。我国是药用植物资源最丰富的国家之一，也是利用药用植物最早的国家之一。据统计，我国可供药用的植物有5000种以上，其中较常用的有500多种。然而，传统的中草药获取方法是以采集和消耗大量的野生植物资源为代价的，当采集和消耗量超过自然资源的再生能力时，必然会导致物种濒危甚至灭绝。此外，自然生态环境的日益恶化，也进一步导致药用植物资源的匮乏。为了解决药用植物的供需矛盾，人们也采用人工栽培的方法扩大药源。但是，在人工栽培的药用植物中，有不少名贵药材如人参、黄连等生产周期很长，以常规方法育种或育苗繁殖率低，繁殖速度慢。有些药用植物如贝母、番红花等，因繁殖系数小、耗种量大，导致发展速度很慢，生产成本高。还有一些药用植物，如地黄、太子参等，则因病毒危害导致退化，严重影响了产量和品质。

利用组织培养技术一方面可以长期保存药用植物的基因资源，并能快速繁殖名贵、珍稀药材种苗，以满足药用植物人工栽培的需要。另一方面通过愈伤组织和悬浮细胞培养生产生物活性物质（即生物次生代谢产物），从细胞或培养基中直接提取药物有效成分，或通过生物转化、酶促反应生产药物，是实现中药工厂化、标准化生产的重要措施。

6.5.1 人参愈伤组织、细胞培养与离体快繁

人参（Panax ginseng）为五加科人参属多年生草本植物，被誉为“百草之王”，以根入药，具有大补元气、强心固脱、安神生津等功效。人参在我国药用历史悠久，由于长期过度采挖，自然资源枯竭，其赖以生存的森林生态环境遭到严重破坏，现已被列为国家珍稀濒危保护植物。人参在我国东北等地被广泛栽培，但其生长缓慢，一般需5~7年才能收获，并对栽培环境要求较高，而且参地不能连作，需大量毁坏山林，严重影响农林生产。

利用组织和细胞培养等技术，一方面可以快速繁殖种苗，另一方面直接提取培养物中的有效成分，可在人为控制条件下通过工厂化生产获得具有生理活性的生物碱、皂苷类、萜类、甾体类等天然化合物。

1. 人参愈伤组织诱导及培养

人参的主要有效成分是人参皂苷，通过大量繁殖愈伤组织，可直接从中提取。

（1）外植体取材、消毒与接种　人参的根、茎、叶均可作为外植体诱导出愈伤组织，且嫩茎切段愈伤组织诱导频率比根切段更高。取根、嫩茎或叶等外植体材料，用自来水冲洗干净。在超净工作台上，用75%的酒精浸泡表面消毒8~10s，再用2%次氯酸钠溶液浸泡消毒15~20min，无菌水冲洗3~4次，用无菌滤纸吸干材料表面水分。

在无菌条件下，将根切成3~5mm的薄片，嫩茎切成7~16mm的切段，叶片切成3~5mm^2的小块，接种到培养基上。

小贴士

据试验研究报道，如附加10%椰乳的MS、White和修改的FOX三种培养基上的愈伤组

织诱导率均高于White培养基。其中以附加10%椰乳的修改的FOX愈伤组织诱导率最高，SH培养基上愈伤组织的生长速率最快。

(2) 愈伤组织诱导　用于诱导愈伤组织的培养基有多种，常用的为MS和White，大豆粉、棉子饼粉、玉米芽汁、大麦芽汁、椰乳、腐殖酸钠、牛肉提取物等天然补充物单独或相互配合使用，都能促进人参愈伤组织的生长。诱导愈伤组织所用的培养基中还需添加外源激素，主要有2，4-D（0.5~2.0mg/L）和NAA（0.5~1.0mg/L），其效果最为显著。另外多胺类物质也是人参愈伤组织生长的重要因子，其中腐胺与精胺对愈伤组织的生长都起促进作用。愈伤组织形成过程中温度应控制在20~25℃，在（23±1）℃时生长速率最快。光照对愈伤组织生长有抑制作用，应进行暗培养。

人参嫩茎切段接种后4d就开始产生愈伤组织，起初茎切段表面部分呈泡状突起，然后隆起部分的表皮破裂，露出白色带微黄的松散或较坚实透明的糊状细胞团块。一般1个多月后可从母体剥离，转移到新的培养基上继代培养。人参根切片发生愈伤组织的时间比茎切段要晚，多数自形成层区发生，有时也由髓部发生，其形状往往呈马蹄形，色微黄白。一般根切段发生的愈伤组织，需要2~3个月后才能从母体剥离，进行继代培养。

(3) 继代增殖扩繁　愈伤组织继代培养初期，生长甚为缓慢，并且在前半年左右时间内，愈伤组织上经常见到有细小的再生根分化形成。当愈伤组织转移到2，4-D浓度较高的琼脂培养基上培养时，随继代培养时间的延长、转移代数的增多，再分化根的形成逐渐减少，而愈伤组织的生长加快。至1年左右，再分化根在组织块上完全消失，组织生长速度逐渐加快，到2~3年以后达到高峰，并在一定时期内维持在相当高的生长速度水平上。继代培养4年以后，其生长速度有所下降。

愈伤组织一般每月继代1次，在每次继代培养过程中，愈伤组织的生长是不均衡的。愈伤组织从转移后开始培养到细胞增长停止的一个培养周期中，细胞生长呈典型的“S”形曲线，如图6-5所示。如人参愈伤组织45d的培养周期中，延滞期为2d左右，对数生长期为5~20d，此时细胞的有丝分裂活动最旺盛，而在15d时发生最大数量的细胞分裂，细胞体积减小，此时人参组织培养物的生长量为13~14g/(L·d)。在25~28d为直线生长期，是培养物最大量积累时期，组织生物量达350~400g/L，此时细胞分裂活性下降，细胞体积增大，在细胞中观察到皂苷积累。30d生长进入缓慢过程，干物质百分率下降，人参皂苷积累稳定。此后进入静止期，此时细胞生长趋于停止。为了保持培养物的新鲜状态，需在直线生长后期将愈伤组织转移到新的培养基上，而培养物的收获可在缓慢期进行。

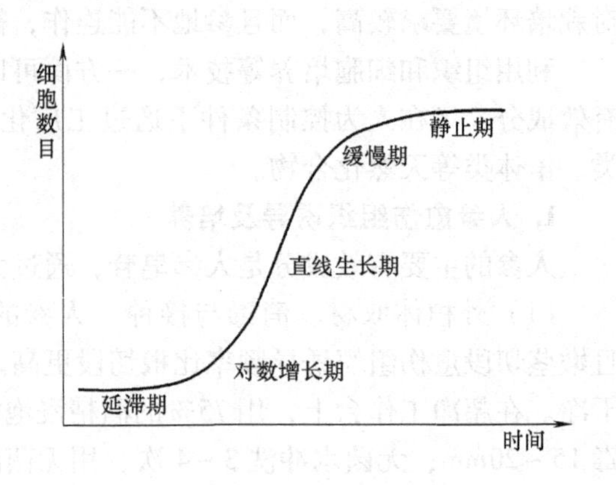

图6-5　细胞生长周期

2. 胚状体及芽和根的诱导

通过胚状体诱导再生植株是人参快速繁殖的较好途径。

(1) 胚状体的诱导　在MS培养基上，人参叶片、茎段和根的愈伤组织上均能诱导出胚

状体，并且经过较长时间的继代，这种胚状体的分化能力仍然能继续保持。由人参愈伤组织诱导形成的胚状体中有许多是畸形的，只有少数正常的胚状体可以发育形成植株，由愈伤组织分化的胚状体多数是具两极性的，即子叶和胚根，与合子胚发育相似。

（2）芽和根的诱导　把正常的胚状体转移到含赤霉素的分化培养基上，在黑暗条件下形成芽和黄化苗，若给予光照则长成正常苗。若不转移到分化培养基上，则不能形成完整植株，某些胚状体还可再度愈伤化。

人参组织培养过程中，根比较容易分化，而芽的分化一般发生在根之后。由人参根、茎、叶外植体诱导的愈伤组织均能分化形成根和芽。继代培养2年多的人参愈伤组织，在含2，4-D 1.5mg/L、盐酸硫胺素和IAA各5.0mg/L的6，7-V琼脂培养基上，分化出再生根和幼芽的疣状物，将这种疣状物转移到添加2，4-D 0.5mg/L和KT 0.2～0.5mg/L的6，7-V琼脂培养基上，光照下培养，这些组织块的颜色部分变紫红，部分转绿色，有些疣状物逐渐增大并形成单一或丛生的再生小苗，有的组织块再生的小苗还带有根。由愈伤组织分化形成的再生小苗一般均较矮小，最大高度为5～6cm，有1片三出复叶、1～2片五出复叶，并且再生小苗其基部附近可形成芽苞并能继续发育增大，经过一段时间的生长，分化出芽和根，逐渐形成完整植株。

小贴士

据试验研究报道，花粉愈伤组织再生植株的细胞组织学观察表明，愈伤组织成苗存在三条不同的途径：①愈伤组织表面形成芽苞，芽从里面破苞而出，形成苗后再诱导生根形成植株；②愈伤组织表面形成胚状体，胚状体直接发育成植株；③愈伤组织表面直接分化出变态苗，小植株转到1/2MS培养基上，能形成完整的具有1片三出复叶或1～2片五出复叶的植株。

3. 人参花药培养

1987年，人参花药培养获得成功。人参花药培养的主要目的是获得单倍体植株，克服常规育种周期长的缺点，加快人参育种。

小贴士

据试验研究报道，花药通过低温（6～9℃）预处理，可以明显提高诱导频率，但处理时间不能太长，若超过12d，诱导频率反而下降。

（1）外植体取材、消毒与接种　不同发育时期的花药，即小孢子四分体期、单核早期、单核中期、单核晚期、双核期的花药，都可诱导出花粉愈伤组织，其中以单核中期的诱导频率最高，花粉愈伤组织的植株再生也是单核中期的诱导频率最高。

将花蕾先浸入70%酒精20s，再浸入5%次氯酸钠中10min，无菌水冲洗4～5次，无菌条件下剥取花药，接种到愈伤组织诱导培养基上。

（2）愈伤组织诱导　在MS、B_5、N_6和改良White等培养基上都具有较高的花粉愈伤组织的诱导频率。培养基中还需要添加2，4-D、IAA、IBA、KT、6-BA、GA_3等外源激素及LH等有机添加物。如在MS+2，4-D1.5mg/L+KT0.5mg/L+LH500mg/L+蔗糖6%或MS+2，4-D 1.5mg/L+6-BA0.5mg/L+IAA1.0mg/L+蔗糖6%的条件下，愈伤组织诱导率很高。愈伤组织诱导培养温度25~28℃，射散光或暗培养。

(3) 器官分化　花药愈伤组织形成25~30d，达2mm左右时，将其转入分化培养基上进行分化培养。分化培养基是在原脱分化培养基中去掉2，4-D，再调节激素的种类与用量，蔗糖的浓度降低为3%。如在MS+KT2.0mg/L+$GA_3$2.0mg/L+IBA0.5mg/L+LH1000mg/L+蔗糖3%的培养基中，分化率为6.8%。在分化培养基上，根的分化率比苗的分化率高，GA_3和CH对绿苗分化有良好作用。器官分化培养温度22~26℃下，光照时间10h/d。

将无根芽段转入1/2MS培养基上，根系生长较快，30d后平均达1cm，即可驯化移栽。

4. 人参细胞悬浮培养

植物细胞悬浮培养是工业化生产的必经步骤，日本在20世纪70年代就开始了人参细胞大规模发酵培养工作，到80年代已筛选出人参皂苷含量高、稳定的高产愈伤组织细胞株。

在人参细胞悬浮培养中，需要解决的主要问题有细胞株的选择、加速细胞生长和提高有效成分含量、有效成分的分离手段等。目前我国和日本学者在这些方面均取得了一定的成果。在细胞悬浮培养中，要获得优良性状的细胞株首先要选择长势较旺盛的愈伤组织，进行单细胞培养，建立单细胞无性系。再通过悬浮培养使这些无性系增殖并获得性状一致的细胞系，最后经化学分析筛选出有效成分高和生长速度快的细胞株。另外，还可利用人工诱变等手段筛选出具有优良性状的细胞株。

(1) 细胞系的选择　选择生长旺盛的愈伤组织接种于液体培养基中，进行悬浮振荡培养，待生长旺盛时，静置0.5h，取上清液（其中含有单个细胞），均匀地植板于培养皿平板上，培养15d左右，选长势旺盛的细胞团，再进行液体振荡培养。如此反复多次，直至选出生长快、性状一致、有效成分含量高的细胞系。

(2) 悬浮培养　人参细胞悬浮培养的方式有摇床培养和发酵罐培养。

1）摇床培养。将人参细胞接种在含液体培养基的三角瓶或圆瓶中，然后在摇床或转床上培养，通过摇床转动使人参细胞得到充足的空气和营养。

2）发酵罐培养。将人参细胞接种在含液体培养基的无菌发酵罐内，通过搅拌和通气，使细胞获得充足的氧气和营养。如图6-6所示，新鲜培养基以恒定流速注入到培养容器中，过量溶液/样品通过1根增粗管A由真空泵C排出，增粗管置于一定高度，保持培养体积B不变，溢出液收集在样品瓶D中，进入空气穿过装满无菌水的瓶子E，变得湿润。

人参愈伤组织在培养液中开始第1代悬浮培养时，最初1周左右变化不大，但培养液颜色较刚接种时为深，基本上仍为暗黄至橙黄色澄清液体；培养10~20d时，培养液中游离的粒状细胞团逐渐增加，培养液颜色稍变浅并呈混浊；3周后，由于细胞培养物生长加速，粒状和直径在0.5cm以下的小块细胞团显著增加，培养液变稠呈淡黄色稀糊状，并有黏附瓶壁现象，或为鲜黄澄清液体充满嫩黄小细胞团块。以后各代细胞培养物的生长情况基本上与第1代相同，只是以后各代培养物接种后恢复期减短，生长提早加速。

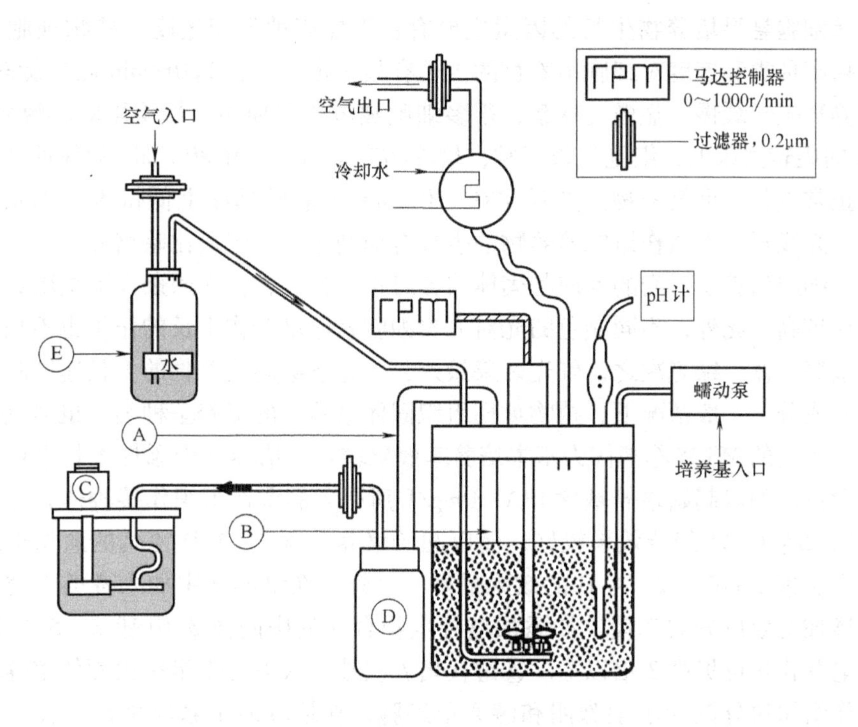

图6-6 发酵罐培养示意图

小贴士

经显微镜观察，人参细胞悬浮培养物为由几个或多数细胞聚集而成的粒状或小块状细胞团，并有或多或少的游离单细胞悬浮在培养液中。培养的人参细胞的体积和形状多种多样，如圆形、葫芦形、肾形、长圆形、不定形的巨型细胞等。

人参细胞培养液的pH在培养过程中先迅速降低然后缓缓回升，后又趋于平稳。合成皂苷高峰在细胞生长对数期稍后出现，皂苷最佳收获期为细胞悬浮培养20～25d。细胞生长和皂苷累积要求有一个稳定而又适宜的pH环境。

小贴士

人参组织培养研究的最终目标是工业化生产人参制剂，而2，4-D对人体有一定的毒害作用（如有对中枢神经的损害中毒现象）。因此，以药用为目标的药用植物培养时，培养基中不可添加2，4-D。

据试验研究发现，培养基中只有维生素B_1是人参细胞生长必需的，而肌醇、烟酸、甘氨酸、维生素B_6对培养中皂苷、多糖含量均无不利影响；细胞培养生产人参寡糖素时可用无离子水和白糖代替重蒸水和蔗糖，降低成本。这些研究均为进一步进行人参细胞的工业化生产打下了良好的基础。

影响人参细胞悬浮培养物生长的因素主要有：①摇床种类和速度。植物细胞悬浮培养时，使用的摇床种类和速度对细胞培养物的生长有很大影响。在220r/min高速旋转摇床上，人参细胞培养物生长缓慢，显微镜观察，很多细胞被击碎和损伤，严重影响其繁殖和生长；在110r/min的旋转摇床上，细胞生长正常，培养物产量高；而在80r/min的往返摇床上，虽然细胞也能正常生长，但培养物的产量比在110r/min的旋转摇床上低得多。②光照。固体静置培养时，光线对人参愈伤组织培养物的生长有抑制作用，产量比暗培养下低。但在悬浮培养时，人参细胞培养物对光的反应与固体培养时正好相反，在光照条件下细胞悬浮培养物生长快，产量较高。此外，不同颜色的光对人参细胞悬浮培养物生长的作用也不相同，其中以白光效果最好，蓝、绿光次之，红光效果最差，红光下细胞培养物的生长速度和黑暗下相近。③培养基成分。一般情况下，植物愈伤组织固体培养时的培养基种类，也适宜于该种植物悬浮培养。改良的MS培养基作为基本培养基效果较好，培养基中添加生长素可提高细胞产量和皂苷含量。如以起始培养基含IBA1.0mg/L所得到的愈伤组织作接种体，做各种生长素试验时，以IBA和KT组合效果较好；而以起始培养基含2，4-D得到的愈伤组织为接种体，做各种生长素试验时，2，4-D的效果最好。另外，在培养液中加入各类生物合成的中间体，也能增加有效成分的产量。如添加皂苷生物合成的中间体3-甲基-3，5-二羟基戊酸和法尼醇，皂苷含量可提高2倍以上。④继代培养次数。人参愈伤组织由固体培养转移到液体培养，愈伤组织块分散为小细胞团和游离单细胞，在培养液中悬浮生长，有一个适应过程。因此，细胞悬浮培养物的生长在不同的继代培养代次中是不同的。第1代悬浮培养时，细胞生长较慢，产量较低，随着转移代数的增多，培养物生长加快，产量逐渐增高；第3代细胞培养物的生长速度和产量虽然都有较明显的提高，但培养物中的皂苷含量却有较大的降低，其原因可能与培养时间较短有关；至第5代培养物生长速度及产量达到高峰，而培养物中皂苷含量除个别情况外，变化不甚明显。

小贴士

人参细胞悬浮培养较固体培养时间短，组织的鲜重和干重以及皂苷含量比固体培养高。目前，工业化生产人参皂苷成本高，如何降低成本、选择优良菌株、建立新型培养技术和新型提取工艺等都是有待进一步研究解决的问题。

5. 人参原生质体培养

1988年，程强等从人参幼茎的愈伤组织中分离原生质体获得成功，并发现进行原生质体培养时，需选用生长旺盛、分散性好的愈伤组织，反复添加新鲜培养液，提供充足的氧气以及注意培养液渗透势和pH的变化。

（1）原生质体提取　将人参幼叶的悬浮培养细胞用混合酶液处理，酶液组成为2%纤维素酶、0.7%果胶酶，用$CaCl_2 6\times10^{-3}$mol/L、$KH_2PO_4 0.7\times10^{-3}$mol/L盐溶液配制，渗透压稳定剂为11%的甘露醇，pH 5.8，酶液用0.45μm的微孔滤膜抽滤灭菌。悬浮培养物与酶液按1:4的比例混合后，于(23±2)℃下黑暗处理12h，酶解后的混合液经过滤、离心及洗涤后，获得供培养用的原生质体。

据试验研究报道，在人参原生质体培养过程中，添加植物激素的作用显著，在含有2，4-D1.0mg/L、KT 0.5mg/L而缺乏NAA的培养基中，原生质体只能形成几个细胞的细胞团，不能形成愈伤组织；而在附加2，4-D1.0mg/L、NAA0.1mg/L、KT0.5mg/L、LH 500mg/L的培养基中，原生质体再生细胞分裂迅速。

（2）原生质体培养 将提取的原生质体培养在含2，4-D1.0mg/L+NAA0.1mg/L+KT 0.5mg/L+LH500mg/L的MS液体培养基中。游离的原生质体培养1d后，大部分开始膨大变形，第3天出现再生细胞的第1次分裂，第4天出现第2次分裂，8d形成小细胞团，15d出现大细胞团，21d形成肉眼可见的小愈伤组织，40d可获得直径0.5~1cm的愈伤组织块。当出现肉眼可见的小愈伤组织块时，转移到相同的琼脂固体培养基上培养，以促进愈伤组织进一步生长。

6. 人参毛状根培养

发根农杆菌是一种能使Ri质粒的T-DNA转进植物细胞，导致细胞转化的常用细菌。通过发根农杆菌侵染人参根愈伤组织，可建立毛状根培养系统。人参毛状根和常规组织培养产生的再生根相比，前者可产生大量分支，并且主根在增长的同时不分化其他组织或器官，而后者无分支，主根易变成淡黄色球状团块。更为重要的是，毛状根的生长不需要外源激素，常规组织培养诱导再生根必需外源激素。对毛状根、愈伤组织、再生根和天然根的生长速度及皂苷含量的比较表明，毛状根生长速度比常规组织培养的再生根快，皂苷含量超过常规组织培养的再生根1倍，皂苷占组织干重的百分比是天然根的2倍。人参毛状根培养成功为生产大量人参皂苷提供了新途径，另外被细菌侵染的愈伤组织具有合成有用次生代谢产物的潜能，是生产次生代谢产物较理想的培养体系，可由它筛选出优良性状的细胞株。

（1）外植体的转化 用于转化的材料可采用培养的人参根愈伤组织或新鲜人参根直接转化。

1）人参根愈伤组织毛状根培养系统的建立。首先用纤维素酶和果胶酶预处理人参根愈伤组织，使愈伤组织细胞形成原生质体。然后将原生质体与发根农杆菌一起培养，使细菌侵染发生。侵染培养28d后，在无激素固体培养基上的愈伤组织块表面有根状物出现，这些根状物进一步长成主根。当主根长到1~2cm时将它们从愈伤组织块上分离下来，放进无激素培养液中悬浮培养，可见培养液中的主根上产生许多不定根，并不断形成分支，即为毛状根。

2）人参根直接转化。取生长健壮的人参，用自来水冲洗干净。在超净工作台上，用70%酒精浸泡表面消毒10s，再用0.1%氯化汞浸泡消毒10min，无菌水冲洗5次。将参根切成0.2~0.3mm厚的薄片，投入发根农杆菌A_4菌液中培养6h，然后接入无激素的MS固体培养基上，置于25℃、黑暗条件下培养。6周后，在根的切面上长出白色发根，将长至1cm左右的发根切下，接于含500mg/L羧苄青霉素的MS培养基上杀菌，5~7d转移一次，直至完全无细菌为止。

（2）Ri质粒转化根的产生与鉴定 Ri质粒T-DNA带有合成生长激素的基因和冠瘿碱

合成酶基因，转化的植物细胞可以产生冠瘿碱并能在不含植物生长激素的培养基上生长，可以根据冠瘿碱的有无和激素自主生长特性筛选转化根。

在转化过程中，需要注意的是：①人参对不同发根农杆菌的敏感性不同，因此要选择适合的发根农杆菌菌株；②外植体中分化程度低的幼嫩组织比分化程度高的成熟组织诱导成功率高，带叶幼茎的诱导成功率明显比其他外植体高；③在转化过程中最好加入一些活化因子（如10%胡萝卜汁），因活化因子能够活化发根农杆菌的致病区，这也是发根农杆菌转化的决定性因素；④Ri质粒转化人参时，对于先形成的愈伤组织及分裂态的细胞更容易整合，可提高外源基因的瞬时表达和转化率；⑤培养过程应在20～23℃黑暗下进行；⑥选择合适的抗生素是保证外植体成活及成功转化的重要因素。因有的抗生素能基本抑制发根农杆菌菌株，且对外植体损伤小，使外植体能成功转化。

6.5.2 银杏愈伤组织及细胞培养

银杏（Ginkgo biloba）又名白果、公孙树，为银杏科银杏属落叶大乔木，银杏是银杏类植物唯一生态的后裔，也是现存种子植物中最古老的一个属，现存银杏目中仅1科1属1种，属国家二级保护的珍稀植物。目前，世界上只有我国浙江天目山、四川和湖北交界处的神农架地区以及河南和安徽邻接的大别山，尚残存少量呈野生和半野生状植株。银杏具有重要的经济价值、科学价值和观赏价值，其所含的黄酮、双黄酮及银杏内酯等对心脑血管疾病具有独特疗效，因此银杏叶提取物及其制剂备受国内外市场的青睐。

银杏属典型的雌雄异株植物，自然繁殖率低，生长速度缓慢。开展银杏组织与细胞培养，利用培养物进行黄酮等生理活性物质的提取生产，是银杏研究与开发中的一个重要方面，具有较大的经济价值。

1. 外植体取材、消毒与接种

银杏的叶、胚轴、茎段均可作为外植体。幼嫩叶片取材方便，营养丰富，带菌少，细胞分化程度低，容易诱导，是最适宜的外植体。取材的季节以早春为最好，如在夏天采集，虽然叶片也很幼嫩，但内部营养积累较少，带菌多，不仅难以进行消毒处理，而且难以培养成功。

先将幼叶在自来水下冲洗干净，在超净工作台上，用70%酒精消毒10～20s，无菌水漂洗1次，转入10%次氯酸钠溶液消毒10～20min或0.1%氯化汞溶液消毒5～6min，无菌水漂洗4～5次，放在无菌滤纸上吸干表面的水分。如果叶片较小，直接接种到培养基上，如果叶片较大，可切成2～4块，再接种到培养基上。接种时要让叶片背面接触培养基，这样有利于愈伤组织的产生。这主要是因为叶片背面有丰富的气孔，靠近背面的叶肉为海绵组织，细胞排列疏松，细胞间隙较大，有利于水分和营养物质较快的进入叶片内部。

2. 愈伤组织诱导与继代增殖扩繁

愈伤组织诱导培养基可选用MS或B_5为基本培养基，附加6-BA1.0～2.0mg/L+NAA2.0～3.0mg/L+LH0.05%。培养基中可适当加聚乙烯吡咯烷酮、抗坏血酸等抗氧化剂，以减少褐变。光照影响愈伤组织的质地和生长，在光照条件下，结构致密，生长较慢，在黑暗条件下，组织疏松，生长较快。愈伤组织在MS+BA0.1mg/L+NAA2.0mg/L+LH0.05%培养基上继代，颜色变为淡黄色，结构变得十分疏松、分散，能长时间保持颗粒状，不易褐变。

3. 愈伤组织的筛选

由于叶片自身生理状况的差异，在同一种培养基上、同一株树上的叶片，其产生的愈伤组织也有所不同。愈伤组织筛选主要观察以下几个方面：①出愈的早晚；②愈伤组织的生长速度，可用称重法或体积法测定；③愈伤组织的质地。一般说来，乳黄色、松散型愈伤组织比较好，在继代培养和细胞培养中能较快变成颗粒状，且不易发生褐变；表面呈瘤状突起或水泡状发亮愈伤组织不易生长，应该丢弃。

还可将已分化形成的愈伤组织进行诱变处理，再通过筛选，以建立质量高、产生黄酮等有效成分高的细胞系或细胞株。

对初筛选的愈伤组织进行分离后再培养作进一步筛选，方法通常可采取两种：①直接把松散型的愈伤组织团块转到的液体培养基中，通过振荡培养就可逐渐将团块分散为单个细胞或小细胞团。再对每瓶的细胞进行连续继代培养，筛选出好的材料进一步增殖扩繁。②先将愈伤组织团块破碎成单个细胞或小细胞团，涂布在固体培养基上培养，随时观察每一个细胞或细胞团的生长情况，筛选出生长速度快、质量好的作为细胞系或细胞株，进一步扩大增殖。

对愈伤组织还需要进一步作黄酮等有效成分含量的分析，以筛选出有效成分含量高、生长快的愈伤组织供下一步培养用。从诱导愈伤组织产生到建立细胞系悬浮培养，是工厂化生产的关键性步骤，只有筛选出好的细胞悬浮系，才有可能进行工厂化生产。

6.5.3　宁夏枸杞离体培养

宁夏枸杞（Lycium Barbarum）别名西枸杞、枸杞、山枸杞，为茄科枸杞属多年生落叶灌木，产于西北的宁夏、甘肃等省区，近年来在浙江也有大面积种植，但仍以宁夏产枸杞久负盛名，畅销国内外。宁夏枸杞果实甘甜，富含多种维生素、氨基酸、甜菜碱、蛋白质等营养成分，有提高人体免疫功能、增强造血机能、降低血糖、抗肿瘤等药理作用。

枸杞是一种“药食同源”的食品，随着其药用保健价值的进一步开发，栽培面积不断扩大，尤其是推广矮化密植生产，种苗需求量很大。枸杞为异花授粉植物，由于长期天然杂交，使现有品种严重退化，如用种子繁殖，其后代往往有严重分离现象，不能保持优良品种特性。通过组织培养进行离体快速繁殖，对加速枸杞育种进程和新育良种的繁育推广，保持优良品种特性，提高单位面积产量和果实等级，开辟了一条新途径。

1. 离体快繁

（1）外植体取材、消毒与接种　选择优良单株的当年生健壮、幼嫩的枝条及顶芽，剪去叶片后用自来水冲洗干净。在超净工作台上，用70%酒精消毒10~20s，再用0.1%氯化汞消毒8~10min，用无菌水冲洗5~6次，最后用无菌滤纸吸干水分。

将枝条切成长0.5~1.0cm，带有1个腋芽的茎段，接种到初代培养基上培养。

（2）初代培养　初代培养诱导腋芽萌发可采用MS+6-BA0.5~1.0m/L+NAA0.1mg/L+蔗糖2%~3%的培养基，培养温度25~28℃，光照时间10~12h/d，光照强度2000~3000lx。

接种后1周左右可见腋芽开始萌动，培养2周后，可见形成绿色丛生芽，随后绿色丛生芽逐渐抽茎长叶，培养1个月左右，株高可达2cm。

(3) 继代增殖扩繁　将初代培养所获得丛生芽切割成小块丛芽，或将其中的较大芽苗分割成单株或切割成带芽茎段接入MS+6-BA0.5m/L+IAA2.0mg/L+蔗糖2%～3%的培养基上继代增殖扩繁。经30～40d培养，每个芽块又可分化出许多丛芽，繁殖系数可达6以上。以后每隔30～40d均可继代繁殖一次，短时间内可繁殖得到大量芽苗。

(4) 生根培养　选择高1.5cm以上的健壮芽苗，从基部切下转接到生根培养基上诱导生根。生根培养基可选择1/2MS+IBA0.1mg/L或1/2MS+IBA0.05mg/L+NAA0.1mg/L，大约1周，幼苗基部可见白色突起产生，2周后长成1cm左右的根，形成完整植株，生根率可达90%以上。

(5) 驯化移栽　宁夏枸杞的试管苗在生根培养基上培养15d，根系生长旺盛，根短粗壮，是移栽的适宜时期。移栽基质可因地制宜选择河沙、蛭石、泥炭等材料，但其中以河沙较好，河沙颗粒大、疏松、透气、渗水，有利移栽试管苗萌发新根，成活率高。移栽前需进行基质消毒，并浇透水，将瓶苗置于温室或塑料大棚中炼苗3～5d。移栽时小心取出瓶苗，洗净根部附着的培养基，然后栽入基质中，浇少量水定根。移栽后及时覆盖塑料薄膜保湿，基质含水量维持在7.5%左右，温室或棚内空气相对湿度初期控制在85%～90%，1周后可降至80%，移栽后2周揭开覆膜两端通风，30d后可完全揭开覆膜。移栽还应适当遮阴，可采用70%的遮阳网搭建荫棚，待试管苗成活后逐渐缩短每天遮阴时间，使之逐渐过渡到自然光照下。通过精细管理，宁夏枸杞的移栽成活率可达90%以上。用营养袋移栽试管苗，再次移至大田定植时可带土移栽，成活率可达90%以上。

2. 离体胚及胚乳培养

倍性育种选育多倍体无籽枸杞是枸杞新品种选育的方向，但是枸杞多倍体杂交种通常败育，通过离体胚及胚乳培养，是解决杂种败育问题的有效途径。

(1) 离体胚培养　张新宁等通过对枸杞四倍体与二倍体杂交种子中幼胚和胚乳的发育形成研究发现，在授粉9～14d期间，杂交幼胚的发育形成基本正常，但胚乳却逐渐消失。在15d之后胚乳完全消失，幼胚也随之死亡。将授粉后12d的幼胚接种在含有6-BA0.5～1.0mg/L和IAA0.5mg/L两种激素的MS培养基上进行离体培养，预先暗培养24h后转入正常培养。幼胚愈伤组织的发生率为40%～80%，愈伤组织转接入加6-BA0.5mg/L和IAA1.0mg/L的培养基上能诱导出完整的三倍体植株。

(2) 胚乳培养　利用胚乳细胞所具有的“全能性”，进行胚乳离体培养诱导三倍体植株，可获得无籽、果大的枸杞新品种。据报道，取开花后20d左右的枸杞胚乳，在附加2,4-D0.2mg/L的MS培养基上诱导愈伤组织，再转移至含6-BA0.2mg/L的MS培养基上分化出苗，小苗转入不加激素的MS培养基促进生根，获得移栽成活不同倍性的胚乳植株，其中胚乳植株三倍体水平细胞占50%以上。同时发现调整培养基中激素配比，如MS+2，4-D1.0mg/L以上，愈伤组织诱导率为4%～8%，MS+2，4-D0.2mg/L诱导率为24%，对于提高愈伤组织的分化频率十分重要。将胚乳愈伤组织转接在MS+6-BA0.2mg/L培养基上，40d后，部分愈伤组织分化出苗，分化率为77%。

另据报道，对枸杞未成熟胚乳进行培养试验，获得几十株植株，其中不同激素配比对枸杞胚乳愈伤组织分化植株能力的影响进行对比，发现NAA和6-BA配合使用，即MS+6-

BA0.5mg/L + NAA0.1mg/L，其愈伤组织分化频率高达85.7%。通过对枸杞胚乳植株的诱导及染色体倍性的观察，发现枸杞胚乳培养获得二倍体、三倍体、四倍体和非整倍体的植株，说明枸杞胚乳培养可以创造大量的无性变异株系。

6.5.4　怀山药离体快繁

怀山药（Dioseorea opposita）又名薯蓣，为薯蓣科薯蓣属的攀缘性草本植物，在我国已有2500年以上的栽培历史，因主产于古代河南省的怀庆府（今温县等地），为当地的地道药材，故俗称“怀山药”、“淮山药”，简称“淮山”，与怀地黄、怀牛膝、怀菊花并称为我国著名的“四大怀药”之一。怀山药主要以块茎和珠芽（中药称为余零子，俗称山药蛋）入药，具有健脾、固精、补肺、益肾的功能，主治肺虚咳嗽、脾虚腹泻、糖尿病、遗精尿频、赤白带下等症。其块茎中含有丰富的淀粉、糖、纤维素等碳水化合物，以及蛋白质和维生素A等多种营养成分。有些热带地区以其为主食，它既能代粮，又可做菜，还可加工制成罐头和酿酒。正因它既具有较高的药用价值和营养价值，又耐运输、贮藏，所以产品畅销国内外，尤其是东南亚一带，在国际市场上享有盛誉。

怀山药繁殖速度慢，长期进行营养繁殖（珠芽繁殖和芦头繁殖），致使品质退化，产量下降。因此，改善品质、提高产量，并使其优良品种迅速推广种植，已成为怀山药生产中亟待解决的一个重要问题。用组织培养技术改良怀山药品种，提高其产量，是怀山药种植业的发展方向。近年来，国内大量开展了怀山药的组织培养研究工作，并成功地建立了怀山药的繁殖体系。

1. 幼苗离体快繁

（1）外植体取材、消毒与接种　在怀山药生长季节取幼嫩茎节段，用自来水冲洗干净。在超净工作台上，用70%酒精浸泡15~20s，再用0.1%氯化汞消毒15min，无菌水冲洗4~6次，将茎节切割成长约0.7~1cm左右的带节茎段，并横放接种到培养基上。

取怀山药幼嫩节间茎段诱导愈伤组织，若培养时间过长（超过30d），愈伤组织老化，会导致不定芽分化能力降低或丧失，应及时转接，用于芽苗诱导培养。

（2）初代培养　适于幼嫩节间茎段诱导愈伤组织的培养基为MS + 6-BA2.0mg/L + NAA2.0mg/L，培养温度24~27℃，光照强度2000lx，光照时间10~14h/d。培养2周后，外植体两端形成白色或淡黄色愈伤组织，培养4周后即可转接，诱导芽苗形成和增殖培养。

（3）继代增殖扩繁　将初代培养形成的愈伤组织转接到MS + 6-BA2.0mg/L + NAA 0.1~0.5mg/L的培养基中，培养条件与愈伤组织诱导基本相同，但空气相对湿度要求较高，以70%~80%为宜。转接1周后可见芽萌发生长，20d左右形成多芽体，35~40d分化出大量的丛生芽。

怀山药试管苗增殖扩繁过程中，为了培育壮苗，应减少细胞分裂素的用量，适当添加

PPP_{333}、CCC 等物质，以避免形成纤细弱苗。

待不定芽长到2cm左右时，从基部切下分成单芽，对较长的苗芽切割成单节茎段转接，继续增殖扩繁。为了培育壮苗，可采用 MS + KT2.0mg/L + NAA0.2 ~ 0.5mg/L + PPP_{333} 0.1mg/L 的培养基。转接培养5 ~7d 后可见芽体有明显的增粗生长和伸长生长，10d 后开始有新的芽体出现，形成丛生芽，每30d可以继代1次。

(4) 生根培养　选取生长至4 ~6cm 长，具有3 ~4 片展开叶的健壮小苗，转接到 MS + NAA0.2 ~0.5mg/L，或 1/2MS + IBA0.5 ~1.0mg/L，或 1/2MS + PPP_{333}2 ~4mg/L 的培养基中诱导生根。接种7 ~10d 后开始长出新根，15 ~20d 后根长约0.5 ~1cm，根系发达，即可驯化移植。

在生根诱导培养基中加入适量活性炭有利于根的生长，但不能加入过多，大量的活性炭会吸附培养基中的营养物质和植物生长调节剂，影响根的诱导和生长。活性炭一般加入量为0.03% ~0.06%。

(5) 驯化移植　选择生长健壮、高6cm左右、已生根的试管苗，打开瓶盖或封口膜炼苗2 ~3d。移栽基质选用珍珠岩或蛭石，移栽前将基质消毒，并浇透水。移栽时小心取出生根试管苗，洗净根系上附着的琼脂培养基，用0.1%多菌灵溶液浸泡2 ~3min 后栽入基质中，浇水定根，并及时覆盖塑料薄膜，保持空气相对湿度85%以上。移栽前7d 每天用小喷雾器喷雾1次，7d 后逐渐去掉覆盖薄膜，20d 后成活率可达90%以上。

2. 微型块茎培养

将无菌试管苗茎段转接入 MS + KT1.0mg + NAA0.2mg/L + PPP_{333}0.1mg/L 的培养基中诱导形成微型块茎。培养温度 (25 ±2)℃，光照时间14h/d，光照强度2000lx，微型块茎可在培养基内的茎节处形成，也可在培养基上的茎节处形成。微型块茎形成初始均为黄绿色、圆球形，长大后变为黄褐色且多生须根，块茎产生率或达100%。约培养160d 左右，可收获微型块茎。微型块茎的形状各异、大小不同，气生微型块茎多为圆球形，培养基内形成的微型块茎多为椭圆形。圆形微型块茎直径一般为4 ~6mm，椭圆形微型块茎一般短轴长8 ~10mm、长轴长15 ~20mm，重量一般为300 ~1000mg。

将收获的微型块茎贮藏在4 ~10℃环境中，6个月后放置在20 ~25℃的环境中催芽，20d 后微型块茎萌芽，一般先向下长根，然后再向上长芽，形成完整植株，即可直接用于大田种植。

6.5.5　石斛离体快繁

石斛属（Dendrobium）植物为兰科附生植物的重要代表，许多种具有重要的药用价值，为传统的名贵中药材，在我国有悠久的应用历史。《中华人民共和国药典》规定石斛的来源有环草石斛、马鞭石斛、黄草石斛、铁皮石斛和金钗石斛。石斛具有滋阴清热、生津益胃、润肺止咳等功效，被誉为“中华九仙草”之首。据《本草纲目》记载，石斛“强阴益精，

久服，厚肠胃，补内绝不足，平胃气长肌肉，益智除惊，轻身延年”。现代药理研究表明，石斛还具有抗肿瘤、抗衰老、增强人体免疫力及扩张血管的作用。

过去我国的石斛药材主要来自野生资源，由于石斛自然繁殖力极弱，生长缓慢，加之人为长期的过量采集，使野生资源已严重枯竭，难以满足日益增长的需求，迫切需要对石斛进行大量繁殖生产。石斛种子自然条件下萌发率低，通常采用营养繁殖。但营养繁殖生产周期长，存活率低，一定时期内提供的种苗量有限。因此，应用组织培养技术快速繁殖石斛，大量提供生产用种苗，是发展石斛生产的有效途径。

1. 石斛胚培养

兰科植物种子的无菌萌发是由美国学者 Kundson 于 1922 年建立的，他首次证明兰花种子可以在无机盐、糖、琼脂所组成的人工培养基上萌发，而无需共生菌的存在。石斛的果实内种子量大，但种子无胚乳，自然条件下常需要某种真菌的帮助才能萌发，因此繁殖率很低，不易发育成植株，通过种子胚离体培养可获得石斛幼苗。

据试验研究报道，种胚发育程度越高，越容易离体培养成苗，胚龄在 45d 以下，萌发率很低，90d 以上有较高的萌发率。

(1) 外植体取材、消毒与接种　取石斛成熟蒴果，在超净工作台上，用 70% 酒精表面消毒 1 ~ 2min，用 5% 次氯酸钠溶液浸泡 8 ~ 10min，无菌水冲洗 4 ~ 6 次，用无菌滤纸吸干表面水分。

在无菌条件下，切开蒴果，将少许微尘状种子倾入三角瓶中，加入无菌水使种子呈悬浮状态，用吸管吸取悬浮液，接种在培养基上，并使种子均匀布满培养基表面。

(2) 胚生长与分化　石斛离体胚培养成苗途径有两种，一是直接诱导种胚形成胚状体后成苗；二是先通过诱导形成愈伤组织，再经过培育原球茎成苗。

据报道，将石斛种胚接种在 $1/2N_6$ + NAA1.0 ~ 2.0mg/L + 3% 蔗糖的培养基上，有 13% ~ 65% 的种胚出现特异的持续分裂，形成葚状或菠萝状胚状体群。再经分离接种在 N_6、MS 等培养基上，很快形成正常的石斛组培苗，若将分离的胚状体继续接种在 $1/2N_6$ + NAA 1.0 ~ 2.0mg/L + 3% 蔗糖的培养基上，胚状体仍保持其分生增殖能力。

另据报道，将黄草石斛种子（种胚）在合适的培养基上，25 ~ 27℃下暗培养，可先诱导出愈伤组织，每月继代 1 次，继代 3 次后可将愈伤组织置于光照条件下培养（光照时间 12h/d，光照强度 1000 ~ 1500lx），愈伤组织逐渐变绿，再继续培养就可形成原球茎。原球茎增殖很快，可作为诱导芽苗形成的材料，原球茎在不含激素的 1/2MS 培养基上，2 个月可再生出完整的小植株。同时，通过切割原球茎继代增殖扩繁，原球茎无性系经长期继代培养仍可保持较强的再生植株能力。

据试验研究报道，石斛种胚离体培养可采用 N_6、MS、SH 等基本培养基，尤以 N_6 为最

好，可提高石斛种胚成苗率，对种胚苗茎增粗生长有利。

石斛种子在无激素的条件下可以正常成苗，但使用激素有一定促进作用，如NAA在0~1.0mg/L范围内随浓度升高，石斛种胚苗的株高增加、茎变粗、叶数和根数增多、鲜重增加，说明适量的NAA对石斛种胚苗生长发育起促进作用，但过高则抑制生长发育。6-BA抑制石斛胚苗生长发育，导致出现畸形苗。另外石斛种子萌发和生长发育的不同阶段，对天然提取物的需求是不同的。原球茎增殖时不需要添加天然提取物，但在原球茎分化阶段，马铃薯提取液有良好的促进作用，香蕉提取液对幼苗的生长是必要的。

2. 石斛营养器官培养

（1）茎尖或茎段培养　金钗石斛的组织培养以茎尖或茎段作为外植体培养效果较好。

1）外植体取材和消毒。外植体取材前2~3周，最好把母株置于温室内培养，不要喷水，以降低污染。选取生长健壮、无病虫害的（金钗石斛）植株，剪取茎尖或新萌发的幼嫩茎段作为外植体。将嫩茎去掉叶片，先用洗洁精或肥皂水轻轻擦洗，自来水冲洗干净。在超净工作台上用70%酒精消毒30s，2%次氯酸钠溶液消毒8min，无菌水冲洗5~6次。

2）茎尖培养。将茎尖接种到MS+6-BA2.0mg/L+NAA0.1mg的培养基上诱导形成愈伤组织。经过4~5周的培养，茎尖外植体即可形成愈伤组织。然后将愈伤组织切下转接到MS+6-BA0.5mg/L+NAA0.05mg/L+腺嘌呤1.0mg/L+椰乳50mg/L的培养基上，使愈伤组织分化形成原球茎，并萌发出丛生不定芽。切割丛生芽转移到MS+6-BA0.5mg/L+NAA0.05mg/L的培养基上继代增殖扩繁。

3）茎段培养。茎段接种时用镊子轻轻将膜质叶鞘剥去，切取带有芽眼的幼嫩茎段（约长1~2cm），接种于MS+6-BA0.5mg/L+NAA0.2mg/L的培养基上诱导芽分化。再将分化形成的丛生芽转接到MS+6-BA3.0mg/L+NAA0.5mg/L的培养基中进行增殖扩繁。

4）生根培养。当继代培养的小苗长到1~2cm高时将其切下，再转移到1/2MS+NAA0.1~0.5mg/L+IBA0.1~0.5mg/L的培养基上诱导生根，经过5~6周培养后，试管苗可达3~4cm，并形成健壮的根系。

小贴士

据试验研究报道，霍山石斛茎段培养时，当IBA用量高于NAA时，有利于诱导出芽；当IBA用量低于NAA时，有利于诱导生根。而MS+IBA1.0mg/L+NAA0.5mg/L或M+IBA0.5mg/L+NAA0.5mg/L培养基是带节间茎段较好的出芽培养基，MS+IBA0.15mg/L+NAA 0.5mg/L是适宜的生根培养基。因此根据IBA与NAA的比例可建立一套适合霍山石斛快繁的改良培养基系统，培养温度25~27℃，光照强度2000lx，光照时间10~12h/d。

茎尖或茎段培养过程所有培养基均添加蔗糖30g/L、琼脂8g/L，调整pH为5.6~5.8，培养温度26~28℃，光照时间10~12h/d，光照强度1500~2000lx。

（2）幼叶或幼根培养　石斛的离体培养还可用叶片和幼根作为外植体。石斛叶片在适宜的培养基上，能从叶脉处诱导愈伤组织，但诱导频率较低。采用石斛苗长0.4~0.6cm的根段，消毒后接种在N_6+NAA0.5mg/L的培养基上，可诱导愈伤组织，并分化形成原球茎

或芽簇。再将形成的原球茎分离，接在 N_6 + NAA1.0mg/L 的培养基上可迅速分化出愈伤组织，并产生胚状体群或芽簇，分离后再转接在不含激素的 N_6 或 MS 上，可培养出大批石斛组培苗。或者将石斛根作为外植体接种在 N_6 + NAA1.0mg/L + 6-BA1.0mg/L 或 N_6 + NAA0.5mg/L + 6-BA0.5mg/L 的培养基上，所形成的胚状体群或芽簇极易分离，转接到无激素 N_6 或 MS 上也能在短期内培养出大批优质石斛组培苗。

3. 石斛试管苗驯化移栽

当试管苗高约3cm，有3～4条1cm左右长的新根时，即可进行移栽。移栽前，打开瓶盖炼苗2～3d。移栽基质可采用蛭石，提前进行消毒处理。移栽时，洗净试管苗根部附着的培养基，用0.1%多菌灵消毒，以防移栽后的石斛苗根部腐烂。移栽后最初几天，将空气湿度保持在85%～95%，遮光率为60%，环境温度控制在18～22℃间。经1～2个月的管理，即可定植于由泥炭、碎木屑按3∶2配成的混合基质中。石斛喜湿润的土壤环境，在管理期间应多喷水。基质中不需加肥，当小苗完全适应外界环境后，可每隔1～2周在其叶面喷施一次1/4MS培养基作为追肥。试管苗在定植后必须先进行遮阴，然后再逐渐增加光照强度，石斛喜温暖，忌低温，最好将环境温度保持在15～25℃。

4. 石斛人工种子生产

铁皮石斛的人工种子是由原球茎经包埋形成的，其生产过程包括种胚原球茎培养和原球茎包埋。

（1）种胚原球茎培养　取铁皮石斛的成熟蒴果经洗洁精洗涤，用75%酒精和5%次氯酸钠消毒，在无菌条件下剥离种胚，置于MS液体培养基中悬浮培养，或接种在添加NAA 0.5mg/L的改良 N_6 固体培养基上，培养温度25℃、2000lx连续光照下培养30d，然后转入添加ABA0.5mg/L的MS培养液中振荡培养（100r/min），每10d更换培养液一次。30d后用6目尼龙网筛选择长、宽为（0.5～1.5）mm×（2.0～3.4）mm的种胚原球茎备用。

（2）原球茎包埋　取黏土100目过筛，蛭石自然风干、粉碎，8目网筛过筛，得0.15～1.00mm蛭石粉。去除黏土与蛭石中的有机质和可溶性盐分。按质量比例2∶1∶2混合黏土、蛭石和MS培养液制成的基质，置人工种胚制成人工种子，萌发率可达56.8%。在固形基质内添加1%活性炭和0.5%淀粉，能显著提高人工种子的萌发率。

6.5.6　贝母离体快繁

贝母（Fritillaria）为百合科贝母属多年生草本植物，在我国有川贝母、浙贝母、平贝母等。贝母以鳞茎入药，为传统名贵中药材，其味苦、性寒，有清热润肺、化痰止咳功效，用于治疗感冒咳嗽、肺热燥咳、干咳少痰等症。

贝母常规繁殖采用鳞茎和种子繁殖，鳞茎繁殖法用种量大且繁殖系数低，一般1个鳞茎只能收1.5～1.6个鳞茎。种子繁殖成苗率低，速度慢，需要5～6年才能发育成商品鳞茎的大小。通过组织培养技术能提高贝母的繁殖速度，扩大繁殖系数，大大缩短鳞茎的形成年限，只要6个月左右的时间就可以得到供做药用的鳞茎，有极大的生产实用价值。目前，贝母离体快繁也已在浙贝母、川贝母、暗紫贝母、平贝母、皖贝母、太白贝母、伊贝母、浓蜜贝母、蒲圻贝母上获得成功。

1. 外植体取材、消毒与接种

贝母开花之前的幼叶、花梗、花蕾及鳞茎均可作外植体，比较适宜的取材时间是每年的春季。取幼叶、花梗、花蕾作外植体，先用70%酒精消毒10~20s，再用饱和漂白粉液消毒15min，用无菌水冲洗2~3次。如果取鳞茎作外植体，先刮去鳞片上的栓皮，用自来水冲洗干净，用70%酒精消毒10~20s，再用0.1%氯化汞消毒10~20min，用无菌水冲洗5~6次。将消毒后的外植体材料用无菌滤纸吸干表面的水分，幼叶、花梗、花蕾切割成2~4cm^2大小，鳞片切割成方5mm^2、厚2mm的小块，一个鳞茎可切成100多块，分别接种于诱导培养基上。

小贴士

取贝母鳞茎作外植体时，为了减轻褐变，可用50~100mL的三角瓶，瓶内放2.5~3cm的滤纸卷，其上面再放一圆形滤纸块作为“载桥”，瓶内装30~40mL的液体培养基，将材料接种到“载桥”上。

2. 愈伤组织诱导与继代增殖扩繁

贝母对基本培养基要求并不十分严格，在MS、N_6、B_5等基本培养基上附加一定的生长调节剂均可产生愈伤组织。在MS+NAA0.5~2.0mg/L+KT1.0mg/L+4%蔗糖或MS+2.4-D0.5~1.0mg/L+KT1.0mg/L+4%蔗糖的诱导培养基上，幼叶、花梗、花蕾接种后10~15d，从外植体切口上陆续出现愈伤组织。鳞茎外植体形成愈伤组织出现较晚，接种后3~4周陆续长出黄绿色的愈伤组织，有时培养2~3个月才陆续出现愈伤组织。可用15%CM代替以上培养基中的KT，NAA浓度低于0.1mg/L时，只有很少量的愈伤组织形成或没有肉眼可见的愈伤组织。培养物置于16~21℃自然散射光下培养。

小贴士

据试验研究报道，取平贝母越冬后的鳞茎外植体培养，愈伤组织诱导率为47%；而取当年采收的鳞茎外植体培养，愈伤组织诱导率为68%。

愈伤组织在MS+NAA0.5~2.0mg/L或2，4-D0.2~2.0mg/L的培养基上可长期继代培养。

3. 鳞茎分化与植株形成

将愈伤组织转移到MS+6-BA0.5~3.0mg/L+IAA0.5~2.0mg/L或MS+KT1.0mg/L+NAA0.5mg/L的培养基上，可分化出白色的小鳞茎。由愈伤组织分化出的小鳞茎和自然状态下生长得到的小鳞茎，在形态上并无明显区别，但人工培养基得到的小鳞茎生长迅速，生长4个月的小鳞茎可达到由种子繁殖得到的2~3年鳞茎大小，再生小鳞茎较大的直径约12mm。

由愈伤组织也可不经鳞茎阶段而直接进行再生芽的诱导。当把愈伤组织转移到MS+BA2.0~3.0mg/L+KT1.0~2.0mg/L+NAA0.5~1.5mg/L+Ad 20~30mg/L芽分化培养基上，培养3~5周后，可见有许多绿色的芽点在愈伤组织表面形成，并陆续分化成芽。

4. 生根培养与驯化移栽

由组织培养再生的小鳞茎，在生长到足够大小时就可以直接从瓶中取出移栽。小鳞茎在高温下因休眠而很难发芽，需置于2~15℃低温黑暗条件下处理2~3周之后，再转入常温

光照下，就可很快从鳞茎上长出小植株。由鳞茎经低温处理打破休眠而萌发的小植株一般生长比较健壮，移入土壤后可以继续生长。

据试验研究报道，采用液体培养基培养，平贝母鳞茎外植体接种到 MS + KT1.0mg/L + NAA0.5mg/L 的培养基上，可直接分化出小鳞茎和芽，或具有完整根的再生植株；在 MS + IBA2.0mg/L 的生根培养基上，再生植株一般可长出 2 ~3 条须根。并且，在液体培养基中每块愈伤组织分化的小鳞茎多达 70 ~80 个，而同样的愈伤组织在固体培养基上分化的小鳞茎一般只有 3 ~5 个，最多为 7 ~8 个。在液体培养基上，根和茎的生长快而且粗壮。

直接从愈伤组织上分化形成芽苗，选取苗高 3cm 以上的壮苗，转接入 1/2MS + IBA 0.1 ~0.2mg/L 的生根培养基中诱导生根，将较小的苗和刚分化形成的芽可转入 MS + 6-BA0.5 ~1.0mg/L + KT0.3 ~1.0mg/L + NAA0.2 ~0.5mg/L 的培养基中进行壮苗培养，然后再转入生根培养基中诱导生根。

将瓶苗置于较强的光照条件下培养，20d 左右便可在每株试管苗的基部形成多条根。再生植株经过炼苗后移栽，成活率可达 95% 以上。

6.5.7 云南重楼离体快繁

重楼为百合科重楼属植物的统称，是多年生草本植物，多生于海拔 600 ~3600m 的林下阴湿处、沟谷边或草丛中，在我国主要分布于云南、四川等地。重楼味苦、性微寒、有小毒，以根茎入药，其活性成分为总皂苷，常用于疮疡肿毒、毒蛇咬伤、乳腺炎、扁桃体炎、小儿惊风抽搐等病症的治疗，是夺命丹、总皂苷片、云南白药、宫血宁以及其他制剂等中成药的重要原料。

云南重楼是国家药典收入的药用重楼原植物种之一。长期以来，人们对重楼的利用一直依靠天然野生资源，由于长期过度掠夺式的采挖，野生重楼遭到了毁灭性的破坏，现已濒临枯竭，人工种植成为解决重楼资源匮乏的必然选择。近几年，许多地方虽已开始重楼的人工栽培，但由于重楼种子在自然状态下需要经过两年时间才能萌发，而且出苗率很低，目前重楼的人工种植主要是采用野生根茎直接种植或根茎切段种植，这需要用大量的原料药，会加剧用种与原料药的矛盾。利用组织培养技术快速繁殖云南重楼种苗，是解决其资源保护和开发利用之间矛盾的有效措施。

1. 外植体取材、消毒与接种

取云南重楼的萌芽，用自来水冲洗干净，去除表层的芽鞘，再用自来水冲洗干净后。在超净工作台上，用75% 酒精消毒 30s，无菌水冲洗 2 次，再用 0.1% 氯化汞消毒 15min，无菌水冲洗 5 ~6 次。将芽外部的芽鞘按层剥下，切成长宽分别为 1cm 左右的小块，芽内部不能分层的部分按切外层芽鞘的大小切成小块，接种到愈伤组织诱导培养基。

2. 愈伤组织诱导

将芽组织切块接种到愈伤组织诱导培养基 MS + 6-BA2.0mg/L + NAA 0.1mg/L + 3% 蔗糖 +0.7% 琼脂，pH 5.8。培养 25d 后，接种切块开始膨大，再过 15d 左右，接种切块的切

口处逐步形成淡黄色、表面粗糙、突起状、质地较坚硬的愈伤组织。

3. 愈伤组织的增殖和分化

将初代培养诱导形成的愈伤组织切块转接到 MS + 6-BA2.0mg/L + NAA0.5mg/L + KT0.5mg/L + 3% 蔗糖 + 0.7% 琼脂，pH 5.8 的培养基上继代增殖扩繁。愈伤组织逐渐开始缓慢增殖，培养 90d 后再转接到新的培养基上，经过约 180d 培养，增殖到直径约 0.5cm 的愈伤组织块由淡黄色逐步变为白色，表面由粗糙突起逐步变为平滑；再过 30d 后，逐步分化形成 1 个芽。分化出的芽转接到增殖培养基中继续培养，生长 150d 左右可展叶形成完整的无根苗。210～240d 为 1 个增殖周期，每个周期可繁殖不定芽 1～2 倍。

4. 生根培养

将继代培养分化出的芽切下，接种于 1/2MS + NAA0.5mg/L + IAA0.5mg/L + 3% 蔗糖 + 0.7% 琼脂的培养基上诱导生根。在培养过程中芽的基部逐步褐化伸长成根茎状，培养 60d 左右，在褐化伸长前端芽的基部可长出 2～3 条根，生根率为 76.3%。

5. 驯化移栽

将根长为 2～3cm 的芽苗取出，洗净基部附着的培养基，移栽于腐殖质土中，置于 18～20℃ 温度下，土壤湿度保持 50%～60%。培养约 180d 左右，芽可生长出土展叶形成完整植株，成活率可达 65%。

6.5.8 库拉索芦荟离体快繁

芦荟（Aloe sp）为百合科芦荟属多年生常绿植物，共有 300 余种，分布于热带和亚热带地区。库拉索芦荟是其中一种，现又名食用芦荟，原产于非洲，叶子肥厚且汁液多。芦荟含有芦荟宁、大黄素、苦素、多糖、皂苷、氨基酸和多种可被利用的微量元素。芦荟叶汁浓缩的干燥物可入药，常用来治烧伤、烫伤、腹泻、便秘等，具有降血糖、解毒、杀菌、抗癌等功效，并具有较高保健美容作用，广泛地应用于医药保健和各种美容化妆品生产中。

人工种植芦荟其市场前景广阔，但芦荟常规繁殖方式速度慢，繁殖系数低，远远不能满足生产需要，利用组织培养技术快速繁殖优良芦荟品种种苗，是发展芦荟生产的有效途径。

1. 外植体取材、消毒与接种

从芦荟的腋芽、茎尖、茎段等不同部位的外植体上均可获得再生植株。在生产上常选择中等偏大，生长健壮无病虫的植株，取其茎段或刚萌发不久的小芽作为外植体。取当年萌发的小植株，用自来水冲洗干净外表的泥土，剥去外部的 3～4 层叶片，切掉基部根系，在洗衣粉水中浸泡几分钟，并不断搅拌，然后用清水冲洗干净。在超净工作台上，在 70% 酒精浸泡消毒 20～30s，再用 0.1% 氯化汞浸泡消毒 15～20min，用无菌水冲洗 5～6 次，再用无菌滤纸吸干材料表面水分，切除两头断面后接种到诱导培养基上。

2. 初代培养

外植体接种到 MS + 6-BA2.0～3.0mg/L + NAA0.1～0.2mg/L + 3% 蔗糖 + 0.7% 琼脂 + 活性炭 0.3% 的诱导培养基中，培养温度 26～28℃，光照时间 10～12h/d，光照强度 1000～2000lx。15d 后茎尖和叶片开始伸长，1 个月后在小苗的基部开始形成芽状小突起，继续培养 1 个月左右，芽状体分化形成丛生状小芽。

3. 继代培养

将从生芽进行分割并继代于 MS + 6-BA1.0～3.0mg/L + NAA0.1～0.2mg/L + 3% 蔗糖 + 0.7%

琼脂的继代培养基中，从芽的基部再长出新的丛生芽。开始增殖时6-BA浓度可适当高些，以保持较高的增殖率。以后随着继代培养次数的增加，逐渐降低其用量。到开始转入生根与维持增殖生产时，BA用量降到1.0~2.0mg/L，每隔1个月转接1次，月增殖率保持在5~6倍即可。

据试验研究报道，用不同浓度PP_{333}处理库拉索芦荟试管苗，其丛生芽萌发数量均有明显增加，且随PP_{333}浓度的增大丛生芽萌发数量也增加，但有效苗率随处理浓度的增加而下降，且对丛生芽生长均有不周的抑制作用。当PP_{333}处理浓度超过0.5mg/L时，有效苗明显下降。因此，在增殖培养基中添加0.1~0.5mg/L的PP_{333}，对库拉索芦荟的丛生芽诱导较为适宜。

4. 生根培养

当试管苗增殖到一定数量后，可将高度达到2~3cm左右的无根小苗切下，接种到1/2MS（或1/3MS）+NAA0.5mg/L（或IBA0.5mg/L）的培养基中诱导生根。培养约15d后开始长根，20d以后长成具有3~5条1cm以上的根系。

5. 驯化移栽

选择苗高3~4cm、根系发育良好的小苗移栽。移栽前将瓶苗移至温室，打开瓶盖炼苗3d，然后将苗取出，洗净根部附着的培养基，用0.1%多菌灵浸根后，移栽到珍珠岩、细河沙按1:1混合的基质中，及时覆盖塑料薄膜，保持温度20~25℃，空气相对湿度85%，但也要防止水分过多造成烂根。移栽初期幼苗有转红现象，经20d左右过渡，植株恢复生长，叶片逐渐转绿，并抽发新叶。

据试验研究报道，在1/3MS+IBA 0.5mg/L的培养基中添加PP_{333}0.5mg/L，诱导库拉索芦荟试管苗生根效果最好，不仅生根率高，根多，而且叶色浓绿，苗粗，长势旺盛，移栽成活率高，幼苗长势健壮。

实训6-7 人参愈伤组织的诱导与培养

● **实训目的**

掌握植物愈伤组织的诱导和培养操作技术。

● **实训要求**

严格无菌操作规范，控制污染。

● **实训准备**

1. 材料与试剂

人参试管苗或人参植株。

75%酒精、0.1%氯化汞、无菌水、MS培养基各种母液、植物生长调节剂母液、蔗糖、琼脂等。

2. 培养基

愈伤组织诱导培养基：MS + 2，4-D0.5 ~ 2.0mg/L + NAA0.5 ~ 1.0mg/L + 10% 椰乳（或大豆粉、棉子饼粉、玉米芽汁、大麦芽汁等）+ 3% 蔗糖 + 0.7% 琼脂。

3. 仪器与用具

超净工作台、高压蒸汽灭菌锅、蒸馏水器、酒精灯、接种刀、剪刀、镊子、三角瓶、培养皿、烧杯、移液管、量筒、玻璃记号笔、解剖刀、无菌滤纸等。

● **方法及步骤**

1. 外植体取材和消毒

取人参根、嫩茎或叶等外植体材料，用自来水冲洗干净。在超净工作台上，用 75% 的酒精浸泡表面消毒 8 ~ 10s，再用 2% 次氯酸钠溶液浸泡 15 ~ 20min，无菌水冲洗 3 ~ 4 次，用无菌滤纸吸干材料表面水分。取人参试管苗直接切取根、嫩茎或叶等材料接种。

2. 接种

在无菌条件下，将根切成 3 ~ 5mm 的薄片，嫩茎切成 7 ~ 16mm 的切段，叶片切成 3 ~ 5mm^2 的小块，接种到装有愈伤组织诱导培养基的培养皿（或三角瓶）上，每皿接 3 ~ 4 块材料，封口后贴上标签，注明接种时间、培养基名称及材料名称。

3. 愈伤组织诱导

将接种的培养物置于 23℃ 恒温箱中或培养室内进行暗培养。每隔 2 ~ 5d 观察、记录外植体形成愈伤组织的情况，包括出现愈伤组织前后外植体的形态变化、愈伤组织出现的时间及愈伤组织颜色、质地和色泽等形态特征及生长动态。

$$诱导率 = \frac{形成愈伤组织的材料数}{总接种材料数} \times 100\%$$

4. 愈伤组织继代增殖扩繁

将诱导形成的愈伤组织从外植体上分离，转接到新鲜培养基上，愈伤组织一般每月继代 1 次。定期观察、记录愈伤组织生长情况。

注意事项

● 取人参根、茎、叶不同外植体材料愈伤组织诱导形成时间及生长量表现不同，应定期观察，作好记录，以比较试验结果。

● 愈伤组织在每次继代培养过程中，其生长量是不均衡的，注意观察、记录。

● 注意观察外植体材料污染情况，并分析污染产生的原因。

● 严格无菌操作，避免人为污染。

● **实训指导建议**

指导学生查阅相关资料，了解药用植物愈伤组织、细胞培养及次生代谢产物的生产应用情况。各校可根据条件选择不同植物作实训材料，建议选择一些草本双子叶植物，如烟草、丹参、西洋参、红花等。不同植物、不同外植体材料其愈伤组织诱导及培养对培养基成分有不同要求，应认真作好预备试验，筛选合适的培养基，尤其是植物生长调节剂配比。

● **实训考核**

考核重点是操作规范性、准确性和熟练程度。考核方案见表 6-12。

表6-12　人参愈伤组织的诱导和培养实训考核方案

考核项目	考核内容及标准		分　值
	技能单元	考核标准	
现场操作	实训准备	培养基配制及灭菌、接种室及超净工作台消毒、药品及器械等准备齐全	10分
	外植体取材及消毒	取材适当，消毒流程正确，每步操作到位	20分
	接种	材料切取准确、大小适宜，无菌操作规范、熟练	20分
	文明、安全操作	操作文明、安全，器皿和用具摆放有序，场地整洁	5分
	团队协作	小组成员分工明确、相互协作、积极思考、认真讨论	5分
结果检查	产品质量	材料接种摆布合理，标注清晰，每次接种5d后统计污染率低于10%	20分
	观察记载	定期观察，记载详细、准确	10分
	实训报告	实训报告撰写内容清楚、数据详实、字迹工整	10分

实训6-8　人参悬浮细胞系建立

● **实训目的**

了解和掌握植物植物细胞悬浮培养的原理和操作技术。

● **实训要求**

严格无菌操作规范，控制污染。

● **实训准备**

1. 材料与试剂

人参愈伤组织。

MS培养基各种母液、植物生长调节剂母液、蔗糖、无菌水等。

2. 培养基

培养基：MS+2，4-D1.0mg/L+NAA0.5mg/L+3%蔗糖。

3. 仪器与用具

超净工作台、高压蒸汽灭菌锅、恒温振荡器（摇床）、蒸馏水器、酒精灯、接种铲、剪刀、镊子、三角瓶、烧杯、移液管、量筒、玻璃记号笔、解剖刀、无菌滤纸等。

● **方法及步骤**

1. 愈伤组织继代驯化培养

从人参根、茎、叶等外植体诱导形成愈伤组织，然后将愈伤组织从外植体上分离出来，反复继代，进行驯化培养，获得生长迅速、新鲜细嫩、颗粒小、疏松易碎、外观湿润、均匀一致、白色或淡黄色的愈伤组织。人参愈伤组织一般在置于23℃恒温箱中或培养室内进行暗培养，每30d继代1次。

2. 愈伤组织转接

取处于旺盛生长期的愈伤组织接种，悬浮培养采用的液体培养基成分一般与愈伤组织诱导培养基成分相同，但不加琼脂。在100mL的三角瓶中加入25~30mL液体培养基，每瓶接种约2g疏松易碎的愈伤组织，在液体培养基中用接种铲（或镊子）将愈伤组织捣碎，将三角瓶封口，贴上标签，注明接种时间、培养基名称及材料名称。

3. 细胞悬浮培养

将接种好的材料置于摇床上进行振荡培养，培养温度23℃，转速110r/min，暗培养。每隔14d可继代培养1次。继代转接时，先将培养瓶静置一段时间，大的细胞团就会沉于瓶子底部，吸取中部的细胞悬浮液转入装有新鲜培养基的三角瓶中，培养基体积为2~4倍。

观察、记录细胞悬浮液培养变化情况，包括细胞悬浮液颜色变化等特征，还可进行细胞生长量的测定。

注意事项

● 作为悬浮培养的接种材料应该是处于旺盛生长期的愈伤组织。因此，需要对愈伤组织进行多次反复继代培养。

● 液体培养基用量一般为三角瓶体积的1/4~1/3，切忌装得太满，否则会影响振荡培养效果。

● 严格无菌操作，避免人为污染。

● **实训指导建议**

各校可根据条件选择不同植物的愈伤组织作实训材料，并作好预备试验，筛选合适的培养基，尤其是植物生长调节剂配比。作为悬浮培养的接种材料应该是处于旺盛生长期的愈伤组织，需要提前对愈伤组织进行多次反复继代培养。

指导学生比较在液体培养基中进行的细胞悬浮培养和在固体培养基中进行的愈伤组织培养有何异同。

● **实训考核**

考核重点是操作规范性、准确性和熟练程度。考核方案见表6-13。

表6-13 人参悬浮细胞系建立实训考核方案

考核项目	考核内容及标准		分值
	技能单元	考核标准	
现场操作	实训准备	培养基配制及灭菌、接种室及超净工作台消毒、药品及器械等准备齐全	10分
	愈伤组织取材	选材合理，取量适当	20分
	接种	愈伤组织捣碎操作正确，接种量合适。悬浮细胞液抽取操作正确，取量适宜。转接无菌操作规范、熟练	20分
	文明、安全操作	操作文明、安全，器皿和用具摆放有序，场地整洁	5分
	团队协作	小组成员分工明确、相互协作、积极思考、认真讨论	5分
结果检查	产品质量	培养瓶标注清晰，每次接种5d后统计无污染	20分
	观察记载	定期观察，记载详细、准确	10分
	实训报告	实训报告撰写内容清楚、数据详实、字迹工整	10分

实训6-9 人参皂苷的含量分析与分离纯化

● **实训目的**

学习和掌握植物次生代谢产物提取、分离纯化与分析的原理与方法。

● **实训要求**

了解人参皂苷分离、纯化及含量分析原理及操作基本流程。

● **实训准备**

1. 材料与试剂

人参悬浮细胞系。

大孔吸附树脂、乙醇、甲醇、石油醚（60～90℃）、氯仿、高氯酸、香草醛、冰醋酸、人参二醇单体、各种人参皂苷标准品、人参总皂苷。

2. 仪器与用具

摇床、三角瓶、烘箱、旋转薄膜蒸发仪、高效液相色谱仪、紫外-可见分光光度计、分液漏斗、正相硅胶层析仪、反相硅胶层析仪、薄层层析硅胶板、层析缸等。

● **方法及步骤**

1. 细胞培养物的准备

通过细胞悬浮培养（摇床培养或生物反应器培养），获得人参鲜细胞。将人参鲜细胞进行冰冻干燥，称重 W_1。

2. 粗提物的制备

将冰冻干燥的人参细胞碾碎，用甲醇回流提取，甲醇滤液浓缩后，得甲醇提取物，称重 W_2。

3. 萃取分离

将甲醇提取物用热水混悬，用石油醚（60～90℃）萃取，去除极性弱的成分。

4. 纯化浓缩

水层部分过大孔吸附树脂（D101）柱，先用水冲洗，然后用30%乙醇冲洗，最后用80%乙醇冲洗，将80%乙醇冲洗部分浓缩，称重 W_3。

5. 分光光度计比色分析

采用香草醛-高氯酸反应，在560nm处进行分光光度计比色，即可测定 W_3 中的总皂苷含量，通过 W_1、W_2 和 W_3 之间的关系，可求出人参细胞中总皂苷的含量。

6. 提取物中单一皂苷含量分析

采用薄层层析（TLC），并与标准品对照，即可定性了解提取物单一皂苷成分，也可以采用高效液相色谱（HPLC），分析单一皂苷成分含量。

7. 单一皂苷成分的分离

通过反复的硅胶柱层析（包括正相和反相硅胶），葡萄糖凝胶柱层析，即可获得单一的皂苷成分，还可以通过波谱解析和化合物的理化性质，进一步解析化合物结构。

● **实训指导建议**

植物培养物次生代谢产物的含量分析与分离纯化对试验仪器设备及试剂要求较高，各校可根据条件选择植物细胞系，并根据所含化合物的结构和性质，确定合适的提取、分离、纯化和分析方案，并选择其中部分或全部项目进行实训。

● **实训考核**

考核重点是对植物次生代谢产物提取、分离纯化与分析原理的理解和能否正确叙述操作方法及流程。

知识链接

植物生物反应器

传统的植物活性成分提取加工方法受到植物分布区域的限制和季节、气候、病虫灾害等因素的影响，并且占地面积大，生产周期长，生产成本高。采用植物细胞培养生产次生代谢产物，特别是一些价格高、产量低、需求量大的药物、香料、食品添加剂、色素等天然化合物，是现代生物技术研究和应用的重要方向。

植物细胞培养生产天然产物的最终目标是要实现工业化生产，从而获得预期的巨大经济效益。显然，仅靠摇瓶试验装置或中试装置是无法实现上述目标的，必须设计工业化大规模的生产装置，即设计工业化反应器。通过研发植物细胞生物反应工艺和工业化生产大规模反应设备，以提高植物细胞培养生产次生代谢产物的产量和质量，降低其生产成本。

目前，植物细胞生物反应器依据其结构的不同主要有机械搅拌式反应器、气升式反应器、鼓泡式反应器、填充床式反应器、流化床式反应器、中空纤维反应器，如图 6-7 所示。不同的反应

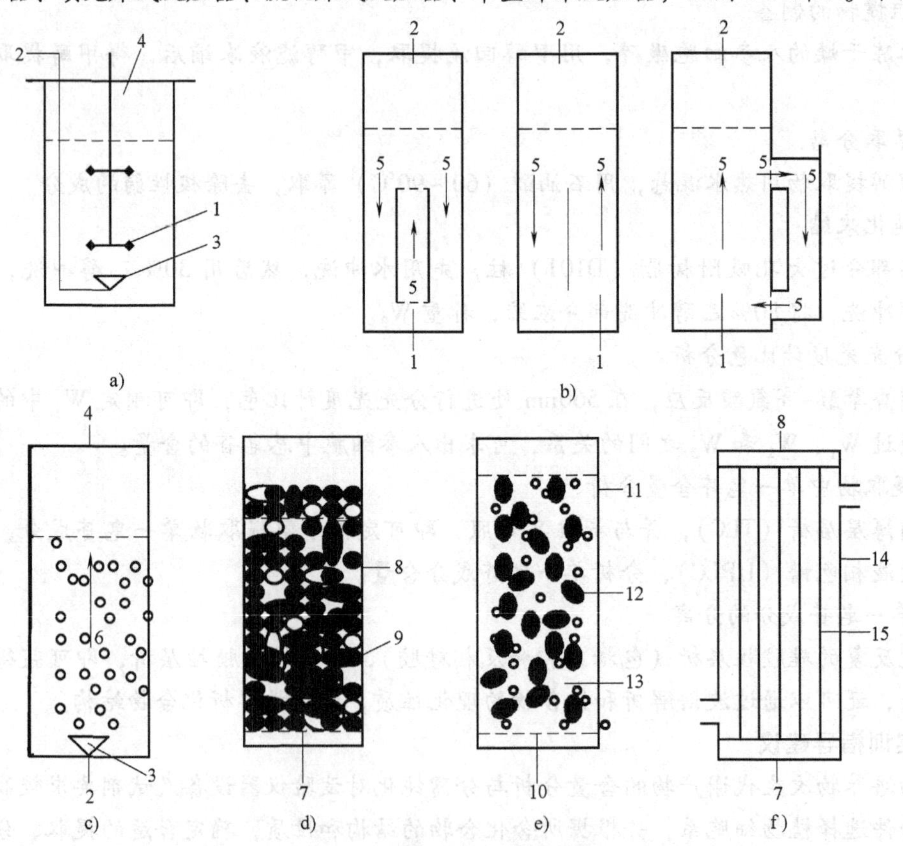

图 6-7　植物生物反应器示意图

a）机械搅拌式反应器　b）气升式反应器　c）鼓泡式反应器　d）填充床式反应器

e）流化床式反应器　f）中空纤维反应器

1—搅拌器　2—进气口　3—空气分布器　4—出气口　5—气流循环方向　6—气流方向　7—进液口　8—排液口　9—固定化细胞　10—流体进口　11—液体出口　12—细胞团或固定化细胞　13—气泡　14—外壳　15—中空纤维

器有不同的特点，在实际应用时，需要根据植物细胞或器官的种类种特性的不同进行设计和选择。

知识小结

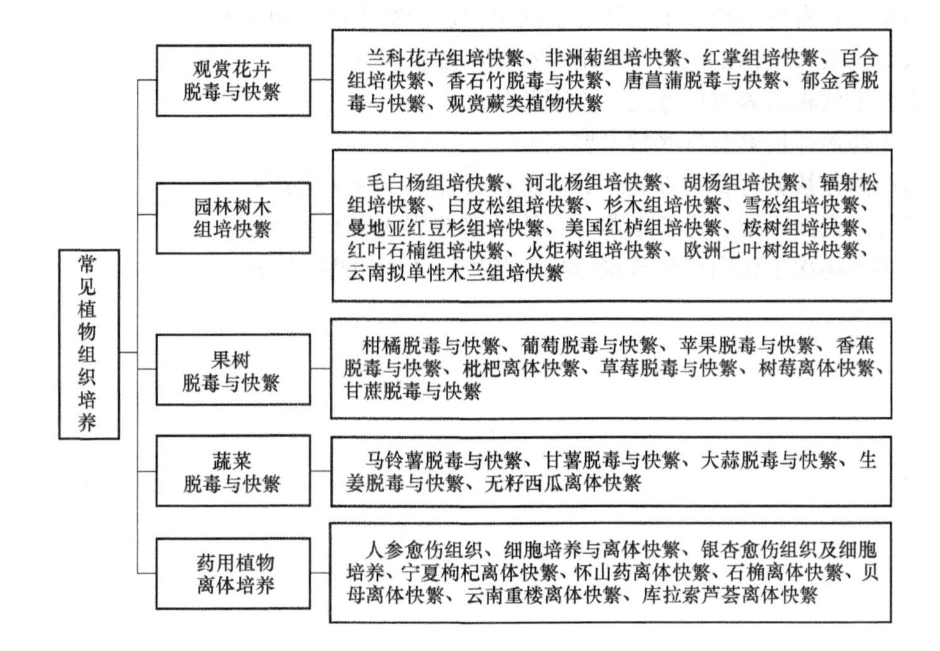

复习思考题

1. 兰科花卉组织培养成苗途径有哪些？影响兰科花卉组织培养的主要因素有哪些？
2. 非洲菊组织培养如何选择外植体？
3. 红掌、唐菖蒲、百合、郁金香组培快繁有哪些技术要点？
4. 如何进行香石竹脱毒及快繁？
5. 蕨类植物组织培养有哪些特点？
6. 杨柳科植物组培快繁有哪些技术要点？
7. 针叶树组培快繁有哪些特点？
8. 红叶石楠组培快繁有哪些技术要点？
9. 云南拟单性木兰组培快繁有哪些特点？
10. 柑橘脱毒方法有哪些？各有什么特点？
11. 柑橘微茎尖嫁接有哪些方法？有哪些操作技术要点？
12. 葡萄、苹果、枇杷脱毒与快繁有哪些技术要点？
13. 草莓、树莓离体快繁有哪些技术要点？

14. 甘蔗热处理结合茎尖培养脱毒有哪些技术要点？
15. 如何进行马铃薯脱毒微型薯生产？
16. 如何进行甘薯脱毒苗扩繁及种薯生产？
17. 大蒜脱毒方法有哪些？如何进行大蒜脱毒苗的扩繁？
18. 生姜脱毒方法有哪些？如何进行生姜脱毒苗的扩繁及种姜生产？
19. 无籽西瓜离体培养有何生产意义？有哪些技术要点？
20. 药用植物愈伤组织、细胞培养及次生代谢产物生产有何意义？
21. 人参、银杏愈伤组织及细胞培养有哪些技术要点？
22. 人参毛状根培养有何意义？有哪些技术要点？
23. 怀山药离体快繁有哪些技术要点？
24. 石斛离体快繁有哪些方法？如何进行石斛人工种子生产？
25. 贝母、云南重楼、库拉索芦荟离体快繁有哪些技术要点？
26. 简述植物次生代谢产物含量分析与分离纯化的原理及方法。

附　　录

附录A　植物组织培养常见缩写词

缩　写	中文词义	缩　写	中文词义
A；Ad；Ade	腺嘌呤	m	米
ABA	脱落酸	mg	毫克
AC；Ac	活性炭	μm	微米
BA；BAP；6-BA	6-苄基腺嘌呤	min	分钟
CCC	矮壮素	mL	毫升
CH	水解酪蛋白	mm	毫米
CM	椰子乳；椰子汁	mol	摩尔
cm	厘米	NAA	萘乙酸
2，4-D	2，4-二氯苯氧乙酸	NOA	萘氧乙酸
d	天	PCR	聚合酶链式反应
DMSO	二甲基亚砜	PEG	聚乙烯乙二醇
DNA	脱氧核糖核酸	pH	酸碱度
EDTA	乙二胺四乙酸	PVP	聚乙烯吡咯烷酮
ELISA	酶联免疫吸附法	RNA	核糖核酸
FDA	荧光素双醋酸酯	r/min；rpm	每分钟转数
g	克	s	秒
GA；GA_3	赤霉素	TDZ	噻重氮苯基脲
h	小时	UV	紫外光
IAA	吲哚乙酸	VB_1	盐酸硫胺素
IBA	吲哚丁酸	VB_3	烟酸
2-iP	2-异戊烯腺嘌呤	VB_5	泛酸
kg	千克	VB_6	盐酸吡哆醇
KT	激动素	Vc	抗坏血酸
L	升	V_H	生物素
LH	水解乳蛋白	YE	酵母提取物
lx	勒克斯（照度单位）	Zt；ZEA	玉米素

附录B 植物组织培养常用基本培养基配方

（单位：mg/L）

化学物质 \ 培养基		MS (1962)	B_5 (1968)	N_6 (1975)	Nitsh (1972)	LS (1965)	Miller (1967)	SH (1972)	White (1963)	VW (1949)
无机物质	NH_4NO_3	1650	—	—	720	1650	1000	—	—	—
	KNO_3	1900	2500	2830	950	1900	1000	2500	80	525
	$(NH_4)_2SO_4$	—	134	463	—	—	—	—	—	500
	$CaCl_2 \cdot 2H_2O$	440	150	166	166	440	—	200	—	—
	$CaNO_3 \cdot 4H_2O$	—	—	—	—	—	347	—	300	—
	$MgSO_4 \cdot 7H_2O$	370	250	185	185	370	35	400	720	250
	KH_2PO_4	170	—	400	68	170	300	—	—	250
	$NH_4H_2PO_4$	—	—	—	—	—	—	300	—	—
	NaH_2PO_4	—	150	—	—	—	—	—	16.5	—
	$Ca_3(PO_4)_2$	—	—	—	—	—	—	—	—	200
	KCl	—	—	—	—	—	65	—	65	—
	Na_2SO_4	—	—	—	—	—	—	—	200	—
	$FeSO_4 \cdot 7H_2O$	27.8	27.8	27.8	27.85	27.8	—	20	—	—
	Na_2-EDTA	37.3	37.3	37.3	37.75	37.3	—	15	—	—
	Na-Fe-EDTA	—	—	—	—	—	32	—	—	—
	$Fe_2(C_4H_4O_6) \cdot 2H_2O$	—	—	—	—	—	—	—	—	28
	$MnSO_4 \cdot 4H_2O$	22.3	10	4.4	25	22.3	4.4	10	7	7.5
	$ZnSO_4 \cdot 7H_2O$	8.6	2.0	1.5	10	8.6	1.5	1.0	3	—
	$CoCl_2 \cdot 6H_2O$	0.025	0.025	—	0.025	0.025	—	0.1	—	—
	$CuSO_4 . 5H_2O$	0.025	0.025	—	—	0.025	—	0.2	0.001	—
	$Na_2MoO_4 \cdot 2H_2O$	0.25	0.25	—	—	0.25	—	—	—	—
	MoO_3	—	—	—	0.25	—	—	—	0.0001	—
	$Fe_2(SO_4)_3$	—	—	—	—	—	—	—	2.5	—
	H_3BO_3	6.2	3	0.8	—	6.2	—	5.0	1.5	—
	KI	0.83	0.75	1.6	10	0.83	1.6	1.0	—	—
	TiO_2	—	—	—	—	—	0.8	—	—	—
有机物质	肌醇	100	100	—	100	100	—	100	100	—
	盐酸吡哆醇	0.5	1.0	0.5	—	—	—	5.0	0.1	—
	盐酸硫胺素	0.1	10.0	1	—	0.4	—	0.5	0.1	—
	烟酸	0.5	1.0	0.5	—	—	—	5.0	0.3	—
	甘氨酸	2	—	2	—	—	—	—	3	—

附录 C　常用有机物质的分子量及浓度换算表

物质名称		分子量	1mg/L→μmol/L	1μmol/L→mg/L
植物生长调节剂	NAA	186.20	5.371	0.1862
	2，4-D	221.04	4.522	0.2211
	IAA	175.18	5.708	0.1752
	IBA	203.18	4.922	0.2032
	BA	225.26	4.439	0.2253
	KT	215.21	4.647	0.2152
	ZT	219.00	4.566	0.2190
	2-ip	202.70	4.933	0.2027
	GA3	346.37	2.887	0.3464
	ABA	264.31	3.783	0.2643
	NOA	202.60	4.646	0.2026
有机物质	肌醇	176.12	5.678	0.1761
	盐酸吡哆醇	205.64	4.863	0.2056
	盐酸硫胺素	337.28	2.965	0.3373
	烟酸	123.11	8.123	0.1231
	核黄素	376.37	2.657	0.3764
	抗坏血酸	176.12	5.678	0.1761
	泛酸	219.23	4.561	0.2192
	生物素	244.31	4.093	0.2443
	叶酸	441.40	2.266	0.4414
	维生素 B12	1335.42	0.749	1.3354
	甘氨酸	75.07	13.321	0.0751
	葡萄糖	180.16	5.551	0.1802
	蔗糖	342.30	2.921	0.3423
	果糖	180.16	5.551	0.1802
	半乳糖	180.16	5.551	0.1802

注：1mol/L = 103mmol/L = 106μmol/L。

附录D　常用无机物质的分子量及浓度换算表

物质名称	分子量	1mg/L→μmol/L	1μmol/L→mg/L
NH_4NO_3	80.04	12.494	0.0800
KNO_3	101.09	9.892	0.1011
$(NH4)_2SO_4$	132.15	7.567	0.1322
$CaCl_2 \cdot 2H_2O$	146.98	6.804	0.1470
$CaNO_2 \cdot 4H_2O$	236.16	4.234	0.2362
$MgSO_4 \cdot 7H_2O$	246.46	4.057	0.2465
KH_2PO_4	136.08	7.349	0.1361
NaH_2PO_4	156.01	6.410	0.1560
KCl	74.55	13.414	0.0746
$FeSO_4 \cdot 7H_2O$	278.00	3.597	0.2780
Na_2-EDTA	372.25	2.686	0.3723
$MnSO_4 \cdot 4H_2O$	223.01	4.484	0.2230
$ZnSO_4 \cdot 7H_2O$	287.54	3.478	0.2875
$CoCl_2 \cdot 6H_2O$	237.95	4.203	0.2380
$CuSO_4 \cdot 5H_2O$	249.68	4.005	0.2497
$Na_2MoO_4 \cdot 2H_2O$	241.98	4.133	0.2420
H_3BO_3	61.83	16.173	0.0618
KI	165.99	6.024	0.1660

注：1mol/L = 103mmol/L = 106μmol/L。

参考文献

[1] 王蒂．植物组织培养［M］．北京：中国农业出版社，2004.
[2] 王蒂．植物组织培养实验指导［M］．北京：中国农业出版社，2008.
[3] 刘庆昌，吴国良．植物细胞组织培养［M］．2版．北京：中国农业大学出版社，2010.
[4] 郭仰东．植物细胞组织培养实验教程［M］．北京：中国农业大学出版社，2009.
[5] 王振龙．植物组织培养［M］．北京：中国农业大学出版社，2007.
[6] 陈世昌．植物组织培养［M］．重庆：重庆大学出版社，2006.
[7] 王水琦．植物组织培养［M］．北京：中国轻工业出版社，2007.
[8] 巩振辉，申书兴．植物组织培养［M］．北京：化学工业出版社，2007.
[9] 邱运亮，段鹏慧，赵华．植物组培快繁技术［M］．北京：化学工业出版社，2010.
[10] 吕晋慧，孔东梅．园艺植物组织培养［M］．北京：中国农业科学技术出版社，2008.
[11] 王金刚，张兴．园林植物组织培养技术［M］．北京：中国农业科学技术出版社，2008.
[12] 高文远，贾伟．药用植物大规模组织培养［M］．北京：化学工业出版社，2005.
[13] 许继宏，马玉芳．药用植物组织培养技术［M］．北京：中国农业科学技术出版社，2003.
[14] 李明军．怀山药组织培养及其应用［M］．北京：科学出版社，2004.
[15] Razdanmk．植物组织培养导论［M］．肖尊安，祝扬，等译．北京：化学工业出版社，2006.
[16] 刘振强，廖旭辉．植物组织培养技术［M］．北京：化学工业出版社，2010.
[17] 王国平，刘福昌．果树无病毒苗木繁育与栽培［M］．北京：金盾出版社，2002.
[18] 沈海龙，植物组织培养［M］．北京：中国林业出版社，2005.
[19] 周玉珍．园艺植物组织培养技术［M］．苏州大学出版社，2009.
[20] 李永文，刘新波．植物细胞组织培养技术［M］．北京：北京大学出版社，2007.
[21] 李胜，李唯．植物组织培养原理与技术［M］．北京：化学工业出版社，2007.
[22] 曹孜义，刘国民．实用植物组织培养技术教程［M］．兰州：甘肃科学技术出版社，1999.
[23] 吴殿星．植物组织培养［M］．2版．上海：上海交通大学出版社，2009.
[24] 郭勇，崔堂兵，谢秀祯．植物细胞培养技术［M］．北京：化学工业出版社，2004.
[25] 曹春英．植物组织培养［M］．北京：中国农业出版社，2006.
[26] 王清连．植物组织培养［M］．北京：中国农业出版社，2002.
[27] 崔德才．植物组织培养与工厂化育苗［M］．北京：化学工业出版社，2003.
[28] 王之，曹晓燕．植物组织培养繁殖生产中一套经济实用的自动化设备［C］．植物组织培养与脱毒快繁技术——全国植物组培、脱毒快繁及工厂化生产技术学术研讨会论文集．北京：中国科学技术出版社，2001.
[29] 符国芳，李青．植物组织培养脱毒方法综述［J］．福建林业科技，2007，34（3）：255-257.
[30] 丁文雅．植物组织培养脱毒技术与检测方法［J］．农业科学通讯，2009（3）：75-77.
[31] 毕伟，等．植物组培脱毒技术及其在花卉上的应用［J］．山东林业科技，2007（5）：102-103.
[32] 田燕．草莓无毒苗繁育技术［J］．农业科技与信息，2009，19：40.
[33] 李俊芳，侯义龙，苏福才，等．果树组织培养脱毒技术和病毒检测技术研究进展［J］．大连大学学报，2006，27（2）：10-15.
[34] 屈云慧，熊丽，等．无糖组培技术的应用及发展前景［J］．中国种业，2003，12：17-18.
[35] 谭丈澄，戴策刚．液体静置培养方法对植物快速繁殖的效应［J］．四川师范大学学报，1986（2）：111-116.

[36] 尹新新，杨瑞卿，金建邦．郁金香组织培养技术［J］．江苏农业科学，2010（5）：85-86.
[37] 胡新颖，王锦霞，代汉萍，等．郁金香鳞片组织培养研究［J］．沈阳农业大学学报，2007，38（3）：304-307.
[38] 徐文杰．北京地区蕨类植物引种、栽培与繁殖技术的研究［D］．北京：北京林业大学，2007.
[39] 曾霞，庄南生．蕨类植物组织培养研究进展［J］．亚热带植物科学，2002（增刊）：37-43.
[40] 余伟．仙人球的组织培养与快速繁殖［J］．云南热作科技，2001，24（2）：28-29.
[41] 黄莺，刘仁祥，武筑珠，等．活性炭、微量元素、大量元素对烟草花药培养的影响［J］．贵州农业科学，1999，27（4）：1-5.
[42] 丁文雅．植物组织培养脱毒技术与检测方法［J］．农业科学通讯，2009（3）：75-77.
[43] 毕伟，董慧慧，李顺凯．植物组培脱毒技术及其在花卉上的应用［J］．山东林业科技，2007（5）：102-103.
[44] 田燕．草莓无毒苗繁育技术［J］．农业科技与信息，2009，19：40.
[45] 贺红．蕉柑组织培养与植株再生的研究［J］．华南师范大学学报：自然科学版，1997（4）：63-66.
[46] 唐晓杰．北土越桔组织培养快速繁殖技术研究［J］．北华大学学报：自然科学版，2005，6（3）：262-263.
[47] 王任翔．欧林达夏橙组织培养研究［J］．广西师范大学学报：自然科学版，2003，21（2）：71-74.
[48] 邹金美．文旦柚和下河蜜柚组织培养快速无性繁殖［J］．漳州师范学院学报：自然科学版，2006（2）：74-76.
[49] 吕柳新．3 种柑橘亚科植物的珠心组织培养［J］．福建农林大学学报：自然科学版，2003（6）：193-195.
[50] 邓才生．柑桔组织培养与茎尖微芽嫁接试验初探［J］．福建林业科技，2009（4）：54-56.
[51] 刘柏玲，李国怀，程云清，等．茎尖嫁接脱除柑橘黄龙病病原及其检测方法比较［J］．亚热带植物科学，2006，35（4）：24-27.
[52] 朱世民，邓建平，黄益鸿．葡萄病毒病与脱毒技术［J］．湖南农业科学，2003（2）：49-50.
[53] 吴坤林．香蕉的生物学特性及其组织培养技术［J］．生物学通报，2006，41（10）：5-7.
[54] 万志刚，宋卫平，顾福根，等．良种白沙枇杷“冠玉”的组织培养和快繁技术研究［J］．苏州大学学报：自然科学，2000，16（4）：89-92.
[55] 孔素萍，王永清．枇杷离体胚萌芽与丛生芽诱导的研究［J］．四川林业科技，2002，23（1）：55-57.
[56] 彭晓军，王永清．枇杷胚乳愈伤组织诱导和不定芽发生的研究［J］．四川农业大学学报，2002，20（3）：228-230.
[57] 黄诚梅，李杨瑞，叶燕萍．甘蔗组织培养与快速繁殖［J］．作物杂志，2005（4）：25-26.
[58] 曾慧，游建华，何为中，等．甘蔗健康脱毒种苗生产技术方法研究初报［J］．中国糖料，2003（4）：16-19.
[59] 游建华，樊保宁，韦昌联．甘蔗脱毒健康种苗生产及繁殖技术［J］．中国种业，2008（9）：50.
[60] 周明强，易代勇，班秀文，等．甘蔗脱毒种苗到生产用种的快繁技术研究［J］．广西蔗糖，2005，40（3）：14-15.
[61] 姜玲，万蜀渊，王映红，等．柑橘茎尖嫁接操作方法的改进及研究［J］．华中农业大学学报，1995，14（4）：381-385.
[62] 张爱莲．红叶石楠试管苗培养与快繁技术研究［J］．山西农业科学，2010，38（6）：12-14.
[63] 朱美秋，李燕玲，杜克久．垂柳组织培养初步研究［J］．河北林果研究，2006，21（3）：269-271.
[64] 余如刚，杜雪玲，夏阳．旱柳 Q106 组织培养及快繁体系的建立［J］．草原与草坪，2005，112（5）：57-59.
[65] 付增光，陈越，郭东伟，等．甘薯脱毒苗的离体快繁研究［J］．西北农林科技大学学报，2004，32（1）：

37-39.
[66] 杨雪芹. 专用马铃薯高效脱毒技术的研究 [D]. 新疆石河子大学, 2007.
[67] 孙光英. 无籽西瓜离体培养及再生植株的快速繁殖技术分析 [J]. 耕作与栽培, 2004 (4): 39-59.
[68] 周俊辉, 钟雪锋, 蔡丁稳. 铁皮石斛的组织培养与快速繁殖研究 [J]. 仲恺农业技术学院学报, 2005, 18 (1): 23-26.
[69] 程强. 人参原生质体培养再生愈伤组织 [J]. 北京农业大学学报, 1988, 14 (1): 25-29.
[70] 陆文梁, 夏晓娣. 人参组织与细胞培养研究的进展 [J]. 植物学通报, 1991, 8 (1): 14-21.
[71] 张长河, 梅兴国. 红豆杉胚源细胞株的培养和紫杉醇的生产 [J]. 华中理工大学学报, 2000, 28 (1): 82-84.
[72] 钟兰, 刘玉平, 彭静. 植物种质资源离体保存技术研究进展 [J]. 长江蔬菜, 2009 (16): 4-7.
[73] 文晔. 人参组织和细胞培养研究 [J]. 沈阳药学院学报, 1990, 7 (1): 53.
[74] 李乐工. 人参原生质体培养再生愈伤组织 [J]. 植物学报, 1989, 31 (10): 815-816.
[75] 丁家宜, 等. 人参细胞悬浮培养 [J]. 植物生理学报, 1988 (1): 76.
[76] 张玲, 张治国. 铁皮石斛种子试管苗适宜培养基研究 [J]. 浙江省医学科学院学报, 1997 (3): 4-7.
[77] 崔宝禄, 唐德华, 王兴贵. 重楼无性繁殖研究进展 [J]. 河北林果研究, 2009, 24 (4): 339-401.
[78] 杨丽云, 陈翠, 吕丽芬, 等. 云南重楼的组织培养与植株再生 [J]. 植物生理学通讯, 2008, 44 (5): 947-948.
[79] 王虹, 张金凤, 董建生. 针叶树组织培养繁殖技术研究进展 [J]. 河北林业科技, 2004, 4 (2): 14-18.
[80] 李林. 白皮松和美国黄松组织培养及快繁技术研究 [D]. 杨凌: 西北农林科技大学, 2004.
[81] 韩素英, 等. 几种针叶树种离体培养条件的研究 [J]. 林业科技通讯, 1995 (10): 20-22.
[82] 何碧珠, 林义章, 何官榕, 等. 曼地亚红豆杉离体培养及植株再生 [J]. 福建农林大学学报: 自然科学版, 2003, 32 (4): 482-485.
[83] 胡相伟, 张守琪, 李毅. 美国红栌的组织培养与快速繁殖技术研究 [J]. 甘肃农业大学学报, 2006, 4 (2): 59-61.
[84] 甘露, 李凯, 王小青, 等. 云南拟单性木兰组织培养初步研究 [J]. 广西农业科学, 2010, 41 (3): 210-212.